21世纪高职高专新概念规划教材

线性代数

（第二版）

主　编　张翠莲

副主编　张文治

中国水利水电出版社
www.waterpub.com.cn

内 容 提 要

本书根据教育部最新制定的《高职高专教育工程数学课程教学基本要求》关于《线性代数课程教学基本要求》编写，内容覆盖高职高专院校各专业对线性代数的需求。主要内容包括：行列式、矩阵及其运算、矩阵的初等变换与线性方程组、向量组与线性方程组的解的结构、相似矩阵与二次型等。

本书结构简练、合理，每章都给出学习目标、学习重点，还安排了适当的例题和习题，并在每章都安排了本章小结、习题与同步测试题。本书还有与之配套的《线性代数学习指导》（高职高专）教程。

本书可作为高职高专院校各专业及各本科院校的二级学院学生的教材，可作为高职高专院校专接本和专升本学生的参考书，也可供教师和科技工作者使用。

图书在版编目（CIP）数据

线性代数 / 张翠莲主编. -- 2版. -- 北京 : 中国水利水电出版社, 2015.1
21世纪高职高专新概念规划教材
ISBN 978-7-5170-2768-3

Ⅰ. ①线… Ⅱ. ①张… Ⅲ. ①线性代数－高等职业教育－教材 Ⅳ. ①O151.2

中国版本图书馆CIP数据核字(2014)第308664号

策划编辑：雷顺加　　责任编辑：宋俊娥　　封面设计：李　佳

书　名	21世纪高职高专新概念规划教材 线性代数（第二版）
作　者	主　编　张翠莲 副主编　张文治
出版发行	中国水利水电出版社 （北京市海淀区玉渊潭南路1号D座　100038） 网址：www.waterpub.com.cn E-mail：mchannel@263.net（万水） sales@waterpub.com.cn 电话：（010）68367658（发行部）、82562819（万水）
经　售	北京科水图书销售中心（零售） 电话：（010）88383994、63202643、68545874 全国各地新华书店和相关出版物销售网点
排　版	北京万水电子信息有限公司
印　刷	北京正合鼎业印刷技术有限公司
规　格	170mm×227mm　16开本　10.75印张　215千字
版　次	2007年1月第1版　2007年1月第1次印刷 2015年1月第2版　2015年1月第1次印刷
印　数	0001—3000册
定　价	20.00元

第二版前言

本书在第一版基础上，根据多年的教学改革实践和高校教师提出的一些建议进行修订。修订工作主要包括以下方面的内容：

1．仔细校对并订正了第一版中的印刷错误。

2．对第一版教材中的某些疏漏予以补充完善。

3．调整了原书中的部分习题，使之与书中内容搭配更加合理。

负责本书修订编写工作的有张翠莲、张文治等。本书仍由张翠莲主编，由张文治担任副主编，各章编写分工如下：第 1 章、第 3 章由张文治编写，第 2 章由陈博海编写，第 4 章、第 5 章由张翠莲编写。参加本书修订的还有何春江、牛莉、翟秀娜、毕雅军、张京轩、郭照庄、邓凤茹、赵艳、戴江涛、张静、孙月芳、刘园园等。

在修订过程中，我们认真考虑了读者的建议意见，在此对提出意见建议的读者表示衷心感谢。新版中存在的问题，欢迎广大专家、同行和读者继续给予批评指正。

编 者

2014 年 12 月

第一版前言

我国高等教育正在快速发展，教材建设也要与之适应，特别是教育部关于“高等教育面向21世纪内容与课程改革”计划的实施，对教材建设提出了新的要求。本书的编写目的就是为了适应高等教育的快速发展，满足教学改革和课程建设的需求，体现高职高专教育的特点。

本书依据教育部制定的《高职高专教育基础课程教学基本要求》和《高职高专教育专业人才培养目标及规格》的要求，严格依据教育部提出的高职高专教育“以应用为目的，以必需、够用为度”的原则，精心选择教材的内容，加强数学思想和数学概念与工程实际结合的高职高专的特点，淡化了深奥的数学理论，每章都有学习目标、小结、习题、同步测试题等，便于学生总结学习内容和学习方法，巩固所学知识。

全书内容包括：行列式、矩阵及其运算、矩阵的初等变换与线性方程组、向量组与线性方程组的解的结构、相似矩阵与二次型等。书后附有习题与同步测试题提示与答案。

本书可作为高等职业学校、高等专科学校、成人及本科院校举办的二级职业技术学院和民办高校各工科专业工程数学的教材，也可作为工程技术人员的参考资料。

本书由张翠莲担任主编并统稿，张文治任副主编。各章编写分工如下：第1章、第3章由张文治编写，第2章、第4章、第5章由张翠莲编写，何春江、牛莉、翟秀娜、曾大有、王晓威、邓凤茹、张钦礼、毕雅军、岳雅凡、毕晓华、霍东升、张静、江志超等参加了本书编写大纲的讨论工作。

在本书的编写过程中，编者参考了很多相关的书籍和资料，采用了一些相关内容，汲取了很多同仁的宝贵经验，在此谨表谢意。

由于作者水平所限，书中错误和不足之处在所难免，恳请广大读者批评指正，将不胜感激。

编 者

2006年12月

目　　录

第1章　行列式

本章学习目标

本章主要介绍了行列式的概念和性质，行列式按行（列）展开和利用行列式解线性方程组的克莱姆法则. 通过本章的学习，重点掌握以下内容:

- 行列式的概念和性质
- 利用定义和性质计算行列式
- 克莱姆法则，用克莱姆法则求解方程个数和未知量个数相等的线性方程组

1.1　二阶与三阶行列式

解方程是代数学中的一个基本问题，对于中学代数中的二元、三元方程组我们都是通过代入消元法来解决的，本章给出一种新的方法来求解，这种方法更适用于解决更一般的情形——多元一次方程组的问题，即通过行列式来求解方程组. 为此先给出二阶、三阶行列式的概念.

1.1.1　二阶行列式

对于二元一次方程组

$$\begin{cases} a_{11}x_1 + a_{12}x_2 = b_1, \\ a_{21}x_1 + a_{22}x_2 = b_2. \end{cases}$$

定义二阶行列式

$$D=\begin{vmatrix} a_{11} & a_{12} \\ a_{21} & a_{22} \end{vmatrix} = a_{11}a_{22} - a_{12}a_{21}.$$

则当

$$D=\begin{vmatrix} a_{11} & a_{12} \\ a_{21} & a_{22} \end{vmatrix} \neq 0$$

时（其中 D 称为方程组的系数行列式)，上述二元一次方程组有唯一解，并且通过带入消元法，方程组的解为

$$x_1=\frac{b_1a_{22}-b_2a_{12}}{a_{11}a_{22}-a_{12}a_{21}},\ x_2=\frac{b_2a_{11}-b_1a_{21}}{a_{11}a_{22}-a_{12}a_{21}},$$

即可用二阶行列式表示为

$$x_1=\frac{\begin{vmatrix}b_1 & a_{12}\\ b_2 & a_{22}\end{vmatrix}}{\begin{vmatrix}a_{11} & a_{12}\\ a_{21} & a_{22}\end{vmatrix}},\quad x_2=\frac{\begin{vmatrix}a_{11} & b_1\\ a_{21} & b_2\end{vmatrix}}{\begin{vmatrix}a_{11} & a_{12}\\ a_{21} & a_{22}\end{vmatrix}}.$$

例 1 解二元一次方程组

$$\begin{cases}x_1+2x_2=1,\\ 3x_1-x_2=-4.\end{cases}$$

解

$$x_1=\frac{\begin{vmatrix}1 & 2\\ -4 & -1\end{vmatrix}}{\begin{vmatrix}1 & 2\\ 3 & -1\end{vmatrix}}=\frac{7}{-7}=-1,\quad x_2=\frac{\begin{vmatrix}1 & 1\\ 3 & -4\end{vmatrix}}{\begin{vmatrix}1 & 2\\ 3 & -1\end{vmatrix}}=\frac{-7}{-7}=1.$$

1.1.2 三阶行列式

定义三阶行列式为

$$D=\begin{vmatrix}a_{11} & a_{12} & a_{13}\\ a_{21} & a_{22} & a_{23}\\ a_{31} & a_{32} & a_{33}\end{vmatrix}$$
$$=a_{11}a_{22}a_{33}+a_{12}a_{23}a_{31}+a_{13}a_{21}a_{32}-a_{11}a_{23}a_{32}-a_{12}a_{21}a_{33}-a_{13}a_{22}a_{31}.$$

则三元一次方程组

$$\begin{cases}a_{11}x_1+a_{12}x_2+a_{13}x_3=b_1,\\ a_{21}x_1+a_{22}x_2+a_{23}x_3=b_2,\\ a_{31}x_1+a_{32}x_2+a_{33}x_3=b_3.\end{cases}$$

当

$$D=\begin{vmatrix}a_{11} & a_{12} & a_{13}\\ a_{21} & a_{22} & a_{23}\\ a_{31} & a_{32} & a_{33}\end{vmatrix}\neq 0$$

时（其中 D 称为方程组的系数行列式），方程组的解可用三阶行列式表示为

$$x_1=\frac{\begin{vmatrix}b_1 & a_{12} & a_{13}\\ b_2 & a_{22} & a_{23}\\ b_3 & a_{32} & a_{33}\end{vmatrix}}{\begin{vmatrix}a_{11} & a_{12} & a_{13}\\ a_{21} & a_{22} & a_{23}\\ a_{31} & a_{32} & a_{33}\end{vmatrix}},\quad x_2=\frac{\begin{vmatrix}a_{11} & b_1 & a_{13}\\ a_{21} & b_2 & a_{23}\\ a_{31} & b_3 & a_{33}\end{vmatrix}}{\begin{vmatrix}a_{11} & a_{12} & a_{13}\\ a_{21} & a_{22} & a_{23}\\ a_{31} & a_{32} & a_{33}\end{vmatrix}},\quad x_3=\frac{\begin{vmatrix}a_{11} & a_{12} & b_1\\ a_{21} & a_{22} & b_2\\ a_{31} & a_{32} & b_3\end{vmatrix}}{\begin{vmatrix}a_{11} & a_{12} & a_{13}\\ a_{21} & a_{22} & a_{23}\\ a_{31} & a_{32} & a_{33}\end{vmatrix}}.$$

例 2 计算行列式

$$D=\begin{vmatrix}1&1&2\\0&2&1\\-1&1&3\end{vmatrix}.$$

解

$$\begin{aligned}D&=\begin{vmatrix}1&1&2\\0&2&1\\-1&1&3\end{vmatrix}\\&=1\times2\times3+1\times1\times(-1)+2\times0\times1-1\times1\times1-1\times0\times3-2\times2\times(-1)\\&=8.\end{aligned}$$

1.2 逆序与对换

1.2.1 排列与逆序

自然数1, 2, …, n 组成的有序数组称为一个 n 元排列，记为 $p_1p_2\cdots p_n$. 下面讨论由1, 2, …, n 可组成多少种不同的排列.

从1, 2, …, n 中取一个数放在第一个位置，有 n 种不同的放法；

从剩下的数中取一个数放在第二个位置，有 $n-1$ 种不同的放法；

⋮

第 $n-1$ 个位置有 2 种不同的放法；

第 n 个位置只有 1 种放法，因此由1, 2, …, n 可组成不同的排列种数为

$$P_n=n\times(n-1)\times\cdots\times2\times1=n!\text{（种）}.$$

规定按从小到大的顺序排列的叫做标准排列（自然排列）. 即排列 $123\cdots n$ 为标准排列.

定义 1 在一个排列中，如果一对数的前后位置与大小顺序相反，即前面的数大于后面的数，那么它们就称为一个逆序，一个排列中逆序的总数就称为这个排列的逆序数. 排列 $p_1p_2\cdots p_n$ 的逆序数记为 $\tau(p_1p_2\cdots p_n)$.

计算排列逆序数的方法：

对于排列 $p_1p_2\cdots p_n$，其逆序数为每个元素的逆序数之和. 即对于排列 $p_1p_2\cdots p_n$ 中元素 $p_i\,(i=1, 2, \cdots, n)$，如果比 p_i 大且排在 p_i 前面的元素有 t_i 个，就说 p_i 的逆序数为 t_i，全体元素的逆序数之和为

$$t=t_1+t_2+\cdots+t_n=\sum_{i=1}^{n}t_i.$$

即

$$\tau(p_1 p_2 \cdots p_n) = \sum_{i=1}^{n} t_i .$$

例 3 求排列 536214 的逆序数.

解 在排列 536241 中：

5 排在首位，其逆序数为 0；

3 的前面比 3 大的元素有一个，因此其逆序数为 1；

6 的前面比 6 大的元素没有，因此其逆序数为 0；

2 的前面比 2 大的元素有三个，因此其逆序数为 3；

1 的前面比 1 大的元素有四个，因此其逆序数为 4；

4 的前面比 4 大的元素有两个，因此其逆序数为 2.

因此

$$\tau(536214) = 0+1+0+3+4+2 = 10 .$$

定义 2 逆序数为偶数的排列称为偶排列，逆序数为奇数的排列称为奇排列.

1.2.2 对换

定义 3 把一个排列中某两个数的位置互换而其余的数不动就得到另一个排列，这样一个变换称为一个对换. 对换改变排列的奇偶性.

将一个奇排列变成标准排列需要奇数次对换，将一个偶排列变成标准排列需要偶数次对换.

1.3 n 阶行列式的定义

定义 4 由 $n \times n$ 个数组成数表

$$\begin{matrix} a_{11} & a_{12} & \cdots & a_{1n} \\ a_{21} & a_{22} & \cdots & a_{2n} \\ \vdots & \vdots & \vdots & \vdots \\ a_{n1} & a_{n2} & \cdots & a_{nn} \end{matrix}$$

从中选取处在不同行不同列的 n 个元素相乘 $a_{1p_1} a_{2p_2} \cdots a_{np_n}$，其中 $p_1 p_2 \cdots p_n$ 为 1, 2, …, n 的一个全排列，并冠以符号 $(-1)^{\tau(p_1 p_2 \cdots p_n)}$，则称和

$$\sum_{p_1 p_2 \cdots p_n} (-1)^{\tau(p_1 p_2 \cdots p_n)} a_{1p_1} a_{2p_2} \cdots a_{np_n}$$

为 n 阶行列式，记作

$$D = \begin{vmatrix} a_{11} & a_{12} & \cdots & a_{1n} \\ a_{21} & a_{22} & \cdots & a_{2n} \\ \vdots & \vdots & \vdots & \vdots \\ a_{n1} & a_{n2} & \cdots & a_{nn} \end{vmatrix} .$$

或简记为$D=\det(a_{ij})\ (i,\ j=1,2,\cdots,n)$，其中$a_{ij}$表示处在第$i$行第$j$列位置的元素.

例 4 计算行列式

$$\begin{vmatrix} a_{11} & & & \\ & a_{22} & & \\ & & \ddots & \\ & & & a_{nn} \end{vmatrix}.$$

其中未写出部分全为零.

解 在行列式的展开式中共有$n!$个乘积$a_{1p_1}a_{2p_2}\cdots a_{np_n}$，显然如果$p_1\neq 1$，则$a_{1p_1}$必为零，从而这个项也必为零，因此只须考虑$p_1=1$的项．同理只须考虑$p_2=2,\ p_3=3,\ \cdots,\ p_n=n$，也即行列式的展开式中只有$a_{11}a_{22}\cdots a_{nn}$（其他项的乘积均为零），而$\tau(12\cdots n)=0$，因而其符号为正．因此

$$\begin{vmatrix} a_{11} & & & \\ & a_{22} & & \\ & & \ddots & \\ & & & a_{nn} \end{vmatrix}=a_{11}a_{22}\cdots a_{nn}.$$

定义 5 对角线以上（下）的元素全为零的行列式称为下（上）三角行列式.

由例 4 还可得出关于上、下三角行列式的如下结论：

$$\begin{vmatrix} a_{11} & a_{12} & \cdots & a_{1n} \\ & a_{22} & \cdots & a_{2n} \\ & & \ddots & \vdots \\ & & & a_{nn} \end{vmatrix}=a_{11}a_{22}\cdots a_{nn}.$$

$$\begin{vmatrix} a_{11} & & & \\ a_{21} & a_{22} & & \\ \vdots & \vdots & \ddots & \\ a_{n1} & a_{n2} & \cdots & a_{nn} \end{vmatrix}=a_{11}a_{22}\cdots a_{nn}.$$

例 5 计算行列式

$$\begin{vmatrix} & & & a_{1n} \\ & & a_{2(n-1)} & \\ & ⋰ & & \\ a_{n1} & & & \end{vmatrix}=(-1)^{\frac{n(n-1)}{2}}a_{1n}a_{2(n-1)}\cdots a_{n1}.$$

解 在行列式的展开式中共有$n!$个乘积$a_{1p_1}a_{2p_2}\cdots a_{np_n}$，显然如果$p_1\neq n$，则$a_{1p_1}$必为零，从而这个项也必为零，因此只须考虑$p_1=n$的项．同理只须考虑$p_2=n-1,\ p_3=n-2,\ \cdots,\ p_n=1$，也即行列式的展开式中只有$a_{1n}a_{2(n-1)}\cdots a_{n1}$（其他项的乘积均为零），而

$$\tau(n(n-1)\cdots 21)=0+1+2+\cdots+(n-1)=\frac{n(n-1)}{2}.$$

因而其符号为$(-1)^{\frac{n(n-1)}{2}}$，因此

$$\begin{vmatrix} & & & a_{1n} \\ & & a_{2(n-1)} & \\ & \iddots & & \\ a_{n1} & & & \end{vmatrix}=(-1)^{\frac{n(n-1)}{2}}a_{1n}a_{2(n-1)}\cdots a_{n1}.$$

由例 5 还可得出上（下）三角行列式的如下结论：

$$\begin{vmatrix} a_{11} & \cdots & \cdots & a_{1n} \\ a_{21} & \cdots & a_{2(n-1)} & \\ \vdots & \iddots & & \\ a_{n1} & & & \end{vmatrix}=(-1)^{\frac{n(n-1)}{2}}a_{1n}a_{2(n-1)}\cdots a_{n1}.$$

$$\begin{vmatrix} & & & a_{1n} \\ & & a_{2(n-1)} & a_{2n} \\ & \iddots & \vdots & \vdots \\ a_{n1} & \cdots & a_{n(n-1)} & a_{nn} \end{vmatrix}=(-1)^{\frac{n(n-1)}{2}}a_{1n}a_{2(n-1)}\cdots a_{n1}.$$

以上各种形式是计算行列式的常用形式，应该对这几种形式加以注意并加强对它们的理解和应用.

1.4 行列式的性质

行列式的计算是一个重要的问题，也是一个很麻烦的问题. 对于n阶行列式，当n很大时直接从行列式的定义进行行列式的计算几乎是不可能的，为此有必要对行列式的性质进行研究，从而简化行列式的计算.

记 $D=\begin{vmatrix} a_{11} & a_{12} & \cdots & a_{1n} \\ a_{21} & a_{22} & \cdots & a_{2n} \\ \vdots & \vdots & \vdots & \vdots \\ a_{n1} & a_{n2} & \cdots & a_{nn} \end{vmatrix}$，$D^T=\begin{vmatrix} a_{11} & a_{21} & \cdots & a_{n1} \\ a_{12} & a_{22} & \cdots & a_{n2} \\ \vdots & \vdots & \vdots & \vdots \\ a_{1n} & a_{2n} & \cdots & a_{nn} \end{vmatrix}$，

称行列式D^T为行列式D的转置行列式.

性质 1 行列式与其转置行列式相等，即

$$D=\begin{vmatrix} a_{11} & a_{12} & \cdots & a_{1n} \\ a_{21} & a_{22} & \cdots & a_{2n} \\ \vdots & \vdots & \vdots & \vdots \\ a_{n1} & a_{n2} & \cdots & a_{nn} \end{vmatrix}=\begin{vmatrix} a_{11} & a_{21} & \cdots & a_{n1} \\ a_{12} & a_{22} & \cdots & a_{n2} \\ \vdots & \vdots & \vdots & \vdots \\ a_{1n} & a_{2n} & \cdots & a_{nn} \end{vmatrix}.$$

性质 2 若互换行列式的两行（列）元素，则行列式变号.

推论 1 若行列式中某两行（列）元素对应相等，则行列式的值为零.

性质 3 行列式某行（列）元素都乘以数 k 等于用 k 乘以行列式，即

$$\begin{vmatrix} a_{11} & a_{12} & \cdots & a_{1n} \\ \cdots & \cdots & \cdots & \cdots \\ ka_{i1} & ka_{i2} & \cdots & ka_{in} \\ \cdots & \cdots & \cdots & \cdots \\ a_{n1} & a_{n2} & \cdots & a_{nn} \end{vmatrix} = k\begin{vmatrix} a_{11} & a_{12} & \cdots & a_{1n} \\ \cdots & \cdots & \cdots & \cdots \\ a_{i1} & a_{i2} & \cdots & a_{in} \\ \cdots & \cdots & \cdots & \cdots \\ a_{n1} & a_{n2} & \cdots & a_{nn} \end{vmatrix}.$$

推论 2 由性质 3 知若行列式中某行（列）元素含有公因数 k，则可以将数 k 提到行列式外.

推论 3 若行列式的某两行（列）元素对应成比例，则此行列式的值为零.

性质 4 若行列式的某一行（列）是两组数之和，则这个行列式可以写成两个行列式的和，即

$$\begin{vmatrix} a_{11} & a_{12} & \cdots & a_{1n} \\ \cdots & \cdots & \cdots & \cdots \\ a_{i1}+b_{i1} & a_{i2}+b_{i2} & \cdots & a_{in}+b_{in} \\ \cdots & \cdots & \cdots & \cdots \\ a_{n1} & a_{n2} & \cdots & a_{nn} \end{vmatrix} = \begin{vmatrix} a_{11} & a_{12} & \cdots & a_{1n} \\ \cdots & \cdots & \cdots & \cdots \\ a_{i1} & a_{i2} & \cdots & a_{in} \\ \cdots & \cdots & \cdots & \cdots \\ a_{n1} & a_{n2} & \cdots & a_{nn} \end{vmatrix} + \begin{vmatrix} a_{11} & a_{12} & \cdots & a_{1n} \\ \cdots & \cdots & \cdots & \cdots \\ b_{i1} & b_{i2} & \cdots & b_{in} \\ \cdots & \cdots & \cdots & \cdots \\ a_{n1} & a_{n2} & \cdots & a_{nn} \end{vmatrix}.$$

此性质可以推广到某一行元素为多组数之和的形式.

性质 5 把行列式中某行（列）元素的 k 倍加到另外一行（列）的对应元素上去，行列式的值不变. 即

$$\begin{vmatrix} a_{11} & a_{12} & \cdots & a_{1n} \\ \cdots & \cdots & \cdots & \cdots \\ a_{i1} & a_{i2} & \cdots & a_{in} \\ \cdots & \cdots & \cdots & \cdots \\ a_{j1} & a_{j2} & \cdots & a_{jn} \\ \cdots & \cdots & \cdots & \cdots \\ a_{n1} & a_{n2} & \cdots & a_{nn} \end{vmatrix} = \begin{vmatrix} a_{11} & a_{12} & \cdots & a_{1n} \\ \cdots & \cdots & \cdots & \cdots \\ a_{i1}+ka_{j1} & a_{i2}+ka_{j2} & \cdots & a_{in}+ka_{jn} \\ \cdots & \cdots & \cdots & \cdots \\ a_{j1} & a_{j2} & \cdots & a_{jn} \\ \cdots & \cdots & \cdots & \cdots \\ a_{n1} & a_{n2} & \cdots & a_{nn} \end{vmatrix}.$$

下面利用行列式的性质进行行列式的计算.

例 6 计算行列式 D 的值，其中

$$D = \begin{vmatrix} 1 & 3 & 2 & 5 \\ 2 & 3 & -1 & 0 \\ 0 & 3 & 4 & -2 \\ -2 & 0 & 4 & 3 \end{vmatrix}.$$

解
$$D=\begin{vmatrix}1&3&2&5\\2&3&-1&0\\0&3&4&-2\\-2&0&4&3\end{vmatrix}\xlongequal[r_4+2r_1]{r_2-2r_1}\begin{vmatrix}1&3&2&5\\0&-3&-5&-10\\0&3&4&-2\\0&6&8&13\end{vmatrix}\xlongequal[r_4+2r_2]{r_3+r_2}\begin{vmatrix}1&3&2&5\\0&-3&-5&-10\\0&0&-1&-12\\0&0&-2&-7\end{vmatrix}$$

$$\xlongequal{r_4-2r_3}\begin{vmatrix}1&3&2&5\\0&-3&-5&-10\\0&0&-1&-12\\0&0&0&17\end{vmatrix}=1\times(-3)\times(-1)\times17=51\,.$$

例 7 计算行列式 D 的值，其中

$$D=\begin{vmatrix}2&1&1&1\\1&2&1&1\\1&1&2&1\\1&1&1&2\end{vmatrix}.$$

解法 1 分别将行列式的第二行、第三行、第四行加到第一行得

$$D=\begin{vmatrix}2&1&1&1\\1&2&1&1\\1&1&2&1\\1&1&1&2\end{vmatrix}\xlongequal{r_1+r_2+r_3+r_4}\begin{vmatrix}5&5&5&5\\1&2&1&1\\1&1&2&1\\1&1&1&2\end{vmatrix}\xlongequal{r_1\div5}5\times\begin{vmatrix}1&1&1&1\\1&2&1&1\\1&1&2&1\\1&1&1&2\end{vmatrix}$$

$$\xlongequal[r_4-r_1]{r_2-r_1,\ r_3-r_1}5\times\begin{vmatrix}1&1&1&1\\0&1&0&0\\0&0&1&0\\0&0&0&1\end{vmatrix}=5\,.$$

解法 2 利用行列式的性质将行列式的第一列和第四列互换，可得

$$D\xlongequal{c_1\leftrightarrow c_4}-\begin{vmatrix}1&1&1&2\\1&2&1&1\\1&1&2&1\\2&1&1&1\end{vmatrix}\xlongequal[r_4-2r_1]{r_2-r_1,\ r_3-r_1}-\begin{vmatrix}1&1&1&2\\0&1&0&-1\\0&0&1&-1\\0&-1&-1&-3\end{vmatrix}\xlongequal{r_4+r_2}-\begin{vmatrix}1&1&1&2\\0&1&0&-1\\0&0&1&-1\\0&0&-1&-4\end{vmatrix}$$

$$\xlongequal{r_4+r_3}-\begin{vmatrix}1&1&1&2\\0&1&0&-1\\0&0&1&-1\\0&0&0&-5\end{vmatrix}=5\,.$$

例 8 计算行列式 D 的值，其中

$$D=\begin{vmatrix}1&2&4&1\\-1&3&2&1\\2&1&3&2\\0&5&6&2\end{vmatrix}.$$

解 $$D=\begin{vmatrix}1&2&4&1\\-1&3&2&1\\2&1&3&2\\0&5&6&2\end{vmatrix}\xlongequal[r_3-2r_1]{r_2+r_1}\begin{vmatrix}1&2&4&1\\0&5&6&2\\0&-3&-5&0\\0&5&6&2\end{vmatrix}=0 .$$

例 9 计算行列式 D 的值，其中

$$D=\begin{vmatrix}a^2&(a+1)^2&(a+2)^2&(a+3)^2\\b^2&(b+1)^2&(b+2)^2&(b+3)^2\\c^2&(c+1)^2&(c+2)^2&(c+3)^2\\d^2&(d+1)^2&(d+2)^2&(d+3)^2\end{vmatrix}.$$

解 从第四列开始把前一列乘以 (-1) 加到后一列上去得

$$D=\begin{vmatrix}a^2&2a+1&2a+3&2a+5\\b^2&2b+1&2b+3&2b+5\\c^2&2c+1&2c+3&2c+5\\d^2&2d+1&2d+3&2d+5\end{vmatrix},$$

再将第三列乘以 (-1) 加到第四列上去，第二列乘以 (-1) 加到第三列上去得

$$D=\begin{vmatrix}a^2&2a+1&2&2\\b^2&2b+1&2&2\\c^2&2c+1&2&2\\d^2&2d+1&2&2\end{vmatrix},$$

此时行列式的第三列和第四列相等，由行列式的性质可得

$$D=0 .$$

1.5 行列式按行（列）展开

1.5.1 余子式与代数余子式

定义 6 在 n 阶行列式 D_n 中划去元素 a_{ij} 所在的第 i 行和第 j 列的元素，剩下的 $(n-1)\times(n-1)$ 个元素按原来的排法构成一个 $n-1$ 阶的行列式，称为元素 a_{ij} 的余子式，记作 M_{ij} . 对 M_{ij} 冠以符号 $(-1)^{i+j}$ 后称为元素 a_{ij} 的代数余子式，记为 A_{ij} ，即 $A_{ij}=(-1)^{i+j}M_{ij}$.

例如，行列式

$$D=\begin{vmatrix}a_{11}&a_{12}&a_{13}&a_{14}\\a_{21}&a_{22}&a_{23}&a_{24}\\a_{31}&a_{32}&a_{33}&a_{34}\\a_{41}&a_{42}&a_{43}&a_{44}\end{vmatrix}$$

中元素 a_{32} 的余子式为

$$M_{32}=\begin{vmatrix} a_{11} & a_{13} & a_{14} \\ a_{21} & a_{23} & a_{24} \\ a_{41} & a_{43} & a_{44} \end{vmatrix},$$

而其代数余子式为

$$A_{32}=(-1)^{3+2}M_{32}=-\begin{vmatrix} a_{11} & a_{13} & a_{14} \\ a_{21} & a_{23} & a_{24} \\ a_{41} & a_{43} & a_{44} \end{vmatrix}.$$

1.5.2 行列式按行（列）展开

引理 设 D 是一个 n 阶行列式，如果其中第 i 行所有元素除 a_{ij} 外都为零，那么这个行列式的值等于 a_{ij} 乘以它的代数余子式 A_{ij}，即

$$D=a_{ij}A_{ij}.$$

定理 1 行列式的值等于其某行（列）元素与其代数余子式的乘积之和，即

$$D=a_{i1}A_{i1}+a_{i2}A_{i2}+\cdots+a_{in}A_{in}\quad (i=1,2,\cdots,n);$$

$$D=a_{1j}A_{1j}+a_{2j}A_{2j}+\cdots+a_{nj}A_{nj}\quad (j=1,2,\cdots,n).$$

证明略.

这个定理称为行列式按行（列）展开法则.

例 10 计算行列式 D 的值，其中

$$D=\begin{vmatrix} 3 & 1 & -1 & 2 \\ -5 & 1 & 3 & -4 \\ 2 & 0 & 1 & -1 \\ 1 & -5 & 3 & -3 \end{vmatrix}.$$

解

$$D=\begin{vmatrix} 3 & 1 & -1 & 2 \\ -5 & 1 & 3 & -4 \\ 2 & 0 & 1 & -1 \\ 1 & -5 & 3 & -3 \end{vmatrix}\overset{c_4+c_3}{\underset{c_1-2c_3}{=\!=}}\begin{vmatrix} 5 & 1 & -1 & 1 \\ -11 & 1 & 3 & -1 \\ 0 & 0 & 1 & 0 \\ -5 & -5 & 3 & 0 \end{vmatrix}=1\times(-1)^{3+3}\begin{vmatrix} 5 & 1 & 1 \\ -11 & 1 & -1 \\ -5 & -5 & 0 \end{vmatrix}$$

$$\overset{r_2+r_1}{=\!=}\begin{vmatrix} 5 & 1 & 1 \\ -6 & 2 & 0 \\ -5 & -5 & 0 \end{vmatrix}=1\times(-1)^{1+3}\begin{vmatrix} -6 & 2 \\ -5 & -5 \end{vmatrix}=(-6)\times(-5)-2\times(-5)=40.$$

例 11 计算行列式 D 的值，其中

$$D=\begin{vmatrix} a & b & a+b \\ b & a+b & a \\ a+b & a & b \end{vmatrix}.$$

解
$$D=\begin{vmatrix}a&b&a+b\\b&a+b&a\\a+b&a&b\end{vmatrix}\overset{r_1+r_2+r_3}{=}\begin{vmatrix}2a+2b&2a+2b&2a+2b\\b&a+b&a\\a+b&a&b\end{vmatrix}$$

$$\overset{r_1\div 2(a+b)}{=}2(a+b)\begin{vmatrix}1&1&1\\b&a+b&a\\a+b&a&b\end{vmatrix}\underset{c_3-c_1}{\overset{c_2-c_1}{=}}2(a+b)\begin{vmatrix}1&0&0\\b&a&a-b\\a+b&-b&-a\end{vmatrix}$$

$$=2(a+b)\begin{vmatrix}a&a-b\\-b&-a\end{vmatrix}=2(a+b)[-a^2+b(a-b)]$$

$$=-2(a+b)(a^2-ab+b^2).$$

例 12 设行列式 D 为

$$D=\begin{vmatrix}1&1&1&3\\-1&2&0&1\\3&1&4&-2\\1&1&1&2\end{vmatrix},$$

求 $2A_{21}+3A_{22}-A_{24}$ 的值.

解 $2A_{21}+3A_{22}-A_{24}$ 为行列式

$$D_1=\begin{vmatrix}1&1&1&3\\2&3&0&-1\\3&1&4&-2\\1&1&1&2\end{vmatrix}$$

按第二行的展开式，因此 $2A_{21}+3A_{22}-A_{24}$ 的值等于行列式 D_1. 而

$$D_1=\begin{vmatrix}1&1&1&3\\2&3&0&-1\\3&1&4&-2\\1&1&1&2\end{vmatrix}\underset{c_2+3c_4}{\overset{c_1+2c_4}{=}}\begin{vmatrix}7&10&1&3\\0&0&0&-1\\-1&-5&4&-2\\5&7&1&2\end{vmatrix}=(-1)\times(-1)^{2+4}\begin{vmatrix}7&10&1\\-1&-5&4\\5&7&1\end{vmatrix}$$

$$\underset{r_2-4r_3}{\overset{r_1-r_3}{=}}-\begin{vmatrix}2&3&0\\-21&-33&0\\5&7&1\end{vmatrix}=-\begin{vmatrix}2&3\\-21&-33\end{vmatrix}=-[2\times(-33)-3\times(-21)]=3.$$

因此

$$2A_{21}+3A_{22}-A_{24}=3.$$

例 13 设

$$D=\begin{vmatrix}2&-1&3\\4&0&1\\3&1&-2\end{vmatrix},$$

求 $M_{11}-2M_{12}+3M_{13}$ 的值.

解　$M_{11}-2M_{12}+3M_{13}=A_{11}+2A_{12}+3A_{13}$，而 $A_{11}+2A_{12}+3A_{13}$ 恰是行列式

$$D_1=\begin{vmatrix}1&2&3\\4&0&1\\3&1&-2\end{vmatrix}$$

按第一行的展开式，因此 $M_{11}-2M_{12}+3M_{13}=D_1$.

计算可得 $D_1=33$，因此 $M_{11}-2M_{12}+3M_{13}=33$.

例 14　计算 $2n$ 阶行列式

$$D_{2n}=\begin{vmatrix}a&&&&&b\\&\ddots&&&\iddots&\\&&a&b&&\\&&c&d&&\\&\iddots&&&\ddots&\\c&&&&&d\end{vmatrix}.$$

解　将行列式按第一行展开得

$$D_{2n}=a\cdot\begin{vmatrix}a&&&&&b&0\\&\ddots&&&\iddots&&\\&&a&b&&&\\&&c&d&&&\\&\iddots&&&\ddots&&\\c&&&&&d&0\\0&&&&&0&d\end{vmatrix}+b(-1)^{1+2n}\begin{vmatrix}0&a&&&&&b\\&&\ddots&&&\iddots&\\&&&a&b&&\\&&&c&d&&\\&&\iddots&&&\ddots&\\0&c&&&&&d\\c&0&&&&&0\end{vmatrix}$$

$$=adD_{2(n-1)}-bc(-1)^{2n-1+1}D_{2(n-1)}$$

$$=(ad-bc)D_{2(n-1)},$$

因此作递推公式可得

$$D_{2n}=(ad-bc)D_{2(n-1)}=(ad-bc)^2D_{2(n-2)}=\cdots$$

$$=(ad-bc)^{n-1}D_2=(ad-bc)^{n-1}\begin{vmatrix}a&b\\c&d\end{vmatrix}$$

$$=(ad-bc)^n.$$

注意：一般地，直接应用按行（列）展开法则不一定能简化计算. 当行列式的某行或某列中有较多的零元素时，宜采取按行（列）展开法则计算行列式的值. 或者行列式中某行或某列的元素成倍数关系时也可采取此方法. 特别是如果能利用行列式的性质先将行列式的某一行（列）化为仅含一个非零元素，再按此行（列）展开.

例 15　证明范德蒙（Vandermonde）行列式

$$D_n=\begin{vmatrix}1 & 1 & \cdots & 1\\ x_1 & x_2 & \cdots & x_n\\ x_1^2 & x_2^2 & \cdots & x_n^2\\ \vdots & \vdots & \vdots & \vdots\\ x_1^{n-1} & x_2^{n-1} & \cdots & x_n^{n-1}\end{vmatrix}=\prod_{1\leqslant j<i\leqslant n}(x_i-x_j),$$

其中记号$\prod$表示全体同类因子的乘积.

证明 对n用数学归纳法.

（1）当$n=2$时，有

$$D_2=\begin{vmatrix}1 & 1\\ x_1 & x_2\end{vmatrix}=(x_2-x_1)=\prod_{1\leqslant j<i\leqslant 2}(x_i-x_j),$$

所以当$n=2$时范德蒙行列式成立.

（2）现假设对于$n-1$阶范德蒙行列式成立，下面证对于n阶的也成立，为此将D_n从第n行开始，后行减去前行的x_1倍，得

$$D_n=\begin{vmatrix}1 & 1 & 1 & \cdots & 1\\ 0 & x_2-x_1 & x_3-x_1 & \cdots & x_n-x_1\\ 0 & x_2(x_2-x_1) & x_3(x_3-x_1) & \cdots & x_n(x_n-x_1)\\ \vdots & \vdots & \vdots & \vdots & \vdots\\ 0 & x_2^{n-2}(x_2-x_1) & x_3^{n-2}(x_3-x_1) & \cdots & x_n^{n-2}(x_n-x_1)\end{vmatrix},$$

按第一列展开，并把每列的公因子(x_i-x_1)提出，就有

$$D_n=(x_2-x_1)(x_3-x_1)\cdots(x_n-x_1)\begin{vmatrix}1 & 1 & \cdots & 1\\ x_2 & x_3 & \cdots & x_n\\ x_2^2 & x_3^2 & \cdots & x_n^2\\ \vdots & \vdots & \vdots & \vdots\\ x_2^{n-2} & x_3^{n-2} & \cdots & x_n^{n-2}\end{vmatrix}.$$

上式右端的行列式是$n-1$阶的范德蒙行列式，根据归纳假设，它等于所有满足$2\leqslant j<i\leqslant n$的因子$(x_i-x_j)$的乘积．故

$$\begin{aligned}D_n&=(x_2-x_1)(x_3-x_1)\cdots(x_n-x_1)\prod_{2\leqslant j<i\leqslant n}(x_i-x_j)\\&=\prod_{1\leqslant j<i\leqslant n}(x_i-x_j).\end{aligned}$$

例 16 解方程

$$\begin{vmatrix}1 & 1 & 1\\ 2 & 3 & x\\ 4 & 9 & x^2\end{vmatrix}=0.$$

解 由范德蒙行列式得

$$\begin{vmatrix} 1 & 1 & 1 \\ 2 & 3 & x \\ 4 & 9 & x^2 \end{vmatrix} = (3-2)(x-2)(x-3) = 0,$$

因此解得 $x=2$ 或 $x=3$.

作为定理 1 的推论，有：

推论 n 阶行列式 D 的任意一行（列）的各元素与另一行（列）对应元素的代数余子式的乘积之和等于零，即

$$a_{i1}A_{s1} + a_{i2}A_{s2} + \cdots + a_{in}A_{sn} = 0 \quad (i \neq s),$$

或

$$a_{1j}A_{1s} + a_{2j}A_{2s} + \cdots + a_{nj}A_{ns} = 0 \quad (j \neq s).$$

综合定理 1 及其推论，有关于代数余子式的下述性质：

$$\sum_{k=1}^{n} a_{ik}A_{jk} = \begin{cases} D, & i = j, \\ 0, & i \neq j, \end{cases}$$

或

$$\sum_{k=1}^{n} a_{ki}A_{kj} = \begin{cases} D, & i = j, \\ 0, & i \neq j. \end{cases}$$

1.6 克莱姆法则

1.6.1 克莱姆（Cramer）法则

现在我们来应用行列式解决线性方程组的问题．在这里只考虑方程个数与未知量个数相等的情形，这是一个重要的情形．

定理 2 如果线性方程组

$$\begin{cases} a_{11}x_1 + a_{12}x_2 + \cdots + a_{1n}x_n = b_1, \\ a_{21}x_1 + a_{22}x_2 + \cdots + a_{2n}x_n = b_2, \\ \cdots\cdots\cdots\cdots\cdots\cdots \\ a_{n1}x_1 + a_{n2}x_2 + \cdots + a_{nn}x_n = b_n \end{cases} \tag{1}$$

的系数构成的行列式

$$D = \begin{vmatrix} a_{11} & a_{12} & \cdots & a_{1n} \\ a_{21} & a_{22} & \cdots & a_{2n} \\ \vdots & \vdots & \vdots & \vdots \\ a_{n1} & a_{n2} & \cdots & a_{nn} \end{vmatrix} \neq 0,$$

那么线性方程组（1）有解，并且解是唯一的，解可以由下式给出

$$x_1=\frac{D_1}{D},\ x_2=\frac{D_2}{D},\ \cdots,\ x_n=\frac{D_n}{D},$$

其中D_j是行列式D中第j列换成方程组的常数项$b_1, b_2, \cdots, b_n$而得到的行列式.

此定理称为克莱姆法则，克莱姆法则主要解决方程个数与未知量个数相等的方程组的求解问题，而这类方程组又是非常特殊、非常重要的方程组.

例 17 解方程组

$$\begin{cases} 2x_1+x_2-5x_3+x_4=8, \\ x_1-3x_2-6x_4=9, \\ 2x_2-x_3+2x_4=-5, \\ x_1+4x_2-7x_3+6x_4=0. \end{cases}$$

解 方程组的系数行列式

$$D=\begin{vmatrix} 2 & 1 & -5 & 1 \\ 1 & -3 & 0 & -6 \\ 0 & 2 & -1 & 2 \\ 1 & 4 & -7 & 6 \end{vmatrix}=27\neq 0;$$

$$D_1=\begin{vmatrix} 8 & 1 & -5 & 1 \\ 9 & -3 & 0 & -6 \\ -5 & 2 & -1 & 2 \\ 0 & 4 & -7 & 6 \end{vmatrix}=81;$$

$$D_2=\begin{vmatrix} 2 & 8 & -5 & 1 \\ 1 & 9 & 0 & -6 \\ 0 & -5 & -1 & 2 \\ 1 & 0 & -7 & 6 \end{vmatrix}=-108;$$

$$D_3=\begin{vmatrix} 2 & 1 & 8 & 1 \\ 1 & -3 & 9 & -6 \\ 0 & 2 & -5 & 2 \\ 1 & 4 & 0 & 6 \end{vmatrix}=-27;$$

$$D_4=\begin{vmatrix} 2 & 1 & -5 & 8 \\ 1 & -3 & 0 & 9 \\ 0 & 2 & -1 & -5 \\ 1 & 4 & -7 & 0 \end{vmatrix}=27,$$

所以方程组的唯一解为$x_1=3,\ x_2=-4,\ x_3=-1,\ x_4=1$.

常数项全为零的方程组称为齐次线性方程组．显然齐次线性方程组总是有解的，因为$(0, 0, \cdots, 0)$就是它的一个解，称为方程组的零解．对于齐次线性方程组我们关心的是它除去零解以外还有没有其他的解，也就是要考查它有没有非零解．对于方程个数与未知量个数相同的齐次线性方程组，应用克莱姆法则应有：

定理 3　如果齐次线性方程组

$$\begin{cases} a_{11}x_1 + a_{12}x_2 + \cdots + a_{1n}x_n = 0, \\ a_{21}x_1 + a_{22}x_2 + \cdots + a_{2n}x_n = 0, \\ \quad \vdots \\ a_{n1}x_1 + a_{n2}x_2 + \cdots + a_{nn}x_n = 0 \end{cases}$$

的系数构成的行列式

$$D = \begin{vmatrix} a_{11} & a_{12} & \cdots & a_{1n} \\ a_{21} & a_{22} & \cdots & a_{2n} \\ \vdots & \vdots & \vdots & \vdots \\ a_{n1} & a_{n2} & \cdots & a_{nn} \end{vmatrix} \neq 0,$$

那么它只有零解.

1.6.2　克莱姆法则的推论

由定理 2 还可得出：

定理 4　若非齐次线性方程组无解或有多个解，则其系数行列式 $D = 0$.

推论　如果齐次线性方程组有非零解，则它的系数行列式 $D = 0$.

例 18　λ 为何值时，方程组

$$\begin{cases} \lambda x_1 + x_2 = 0, \\ x_1 + \lambda x_2 = 0 \end{cases}$$

有非零解.

解　由以上推论知，当齐次线性方程组有非零解时它的系数行列式 $D = 0$ ，即

$$\begin{vmatrix} \lambda & 1 \\ 1 & \lambda \end{vmatrix} = \lambda^2 - 1 = 0,$$

所以 $\lambda = \pm 1$. 不难验证，当 $\lambda = \pm 1$ 时方程组确有非零解.

本章小结

本章主要介绍了行列式的概念和有关简单行列式的计算，在行列式的计算中，主要有以下几种计算方法：

（1）利用行列式的定义计算；

（2）利用行列式的性质先将行列式化为上（下）三角行列式，再求值；

（3）利用行列式按行（列）展开法则，进行行列式的求值；

（4）用递推归纳法求行列式的值.

每种方法各有优点，应根据行列式的不同特点进行适当的选择，掌握行列式计算的规律以及针对不同形式的行列式应采取相应的计算方法. 行列式的形式多种多样，希望大家在学习过程中注意归纳总结. 但应注意如果行列式中某行或某

列中含有较多的零元素时，应首先考虑按行（列）展开的方法.

本章还介绍了利用克莱姆法则求解线性方程组的问题，在这类问题中，要求方程组中方程的个数和未知量的个数相等，这是使用此方法的一个必要条件，否则不能形成行列式的计算，另外，此类方程组是非常特殊的，也是非常重要的方程组，在实际应用中有着重要作用.

习题一

1．求下列排列的逆序数.

（1）52431；（2）465132；

（3）$n(n-1)\cdots 321$；（4）$13\cdots(2n-1)24\cdots(2n)$.

2．在 4 阶行列式中 $a_{23}a_{31}a_{42}a_{14}$ 应带什么符号？

3．写出 4 阶行列式中含有因子 a_{23} 且带负号的项.

4．计算行列式的值.

（1）$\begin{vmatrix} 3 & 1 & 1 & 1 \\ 1 & 3 & 1 & 1 \\ 1 & 1 & 3 & 1 \\ 1 & 1 & 1 & 3 \end{vmatrix}$；（2）$\begin{vmatrix} 0 & 1 & 2 & -1 & 4 \\ 2 & 0 & 1 & 2 & 1 \\ -1 & 3 & 5 & 1 & 2 \\ 3 & 3 & 1 & 2 & 1 \\ 2 & 1 & 0 & 3 & 5 \end{vmatrix}$；

（3）$\begin{vmatrix} 1 & 2 & 3 & 4 \\ 2 & 3 & 4 & 1 \\ 3 & 4 & 1 & 2 \\ 4 & 1 & 2 & 3 \end{vmatrix}$；（4）$\begin{vmatrix} 1 & 2 & 3 & 4 \\ 2 & 2 & 0 & 0 \\ 3 & 4 & 1 & 2 \\ 4 & 1 & 2 & 3 \end{vmatrix}$；

（5）$\begin{vmatrix} -ab & ac & ae \\ bd & -cd & de \\ bf & cf & -ef \end{vmatrix}$；（6）$\begin{vmatrix} 1 & 1 & 1 & 1 \\ a & b & c & d \\ a^2 & b^2 & c^2 & d^2 \\ a^4 & b^4 & c^4 & d^4 \end{vmatrix}$.

5．用克莱姆法则解方程组

（1）$\begin{cases} x_1+2x_2+3x_3=6, \\ 2x_1+x_2+2x_3=8, \\ 3x_1+2x_2+x_3=4; \end{cases}$（2）$\begin{cases} x_1-x_2+2x_3=2, \\ 2x_1+3x_2-2x_3=0, \\ 2x_1+2x_2-3x_3=1. \end{cases}$

6．解方程

$$\begin{vmatrix} 1 & 1 & 1 \\ 1 & 2 & x \\ 1 & x & 6 \end{vmatrix}=9.$$

7．设

$$D=\begin{vmatrix}3 & 1 & -1 & 2\\ -5 & 1 & 3 & -4\\ 2 & 0 & 1 & -1\\ 1 & -5 & 3 & -3\end{vmatrix},$$

求 $A_{11}+A_{21}+A_{31}+A_{41}$.

8．问 λ 取何值时，齐次线性方程组

$$\begin{cases}(1-\lambda)x_1-2x_2+4x_3=0,\\ 2x_1+(3-\lambda)x_2+x_3=0,\\ x_1+x_2+(1-\lambda)x_3=0\end{cases}$$

有非零解？

9．若齐次线性方程组

$$\begin{cases}x_1+x_2+x_3+ax_4=0,\\ x_1+2x_2+x_3+x_4=0,\\ x_1+x_2-3x_3+x_4=0,\\ x_1+x_2+ax_3+bx_4=0\end{cases}$$

有非零解，试确定参数 a,b 应满足什么关系.

10．不求行列式的值，证明行列式 $\begin{vmatrix}3 & 8 & 0\\ 2 & 8 & 5\\ 2 & 6 & 6\end{vmatrix}$ 能被 19 整除.

同步测试题一

一、填空题

1．排列 54263187 和 597816432 的逆序数分别为________.

2．当 $i=$________，$j=$________时排列 $5i438j21$ 为奇排列.

3．若排列 $j_1j_2\cdots j_n$ 的逆序数为 k，则排列 $j_n\cdots j_2j_1$ 的逆序数为________.

4．若 n 阶行列式中的每行所有元素之和为 0，则行列式的值为________.

5．行列式 $\begin{vmatrix}2 & 3 & 5\\ -1 & 4 & 0\\ 3 & 0 & 0\end{vmatrix}$ 的值为________.

6．设 A_{ij} 是 n 阶行列式中 a_{ij} 的代数余子式，若

$$a_{i1}A_{s1}+a_{i2}A_{s2}+\cdots+a_{in}A_{sn}\neq 0,$$

则 i 与 s 的关系为________.

7．若将 n 阶行列式 D 中每个元素添上负号得一新的行列式 $\overline{D}$，则 $\overline{D}=$________D.

8．若 $\begin{vmatrix}4 & h\\ h & h\end{vmatrix}=3$，则 $h=$________.

二、单选题

1. 行列式$\begin{vmatrix} k & 1 & 2 \\ 2 & 0 & k \\ 1 & 1 & -1 \end{vmatrix}=0$的充分必要条件是（　）.

A. $k=2$　　B. $k=-2$ 或 $k=3$

C. $k=0$　　D. $k=3$

2. 设 $f(x)=\begin{vmatrix} 2x & x & 1 & 2 \\ 1 & x & 1 & -1 \\ 3 & 2 & x & -1 \\ 1 & 1 & 1 & x \end{vmatrix}$，则 x^3 的系数为（　）.

A. 4　　B. 3　　C. −1　　D. 2

3. 四阶行列式中展开式中 $a_{42}a_{31}a_{23}a_{14}$ 和 $a_{13}a_{41}a_{24}a_{32}$ 应带符号（　）.

A. − −　　B. − +　　C. + −　　D. + +

4. n 阶行列式 D 中元素 a_{ij} 的余子式 M_{ij} 和代数余子式 A_{ij} 的关系是（　）.

A. $M_{ij}=-A_{ij}$　　B. $M_{ij}=(-1)^n A_{ij}$

C. $M_{ij}=A_{ij}$　　D. $M_{ij}=(-1)^{i+j} A_{ij}$

5. 设 $D=\begin{vmatrix} a_{11} & a_{12} & a_{13} \\ a_{21} & a_{22} & a_{23} \\ a_{31} & a_{32} & a_{33} \end{vmatrix}=k\neq 0$，则 $D_1=\begin{vmatrix} 2a_{11} & 2a_{12} & 2a_{13} \\ 2a_{21} & 2a_{22} & 2a_{23} \\ 2a_{31} & 2a_{32} & 2a_{33} \end{vmatrix}=$（　）.

A. $-2k$　　B. $2k$

C. $-8k$　　D. $8k$

6. 四阶行列式 D 的值为 0，它的第一行元素为 $2, 3, t+1, 5$，第一行元素的余子式依次为 $-1, 10, 4, 6$，则 $t=$（　）.

A. −5　　B. 5

C. $\dfrac{29}{2}$　　D. $-\dfrac{29}{2}$

7. 三阶行列式 $D=\begin{vmatrix} 1 & 1 & 2 \\ 0 & -2 & -1 \\ 2 & 2 & 3 \end{vmatrix}$ 中第一行各元素的代数余子式之和为（　）.

A. −2　　B. 15　　C. −10　　D. 8

8. 若方程组 $\begin{cases} \lambda x_1+x_2+x_3=1, \\ x_1+\lambda x_2+x_3=\lambda, \\ x_1+x_2+\lambda x_3=\lambda^2 \end{cases}$ 有唯一解，则 λ 的值为（　）.

A. $\lambda\neq 1,\ \lambda\neq 2$　　B. $\lambda\neq -1,\ \lambda\neq 2$

C. $\lambda\neq 1,\ \lambda\neq -2$　　D. $\lambda=1,\ \lambda\neq 2$

9．行列式 $D=\begin{vmatrix} a & 0 & 0 & g \\ 0 & c & e & 0 \\ 0 & d & f & 0 \\ b & 0 & 0 & h \end{vmatrix}$ 的展开式中不为零的项有（　）.

A．2 个　　B．4 个　　C．6 个　　D．8 个

三、计算题

1．计算下列行列式的值.

（1）$\begin{vmatrix} 6 & 5 \\ 2 & -4 \end{vmatrix}$；

（2）$\begin{vmatrix} 2 & 3 & -2 \\ 1 & 0 & -1 \\ 4 & 2 & 5 \end{vmatrix}$；

（3）$\begin{vmatrix} 1 & 2 & 3 & 4 \\ 2 & 3 & 4 & 1 \\ -2 & -4 & 2 & 2 \\ 4 & 4 & 2 & 3 \end{vmatrix}$；

（4）$\begin{vmatrix} -2 & 5 & -1 & 3 \\ 1 & -9 & 13 & 7 \\ 3 & -1 & 5 & -5 \\ 2 & 8 & -7 & -10 \end{vmatrix}$；

（5）$\begin{vmatrix} 1 & 2 & 0 & 0 \\ 3 & 4 & 0 & 0 \\ 0 & 0 & -1 & 3 \\ 0 & 0 & 5 & 1 \end{vmatrix}$；

（6）$\begin{vmatrix} a & b & b & b \\ a & b & a & b \\ a & a & b & a \\ b & b & b & a \end{vmatrix}$；

（7）$\begin{vmatrix} -1 & 1 & 1 & 1 \\ 1 & -1 & 1 & 1 \\ 1 & 1 & -1 & 1 \\ 1 & 1 & 1 & -1 \end{vmatrix}$；

（8）$\begin{vmatrix} a & 0 & b & d \\ c & 0 & c & 0 \\ d & b & b & a \\ a & 0 & 0 & 0 \end{vmatrix}$.

2．用克莱姆法则解方程组.

（1）$\begin{cases} x_1 + x_2 - x_3 = 1, \\ x_2 + x_3 = 2, \\ x_1 + x_2 + x_3 = 3; \end{cases}$

（2）$\begin{cases} 5x_1 + 4x_3 + 2x_4 = 3, \\ x_1 - x_2 + 2x_3 + x_4 = 1, \\ 4x_1 + x_2 + 2x_3 = 1, \\ x_1 + x_2 + x_3 + x_4 = 0; \end{cases}$

（3）$\begin{cases} x_1 + 3x_2 + 5x_3 + 7x_4 = 12, \\ 3x_1 + 5x_2 + 7x_3 + x_4 = 0, \\ 5x_1 + 7x_2 + x_3 + 3x_4 = 4, \\ 7x_1 + x_2 + 3x_3 + 5x_4 = 16; \end{cases}$

（4）$\begin{cases} x_1 + x_2 + x_3 + x_4 = 0, \\ 5x_1 + 4x_3 + 2x_4 = 3, \\ 4x_1 + x_2 + 2x_3 = 1, \\ x_1 - x_2 + 2x_3 + x_4 = 1. \end{cases}$

3．设

$$D=\begin{vmatrix} 2 & 0 & -1 & 1 \\ 3 & 1 & 2 & -1 \\ 1 & -2 & 3 & 4 \\ -2 & 2 & 5 & 1 \end{vmatrix},$$

求 $M_{21}+M_{22}+2M_{23}$ 的值.

4．设齐次线性方程组

$$\begin{cases} x_1 - x_2 + 2x_3 = 0, \\ -2x_1 + \lambda x_2 - 3x_3 = 0, \\ 2x_1 - 2x_2 + 2x_3 = 0 \end{cases}$$

有非零解，求 λ 的值.

5．求当 λ 为何值时下述方程组有非零解.

$$\begin{cases} (\lambda-2)x_1 - 3x_2 - 2x_3 = 0, \\ -x_1 + (\lambda-8)x_2 - 2x_3 = 0, \\ 2x_1 + 14x_2 + (\lambda+3)x_3 = 0. \end{cases}$$

四、证明题

1．由于1326, 2743, 5005, 3874 都能被 13 整除，不用计算行列式的值，试证明行列式

$$D = \begin{vmatrix} 1 & 3 & 2 & 6 \\ 2 & 7 & 4 & 3 \\ 5 & 0 & 0 & 5 \\ 3 & 8 & 7 & 4 \end{vmatrix}$$

也能被 13 整除.

2．$\begin{vmatrix} 1+x & 1 & 1 & 1 \\ 1 & 1-x & 1 & 1 \\ 1 & 1 & 1+y & 1 \\ 1 & 1 & 1 & 1-y \end{vmatrix} = x^2y^2.$

第2章　矩阵及其运算

本章学习目标

本章主要介绍矩阵的概念及矩阵的运算、逆矩阵的概念性质及其求法．通过本章的学习，重点掌握以下内容：

- 矩阵的线性运算及其性质
- 矩阵的乘法运算及其性质
- 矩阵的方幂、矩阵的转置运算及其性质
- 方阵的行列式及其运算性质
- 逆矩阵的概念及其性质
- 判断方阵是否可逆，方阵可逆的充要条件，求逆矩阵

2.1　矩阵的基本概念

2.1.1　矩阵的定义

定义1　由 $m\times n$ 个数 a_{ij}（$i=1,2,\cdots,m$; $j=1,2,\cdots,n$）排成的 m 行 n 列的数表称为 m 行 n 列的矩阵，简称 $m\times n$ 矩阵．记作

$$\begin{pmatrix} a_{11} & a_{12} & \cdots & a_{1n} \\ a_{21} & a_{22} & \cdots & a_{2n} \\ \vdots & \vdots & \vdots & \vdots \\ a_{m1} & a_{m2} & \cdots & a_{mn} \end{pmatrix}.$$

通常用大写字母 A，B，C，$\cdots$ 表示矩阵．a_{ij} 称为矩阵的第 i 行第 j 列的元素．有时为了表明一个矩阵的行数和列数，用 $A_{m\times n}$ 或 $A=(a_{ij})_{m\times n}$ 表示一个 m 行 n 列的矩阵．

2.1.2　几种特殊形式的矩阵

1．行矩阵与列矩阵

只有一行的矩阵 $A=(a_1 \quad a_2 \quad \cdots \quad a_n)$ 称为行矩阵，又称行向量．

只有一列的矩阵 $A=\begin{pmatrix} a_1 \\ a_2 \\ \vdots \\ a_m \end{pmatrix}$ 称为列矩阵，又称列向量.

2. 同型矩阵与矩阵的相等

两个矩阵行数相等、列数也相等时，称为同型矩阵.

如果矩阵 $A=(a_{ij})$ 与矩阵 $B=(b_{ij})$ 是同型矩阵，且它们的对应元素相等，即

$$a_{ij}=b_{ij}\ （i=1, 2, \cdots, m;\ j=1, 2, \cdots, n），$$

那么就称这两个矩阵相等．记作 $A=B$.

3. 零矩阵

元素都是零的矩阵称为零矩阵. 记作 $O_{m\times n}$ 或 O . 注意不同型的零矩阵是不同的.

4. 方阵

行数与列数都等于 n 的矩阵称为 n 阶矩阵或 n 阶方阵． n 阶方阵 A 也记作 A_n . 即

$$A=A_n=\begin{pmatrix} a_{11} & a_{12} & \cdots & a_{1n} \\ a_{21} & a_{22} & \cdots & a_{2n} \\ \vdots & \vdots & \vdots & \vdots \\ a_{n1} & a_{n2} & \cdots & a_{nn} \end{pmatrix}.$$

n 阶方阵 $A=(a_{ij})_{n\times n}$ 的元素 a_{11}, a_{22}, $\cdots$, a_{nn} 称为主对角线元素.

5. 上（下）三角矩阵

如果 n 阶方阵 $A=(a_{ij})_{n\times n}$ 的主对角线以下（以上）元素全为零，即

$$A=\begin{pmatrix} a_{11} & a_{12} & \cdots & a_{1n} \\ 0 & a_{22} & \cdots & a_{2n} \\ \vdots & \vdots & \vdots & \vdots \\ 0 & 0 & \cdots & a_{nn} \end{pmatrix}$$

或

$$A=\begin{pmatrix} a_{11} & 0 & \cdots & 0 \\ a_{21} & a_{22} & \cdots & 0 \\ \vdots & \vdots & \vdots & \vdots \\ a_{n1} & a_{n2} & \cdots & a_{nn} \end{pmatrix}$$

则称 A 为上（下）三角矩阵.

上（下）三角矩阵通称三角矩阵.

6. 对角矩阵

如果方阵 A 除主对角线元素外全为零，即形如 $\begin{pmatrix} \lambda_1 & 0 & \cdots & 0 \\ 0 & \lambda_2 & \cdots & 0 \\ \vdots & \vdots & \vdots & \vdots \\ 0 & 0 & \cdots & \lambda_n \end{pmatrix}$，则称方阵 A

为 n 阶对角矩阵.

n 阶对角矩阵也记作 $\Lambda=\begin{pmatrix}\lambda_1 & & & \\ & \lambda_2 & & \\ & & \ddots & \\ & & & \lambda_n\end{pmatrix}=\mathrm{diag}(\lambda_1, \lambda_2, \cdots, \lambda_n)$.

7. 单位矩阵

如果对角矩阵 A 的主对角线的元素全为 1，即 $A=\begin{pmatrix}1 & 0 & \cdots & 0\\ 0 & 1 & \cdots & 0\\ \vdots & \vdots & \vdots & \vdots\\ 0 & 0 & \cdots & 1\end{pmatrix}$，则称 A 为 n 阶单位矩阵.

n 阶单位矩阵一般记作 E 或 E_n .

2.2 矩阵的运算

2.2.1 矩阵的加法

定义 2 设有两个 $m\times n$ 矩阵 $A=(a_{ij})_{m\times n}$ 和 $B=(b_{ij})_{m\times n}$，那么矩阵 A 与 B 的和记作 $A+B$，规定为

$$A+B=\begin{pmatrix}a_{11}+b_{11} & a_{12}+b_{12} & \cdots & a_{1n}+b_{1n}\\ a_{21}+b_{21} & a_{22}+b_{22} & \cdots & a_{2n}+b_{2n}\\ \vdots & \vdots & \vdots & \vdots\\ a_{m1}+b_{m1} & a_{m2}+b_{m2} & \cdots & a_{mn}+b_{mn}\end{pmatrix}.$$

由定义知，只有当两个矩阵为同型矩阵时，这两个矩阵才可以进行加法运算.

矩阵加法满足下列运算规律（设 A, B, C 都是 $m\times n$ 矩阵）：

（1） $A+B=B+A$；

（2） $(A+B)+C=A+(B+C)$.

设矩阵 $A=(a_{ij})$，记

$$-A=(-a_{ij}),$$

称 $-A$ 为 A 的负矩阵，显然有

$$A+(-A)=O.$$

由此规定矩阵的减法为

$$A-B=A+(-B).$$

例 1 设 $A=\begin{pmatrix}1 & 2 & 3\\ -1 & 5 & 3\end{pmatrix}$，$B=\begin{pmatrix}0 & 1 & -3\\ 2 & 1 & -1\end{pmatrix}$，求 $A+B$, $B-A$.

解　$A+B=\begin{pmatrix}1&2&3\\-1&5&3\end{pmatrix}+\begin{pmatrix}0&1&-3\\2&1&-1\end{pmatrix}=\begin{pmatrix}1&3&0\\1&6&2\end{pmatrix}$；

$B-A=\begin{pmatrix}0&1&-3\\2&1&-1\end{pmatrix}-\begin{pmatrix}1&2&3\\-1&5&3\end{pmatrix}=\begin{pmatrix}-1&-1&-6\\3&-4&-4\end{pmatrix}$.

2.2.2　数与矩阵的乘法

定义 3　数λ与矩阵A的乘积记作λA或$A\lambda$，规定为

$$\lambda A=A\lambda=\begin{pmatrix}\lambda a_{11}&\lambda a_{12}&\cdots&\lambda a_{1n}\\\lambda a_{21}&\lambda a_{22}&\cdots&\lambda a_{2n}\\\vdots&\vdots&\vdots&\vdots\\\lambda a_{m1}&\lambda a_{m2}&\cdots&\lambda a_{mn}\end{pmatrix}.$$

由定义知数乘矩阵是用这个数乘矩阵的每一个元素；λA与A为同型矩阵；当$\lambda=0$时，$\lambda A=O$.

数乘矩阵满足下列运算规律（设A, B均为$m\times n$矩阵，λ, μ为数）：

（1）$(\lambda\mu)A=\lambda(\mu A)$；

（2）$(\lambda+\mu)A=\lambda A+\mu A$；

（3）$\lambda(A+B)=\lambda A+\lambda B$.

矩阵的加法与数乘矩阵结合起来，统称为矩阵的线性运算.

例 2　设$A=\begin{pmatrix}1&3\\5&2\\-1&0\end{pmatrix}$，$B=\begin{pmatrix}1&1\\3&0\\0&1\end{pmatrix}$，求$-A+2B$.

解　$-A=\begin{pmatrix}-1&-3\\-5&-2\\1&0\end{pmatrix}$，$2B=\begin{pmatrix}2&2\\6&0\\0&2\end{pmatrix}$，

$-A+2B=\begin{pmatrix}-1&-3\\-5&-2\\1&0\end{pmatrix}+\begin{pmatrix}2&2\\6&0\\0&2\end{pmatrix}=\begin{pmatrix}1&-1\\1&-2\\1&2\end{pmatrix}$.

2.2.3　矩阵与矩阵的乘法

定义 4　设矩阵A是一个$m\times s$矩阵，$A=(a_{ij})_{m\times s}$，B是一个$s\times n$矩阵，$B=(b_{ij})_{s\times n}$，那么规定矩阵A与B的乘积是一个$m\times n$矩阵，$C=(c_{ij})_{m\times n}$，其中

$$c_{ij}=a_{i1}b_{1j}+a_{i2}b_{2j}+\cdots+a_{is}b_{sj}=\sum_{k=1}^{s}a_{ik}b_{kj}$$

$$(i=1,2,\cdots,m;\ j=1,2,\cdots,n),$$

并把此乘积记作AB.

由乘积的定义知，乘积 AB 的元素 c_{ij} 就是第一个矩阵 A 的第 i 行与第二个矩阵 B 的第 j 列对应元素的乘积之和.

注意：只有当第一个矩阵的列数等于第二个矩阵的行数时，两个矩阵才能相乘.

例 3 设 $A=\begin{pmatrix}1&0&1\\2&1&0\end{pmatrix}$，$B=\begin{pmatrix}1&0&1&1\\1&1&2&-1\\-1&0&-1&0\end{pmatrix}$，求 AB.

解 记 $AB=C$，则 $A_{2\times3}B_{3\times4}=C_{2\times4}$，如令

$$C=\begin{pmatrix}c_{11}&c_{12}&c_{13}&c_{14}\\c_{21}&c_{22}&c_{23}&c_{24}\end{pmatrix},$$

则

$$\begin{aligned}
c_{11}&=1\times1+0\times1+1\times(-1)=0,\\
c_{12}&=1\times0+0\times1+1\times0=0,\\
c_{13}&=1\times1+0\times2+1\times(-1)=0,\\
c_{14}&=1\times1+0\times(-1)+1\times0=1,\\
c_{21}&=2\times1+1\times1+0\times(-1)=3,\\
c_{22}&=2\times0+1\times1+0\times0=1,\\
c_{23}&=2\times1+1\times2+0\times(-1)=4,\\
c_{24}&=2\times1+1\times(-1)+0\times0=1.
\end{aligned}$$

所以

$$AB=\begin{pmatrix}0&0&0&1\\3&1&4&1\end{pmatrix}.$$

在这个例子中，如果把 A, B 的次序倒一下，即把 B 放在前，A 放在后，由于 B 的列数为 4，A 的行数为 2，两者不相等，因此，B 与 A 不能相乘或者说它们的乘法没有意义. 所以，矩阵的乘法一般不满足交换律，即一般来说，$AB\neq BA$.

这表明：进行矩阵乘法时，一定要注意乘的次序，不能随意改变.

此外，对于某些矩阵，即使 AB 与 BA 都有意义，它们仍不一定相等. 见以下两例.

例 4 设 $A=(1\quad -1\quad 4)$，$B=\begin{pmatrix}1\\1\\2\end{pmatrix}$，求 AB 与 BA.

解 AB 与 BA 都有意义.

$$A_{1\times3}B_{3\times1}=(1\quad -1\quad 4)\begin{pmatrix}1\\1\\2\end{pmatrix}=(1\times1+(-1)\times1+4\times2)=(8)_{1\times1},$$

$$B_{3\times1}A_{1\times3}=\begin{pmatrix}1\\1\\2\end{pmatrix}(1\quad -1\quad 4)=\begin{pmatrix}1&-1&4\\1&-1&4\\2&-2&8\end{pmatrix}_{3\times3}.$$

例 5 设 $A=\begin{pmatrix}-2&4\\1&-2\end{pmatrix}$，$B=\begin{pmatrix}2&4\\-3&-6\end{pmatrix}$，求 AB 与 BA .

解 $AB=\begin{pmatrix}-2&4\\1&-2\end{pmatrix}\begin{pmatrix}2&4\\-3&-6\end{pmatrix}=\begin{pmatrix}-16&-32\\8&16\end{pmatrix}$，

$BA=\begin{pmatrix}2&4\\-3&-6\end{pmatrix}\begin{pmatrix}-2&4\\1&-2\end{pmatrix}=\begin{pmatrix}0&0\\0&0\end{pmatrix}$.

例 5 还表明，矩阵 $A\neq O$，$B\neq O$，但却有 $BA=O$. 这提醒我们要特别注意：

（1）若有两个矩阵满足 $AB=O$，不能得出 $A=O$，或 $B=O$ 的结论；

（2）若 $A(X-Y)=O$，$AX=AY$，不能得出 $X=Y$ 的结论.

对于两个 n 阶矩阵 A，B，若 $AB=BA$，则称方阵 A 与 B 是可以交换的.

例如，对于任意两个 n 阶对角矩阵

$$A=\begin{pmatrix}a_1&&&\\&a_2&&\\&&\ddots&\\&&&a_n\end{pmatrix},\quad B=\begin{pmatrix}b_1&&&\\&b_2&&\\&&\ddots&\\&&&b_n\end{pmatrix},$$

$$AB=BA=\begin{pmatrix}a_1b_1&&&\\&a_2b_2&&\\&&\ddots&\\&&&a_nb_n\end{pmatrix}.$$

即任意两个同阶对角矩阵的乘积仍然是对角矩阵，其主对角线上的元素等于两个对角矩阵的主对角线上对应元素的乘积；任意两个同阶对角矩阵是可以交换的.

矩阵的乘法虽然不满足交换律，但仍满足下列运算规律（假定运算都是可行的）：

（1）$(AB)C=A(BC)$；

（2）$\lambda(AB)=(\lambda A)B=A(\lambda B)$，其中 λ 为数；

（3）$A(B+C)=AB+AC$（左分配律），

$(B+C)A=BA+CA$（右分配律）.

对于零矩阵和单位矩阵还容易验证：

$$A_{m\times n}O_{n\times s}=O_{m\times s},\ O_{s\times m}A_{m\times n}=O_{s\times n};$$

$$E_mA_{m\times n}=A_{m\times n}E_n=A_{m\times n};$$

$$E_nA_n=A_nE_n=A_n.$$

有了矩阵的乘法，就可以定义矩阵的幂.

定义 5 设 A 是 n 阶方阵，定义

$$A^1 = A,\ A^2 = AA,\ \cdots,\ A^k = A^{k-1}A = \underbrace{AA\cdots AA}_{k},$$

其中 k 为正整数，称为方阵 A 的幂.

由定义 5 知，A^k 就是 k 个 A 相乘．显然只有方阵的幂才有意义.

矩阵的幂满足下列运算规律：

$$A^k A^l = A^{k+l},\ (A^k)^l = A^{kl}\ （其中 k，l 为正整数）.$$

但要注意：对于两个 n 阶方阵 A 与 B，一般来说 $(AB)^k \neq A^k B^k$，只有当 A 与 B 可以交换时，才有 $(AB)^k = A^k B^k$；

此外，形如 $(A+B)^2 = A^2 + 2AB + B^2$，$(A+B)(A-B) = A^2 - B^2$ 等公式一般也不成立，只有当 A 与 B 是同阶方阵且可以交换时才成立.

例 6 设 $A = \begin{pmatrix} 1 & 0 \\ \lambda & 1 \end{pmatrix}$，求 A^k.

解 $A^2 = \begin{pmatrix} 1 & 0 \\ \lambda & 1 \end{pmatrix}\begin{pmatrix} 1 & 0 \\ \lambda & 1 \end{pmatrix} = \begin{pmatrix} 1 & 0 \\ 2\lambda & 1 \end{pmatrix}$，

$A^3 = \begin{pmatrix} 1 & 0 \\ 2\lambda & 1 \end{pmatrix}\begin{pmatrix} 1 & 0 \\ \lambda & 1 \end{pmatrix} = \begin{pmatrix} 1 & 0 \\ 3\lambda & 1 \end{pmatrix}$，

所以

$$A^k = \begin{pmatrix} 1 & 0 \\ k\lambda & 1 \end{pmatrix}.$$

特别地，对于 n 阶对角矩阵，容易证明：若 $\Lambda = \begin{pmatrix} \lambda_1 & & & \\ & \lambda_2 & & \\ & & \ddots & \\ & & & \lambda_n \end{pmatrix}$，

则

$$\Lambda^k = \begin{pmatrix} \lambda_1 & & & \\ & \lambda_2 & & \\ & & \ddots & \\ & & & \lambda_n \end{pmatrix}^k = \begin{pmatrix} \lambda_1^k & & & \\ & \lambda_2^k & & \\ & & \ddots & \\ & & & \lambda_n^k \end{pmatrix}\ （k 为正整数）.$$

利用矩阵的乘法与矩阵的相等，m 个方程的 n 元线性方程组

$$\begin{cases} a_{11}x_1 + a_{12}x_2 + \cdots + a_{1n}x_n = b_1, \\ a_{21}x_1 + a_{22}x_2 + \cdots + a_{2n}x_n = b_2, \\ \qquad\vdots \\ a_{m1}x_1 + a_{m2}x_2 + \cdots + a_{mn}x_n = b_m. \end{cases}$$

若设 $A=(a_{ij})_{m\times n}=\begin{pmatrix} a_{11} & a_{12} & \cdots & a_{1n} \\ a_{21} & a_{22} & \cdots & a_{2n} \\ \vdots & \vdots & \vdots & \vdots \\ a_{m1} & a_{m2} & \cdots & a_{mn} \end{pmatrix}_{m\times n}$，

$$B=\begin{pmatrix} a_{11} & a_{12} & \cdots & a_{1n} & b_1 \\ a_{21} & a_{22} & \cdots & a_{2n} & b_2 \\ \vdots & \vdots & \vdots & \vdots & \vdots \\ a_{m1} & a_{m2} & \cdots & a_{mn} & b_m \end{pmatrix}_{m\times(n+1)},$$

$$\boldsymbol{x}=(x_j)_{n\times 1}=\begin{pmatrix} x_1 \\ x_2 \\ \vdots \\ x_n \end{pmatrix},$$

$$\boldsymbol{b}=(b_j)_{m\times 1}=\begin{pmatrix} b_1 \\ b_2 \\ \vdots \\ b_m \end{pmatrix},$$

则其矩阵形式为

$$A\boldsymbol{x}=\boldsymbol{b}.$$

矩阵 A 称为线性方程组的系数矩阵，矩阵 B 称为线性方程组的增广矩阵．显然，增广矩阵 B 是系数矩阵 A 添加常数列矩阵 $\boldsymbol{b}$ 得到的，并且线性方程组与其增广矩阵一一对应．

2.2.4 矩阵的转置

定义 6 把矩阵 A 的行换成同序号的列得到的一个新矩阵，叫做矩阵 A 的转置矩阵，记作 A^T 或 A'．

例如矩阵

$$A=\begin{pmatrix} 1 & -2 & 0 & 3 \\ 7 & 2 & -3 & -5 \end{pmatrix}_{2\times 4},$$

则 $$A^T=\begin{pmatrix} 1 & 7 \\ -2 & 2 \\ 0 & -3 \\ 3 & -5 \end{pmatrix}_{4\times 2}.$$

矩阵的转置也是一种运算，满足下列运算规律（假定运算都是可行的）：

（1）$(A^T)^T=A$；

（2）$(A+B)^T=A^T+B^T$；

（3）$(\lambda A)^T=\lambda A^T$；

（4）$(AB)^T=B^TA^T$.

（1）～（3）都容易证明，下面证明（4）.

证明 设矩阵 $A=(a_{ij})_{m\times s}$，$B=(b_{ij})_{s\times n}$，$AB=C=(c_{ij})_{m\times n}$，则 $(AB)^T=C^T=(c_{ji})_{n\times m}$，又设 $B^TA^T=(B^T)_{n\times s}(A^T)_{s\times m}=D=(d_{ij})_{n\times m}$．于是

$$c_{ji}=\sum_{k=1}^{s}a_{jk}b_{ki}\qquad(i=1,2,\cdots,m;\ j=1,2,\cdots,n),$$

而 B^T 的第 i 行为 $(b_{1i}\ \ b_{2i}\ \ \cdots\ \ b_{si})$，$A^T$ 的第 j 列为 $\begin{pmatrix}a_{j1}\\a_{j2}\\\vdots\\a_{js}\end{pmatrix}$，因此

$$d_{ij}=\sum_{k=1}^{s}b_{ki}a_{jk}=\sum_{k=1}^{s}a_{jk}b_{ki},$$

所以 $d_{ij}=c_{ji}\qquad(i=1,2,\cdots,m;\ j=1,2,\cdots,n)$，

即 $D=C^T$，亦即

$$(AB)^T=B^TA^T.$$

例 7 已知 $A=\begin{pmatrix}2&1&-1\\1&3&2\end{pmatrix}$，$B=\begin{pmatrix}1&2\\3&4\end{pmatrix}$，求 AA^T+B.

解 $A^T=\begin{pmatrix}2&1\\1&3\\-1&2\end{pmatrix}$，$AA^T=\begin{pmatrix}2&1&-1\\1&3&2\end{pmatrix}\begin{pmatrix}2&1\\1&3\\-1&2\end{pmatrix}=\begin{pmatrix}6&3\\3&14\end{pmatrix}$，

$$AA^T+B=\begin{pmatrix}6&3\\3&14\end{pmatrix}+\begin{pmatrix}1&2\\3&4\end{pmatrix}=\begin{pmatrix}7&5\\6&18\end{pmatrix}.$$

例 8 已知 $A=\begin{pmatrix}2&0&-1\\1&3&2\end{pmatrix}$，$B=\begin{pmatrix}1&7&-1\\4&2&3\\2&0&1\end{pmatrix}$，求 $(AB)^T$.

解法 1 因为

$$AB=\begin{pmatrix}2&0&-1\\1&3&2\end{pmatrix}\begin{pmatrix}1&7&-1\\4&2&3\\2&0&1\end{pmatrix}=\begin{pmatrix}0&14&-3\\17&13&10\end{pmatrix},$$

所以

$$(AB)^T=\begin{pmatrix}0&14&-3\\17&13&10\end{pmatrix}^T=\begin{pmatrix}0&17\\14&13\\-3&10\end{pmatrix}.$$

解法 2 $(AB)^T = B^T A^T = \begin{pmatrix} 1 & 4 & 2 \\ 7 & 2 & 0 \\ -1 & 3 & 1 \end{pmatrix}\begin{pmatrix} 2 & 1 \\ 0 & 3 \\ -1 & 2 \end{pmatrix} = \begin{pmatrix} 0 & 17 \\ 14 & 13 \\ -3 & 10 \end{pmatrix}$.

定义 7 设矩阵 A 为 n 阶方阵，如果满足 $A^T = A$，即

$$a_{ij} = a_{ji}(i, j = 1, 2, \cdots, n),$$

那么 A 称为对称矩阵.

对称矩阵的特点是：它的元素以主对角线为对称轴对应相等.

如果 $A^T = -A$，即

$$a_{ij} = -a_{ji}(i, j = 1, 2, \cdots, n),$$

那么 A 称为反对称矩阵.

反对称矩阵的特点是：它的元素以主对角线为轴对应互为相反数，且主对角线元素 $a_{ii} = 0(i = 1, 2, \cdots, n)$.

例如，$A = \begin{pmatrix} 1 & 2 & 4 \\ 2 & 2 & -7 \\ 4 & -7 & 5 \end{pmatrix}$ 为对称矩阵，$B = \begin{pmatrix} 0 & 2 & 4 \\ -2 & 0 & -7 \\ -4 & 7 & 0 \end{pmatrix}$ 为反对称矩阵.

可以证明：任何一个 n 阶方阵都可以表示为一个对称矩阵与一个反对称矩阵的和. 这是因为

$$A = \frac{A + A^T}{2} + \frac{A - A^T}{2}.$$

由于

$$\left(\frac{A + A^T}{2}\right)^T = \frac{A^T + (A^T)^T}{2} = \frac{A + A^T}{2},$$

$$\left(\frac{A - A^T}{2}\right)^T = \frac{A^T - (A^T)^T}{2} = \frac{A^T - A}{2} = -\frac{A - A^T}{2},$$

因此，$\frac{A + A^T}{2}$ 为对称矩阵，$\frac{A - A^T}{2}$ 为反对称矩阵.

例 9 证明 AA^T 为对称矩阵.

证明 因为

$$(AA^T)^T = (A^T)^T (A)^T = AA^T,$$

所以，AA^T 为对称矩阵.

例 10 设列矩阵 $X = \begin{pmatrix} x_1 \\ x_2 \\ \vdots \\ x_n \end{pmatrix}$ 满足 $X^T X = 1$，E 为 n 阶单位矩阵，$H = E - 2XX^T$，

证明 H 是对称矩阵，且 $HH^T=E$.

证明 注意到 $X^TX=(x_1^2+x_2^2+\cdots+x_n^2)=1$ 是一阶方阵，而 XX^T 是 n 阶方阵.

因为

$$\begin{aligned}H^T&=(E-2XX^T)^T\\&=E^T-2(XX^T)^T\\&=E-2XX^T\\&=H,\end{aligned}$$

所以 H 是对称矩阵.

$$\begin{aligned}HH^T=H^2&=(E-2XX^{\mathrm{T}})^2\\&=E-4XX^T+4(XX^T)(XX^T)\\&=E-4XX^T+4X(X^TX)X^T\\&=E-4XX^T+4XX^T\\&=E.\end{aligned}$$

2.2.5 方阵的行列式

定义 8 由 n 阶方阵 A 的元素所构成的行列式（每个元素的位置不变），称为方阵 A 的行列式．记作 $|A|$ 或 $\det A$.

应该注意，方阵与行列式是两个不同的概念，n 阶方阵 A 是 n^2 个数按一定方式排成的数表，而 n 阶行列式则是这些数（也就是数表 A）按一定的运算法则所确定的一个数.

方阵的行列式满足下列运算规律（设 A，B 都是 n 阶方阵）：

（1）$|A^T|=|A|$（行列式的性质 1）；

（2）$|\lambda A|=\lambda^n|A|$；

（3）$|AB|=|A||B|=|BA|$.

由（3）可知，对于 n 阶方阵 A，B，一般来说，$AB\neq BA$，但总有

$$|AB|=|BA|.$$

当 $|A|=0$ 时，称 A 为奇异矩阵；当 $|A|\neq 0$ 时，称 A 为非奇异矩阵.

例 11 设

$$A=\begin{pmatrix}2&3&4\\0&1&2\\0&0&-3\end{pmatrix},\ B=\begin{pmatrix}1&10&-5\\0&2&3\\0&0&4\end{pmatrix},$$

求 $|AB|$, $|A+B|$, $|A|+|B|$, $|3A|$.

解

$$|AB|=|A||B|=-6\times 8=-48,$$

$$|A+B|=\begin{vmatrix}3 & 13 & -1\\0 & 3 & 5\\0 & 0 & 1\end{vmatrix}=9,$$

$$|A|+|B|=-6+8=2,$$

$$|3A|=\begin{vmatrix}6 & 9 & 12\\0 & 3 & 6\\0 & 0 & -9\end{vmatrix}=-162=3^3|A|.$$

由该例知，$|A+B|\neq|A|+|B|$；还要特别注意$|\lambda A|\neq\lambda|A|$，正确的是$|\lambda A|=\lambda^n|A|$.

例 12　设 A 为 n 阶方阵，且满足 $A^TA=E$，$|A|=-1$，证明$|E+A|=0$.

证明　因为

$$\begin{aligned}A^T(E+A)&=A^T+A^TA\\&=A^T+E\\&=(E+A)^T,\end{aligned}$$

所以

$$\begin{aligned}|E+A|&=|(E+A)^T|\\&=|A^T(E+A)|\\&=|A^T||E+A|\\&=-|E+A|.\end{aligned}$$

因此，$|E+A|=0$.

2.2.6　方阵 A 的伴随矩阵

定义 9　由 n 阶方阵 A 的行列式$|A|$的各个元素的代数余子式 A_{ij} 所构成的 n 阶方阵

$$A^*=\begin{pmatrix}A_{11} & A_{21} & \cdots & A_{n1}\\A_{12} & A_{22} & \cdots & A_{n2}\\\vdots & \vdots & \vdots & \vdots\\A_{1n} & A_{2n} & \cdots & A_{nn}\end{pmatrix}$$

称为 A 的伴随矩阵，简称伴随阵．行列式$|A|$的元素 a_{ij} 的代数余子式 A_{ij} 也称为方阵 A 的代数余子式．

例 13　设 $A=\begin{pmatrix}a & b\\c & d\end{pmatrix}$，$B=\begin{pmatrix}1 & 2 & 3\\2 & 2 & 1\\3 & 4 & 3\end{pmatrix}$，求 A 与 B 的伴随矩阵 A^* 与 B^*.

解　（1）对于矩阵 A，

$$A_{11}=d, A_{21}=-b,$$
$$A_{12}=-c, A_{22}=a,$$

所以

$$A^*=\begin{pmatrix} d & -b \\ -c & a \end{pmatrix};$$

（2）对于矩阵 B，

$$B_{11}=2,\quad B_{21}=6,\quad B_{31}=-4,$$
$$B_{12}=-3,\quad B_{22}=-6,\quad B_{32}=5,$$
$$B_{13}=2,\quad B_{23}=2,\quad B_{33}=-2.$$

所以

$$B^*=\begin{pmatrix} 2 & 6 & -4 \\ -3 & -6 & 5 \\ 2 & 2 & -2 \end{pmatrix}.$$

可以证明，n 阶方阵 A 的伴随矩阵满足下列性质：

（1）$AA^*=A^*A=\begin{pmatrix} |A| & & & \\ & |A| & & \\ & & \ddots & \\ & & & |A| \end{pmatrix}=|A|E$；

（2）$|A^*|=|A|^{n-1}$（$n\geqslant 2$，n 为正整数）；

（3）若 $|A|=0$，则 $|A^*|=0$；

（4）$(A^*)^*=|A|^{n-2}A$（$n\geqslant 3$，n 为正整数）.

我们只证明性质 1，其他的留到以后证明.

证明　若设 $AA^*=(b_{ij})_n$，则根据代数余子式的性质，有

$$b_{ij}=a_{i1}A_{j1}+a_{i2}A_{j2}+\cdots+a_{in}A_{jn}$$
$$=\begin{cases} |A| & i=j \\ 0 & i\neq j \end{cases}\quad (i,\ j=1, 2, \cdots,\ n)$$

于是，$AA^*=\begin{pmatrix} |A| & & & \\ & |A| & & \\ & & \ddots & \\ & & & |A| \end{pmatrix}=|A|E$；

类似地，若设 $A^*A=(c_{ij})_n$，则根据代数余子式的性质，有

$$c_{ij}=A_{i1}a_{j1}+A_{i2}a_{j2}+\cdots+A_{in}a_{jn}$$
$$=\begin{cases} |A|, & i=j, \\ 0, & i\neq j, \end{cases}\quad (i,\ j=1, 2, \cdots,\ n),$$

于是，$A^*A=\begin{pmatrix}|A| & & & \\ & |A| & & \\ & & \ddots & \\ & & & |A|\end{pmatrix}=|A|E$；

因此，$AA^*=A^*A=\begin{pmatrix}|A| & & & \\ & |A| & & \\ & & \ddots & \\ & & & |A|\end{pmatrix}=|A|E$.

注意：由性质 1 有，$A^*(A^*)^*=(A^*)^*A^*=\begin{pmatrix}|A^*| & & & \\ & |A^*| & & \\ & & \ddots & \\ & & & |A^*|\end{pmatrix}=|A^*|E$.

2.2.7 共轭矩阵

定义 10 设 $A=(a_{ij})$ 为复矩阵，$\overline{a_{ij}}$ 表示 a_{ij} 的共轭复数，记

$$\overline{A}=(\overline{a_{ij}}),$$

$\overline{A}$ 称为 A 的共轭矩阵.

共轭矩阵满足下列运算规律（设 A，B 为复矩阵，λ 为复数，所涉及的运算都是可行的）：

（1）$\overline{A+B}=\overline{A}+\overline{B}$；

（2）$\overline{\lambda A}=\overline{\lambda}\ \overline{A}$；

（3）$\overline{AB}=\overline{A}\ \overline{B}$.

2.3 逆矩阵

由上节知，矩阵有加法、减法、数乘、乘法等运算；单位矩阵 E 具有类似于数 1 的性质. 我们自然会提出矩阵是否具有类似于数的除法运算.

在数的运算中，若 $a\neq 0$，则存在数 $b\neq 0$，有 $ab=ba=1$，其中数 $b=\dfrac{1}{a}=a^{-1}$ 是 a 的倒数，从而上述等式又记作 $aa^{-1}=a^{-1}a=1$.

对于方阵 A，是否能找到一个与 a^{-1} 相似的矩阵 B，使 $AB=BA=E$？

又当 $a\neq 0$，方程 $ax=b$ 有唯一解，其求解的方法是方程两边同乘 a 的倒数 a^{-1}，得 $x=a^{-1}b$.

n 个方程的 n 元线性方程组

$$\begin{cases} a_{11}x_1 + a_{12}x_2 + \cdots + a_{1n}x_n = b_1, \\ a_{21}x_1 + a_{22}x_2 + \cdots + a_{2n}x_n = b_2, \\ \quad\vdots \\ a_{n1}x_1 + a_{n2}x_2 + \cdots + a_{nn}x_n = b_n \end{cases}$$

的矩阵形式是 $A\boldsymbol{x} = \boldsymbol{b}$，与 $ax = b$ 形式上很相似，是否能找到或 A 满足什么条件时能找到一个与 a^{-1} 作用相似的矩阵 B，使 $\boldsymbol{x} = B\boldsymbol{b}$？

为此，我们引入逆矩阵的概念.

2.3.1 逆矩阵的定义及性质

定义 11 设 A 为 n 阶方阵，若存在 n 阶方阵 B，使 $AB = BA = E$，则称方阵 A 可逆，B 称为 A 的逆矩阵.

如果矩阵 A 是可逆矩阵，那么 A 的逆矩阵是唯一的. 这是因为：设 B，C 都是 A 的逆矩阵，则有

$$AB = BA = E, \quad AC = CA = E,$$

于是

$$B = BE = B(AC) = (BA)C = EC = C,$$

所以 A 的逆矩阵是唯一的.

A 的逆矩阵记作 A^{-1}. 即若 $AB = BA = E$ 时，则 $B = A^{-1}$.

即若 A 可逆，则 $AA^{-1} = A^{-1}A = E$.

注意：若 $AB = BA = E$，则有 $BA = AB = E$，所以 B 是可逆矩阵，且 $A = B^{-1}$. 这表明可逆矩阵是成对出现的，满足 $AB = BA = E$ 的 A 与 B 互为逆矩阵.

由 $AB = BA = E$ 知 A 与 B 是可交换的，所以可逆矩阵一定是方阵，并且满足 $AB = BA = E$ 的矩阵 B 也一定是同阶方阵；但方阵未必是可逆矩阵.

例如，$EE = EE = E$，所以 E 是可逆的，且 $E^{-1} = E$. 而对任意 n 阶方阵 B 与 n 阶 O 矩阵，都有 $OB = BO = O$，所以 n 阶 O 矩阵都是不可逆的.

又 $$\begin{pmatrix} 2 & 1 \\ 5 & 3 \end{pmatrix}\begin{pmatrix} 3 & -1 \\ -5 & 2 \end{pmatrix} = \begin{pmatrix} 3 & -1 \\ -5 & 2 \end{pmatrix}\begin{pmatrix} 2 & 1 \\ 5 & 3 \end{pmatrix} = \begin{pmatrix} 1 & \\ & 1 \end{pmatrix} = E,$$

所以

$$\begin{pmatrix} 2 & 1 \\ 5 & 3 \end{pmatrix}^{-1} = \begin{pmatrix} 3 & -1 \\ -5 & 2 \end{pmatrix},$$

$$\begin{pmatrix} 3 & -1 \\ -5 & 2 \end{pmatrix}^{-1} = \begin{pmatrix} 2 & 1 \\ 5 & 3 \end{pmatrix}.$$

容易验证下列对角矩阵

$$A=\begin{pmatrix}\lambda_1 & & & \\ & \lambda_2 & & \\ & & \ddots & \\ & & & \lambda_n\end{pmatrix},\ \lambda_i \neq 0\quad (i=1, 2, \cdots, n)$$

的逆矩阵是

$$A^{-1}=\begin{pmatrix}\lambda_1^{-1} & & & \\ & \lambda_2^{-1} & & \\ & & \ddots & \\ & & & \lambda_n^{-1}\end{pmatrix}.$$

2.3.2 方阵 A 可逆的充分必要条件及 A^{-1} 的求法

定理 1 若矩阵 A 可逆，则 $|A| \neq 0$，即 A 为非奇异矩阵.

证明 A 可逆，即有 A^{-1}，使 $AA^{-1}=E$，故 $\left|AA^{-1}\right|=|A|\cdot\left|A^{-1}\right|=|E|=1$，所以 $|A| \neq 0$.

定理 2 若 $|A| \neq 0$，则矩阵 A 可逆，且

$$A^{-1}=\frac{1}{|A|}A^*,$$

其中，A^* 为矩阵 A 的伴随矩阵.

证明 由伴随矩阵的性质知

$$AA^*=A^*A=|A|E,$$

因为 $|A| \neq 0$，故有

$$A\frac{A^*}{|A|}=\frac{A^*}{|A|}A=E,$$

所以，按逆矩阵的定义，即知 A 可逆，且有

$$A^{-1}=\frac{1}{|A|}A^*.$$

由以上两定理可知：

（1）矩阵 A 可逆的充分必要条件是 $|A| \neq 0$，即可逆矩阵就是非奇异矩阵；

（2）若 A 可逆，则 $A^{-1}=\dfrac{1}{|A|}A^*$，$A^*=|A|A^{-1}$；

（3）若 A 可逆，则 $A^*\dfrac{A}{|A|}=\dfrac{A}{|A|}A^*=E$，从而 A^* 可逆，且 $(A^*)^{-1}=\dfrac{1}{|A|}A$.

由定理 2，可得下述推论.

推论 若方阵 A，B 满足 $AB=E$（或 $BA=E$），则 A，B 都可逆，且 $B=A^{-1}$，$A=B^{-1}$．

证明 $|AB|=|A||B|=|E|=1$，所以 $|A|\neq 0, |B|\neq 0$，因而 A^{-1}，B^{-1} 都存在．于是

$$B=EB=(A^{-1}A)B=A^{-1}(AB)=A^{-1}E=A^{-1},$$

$$A=AE=A(BB^{-1})=(AB)B^{-1}=EB^{-1}=B^{-1}.$$

例 14 判断下列矩阵是否可逆，若可逆求其逆矩阵．

（1）$A=\begin{pmatrix} a & b \\ c & d \end{pmatrix}$；

（2）$B=\begin{pmatrix} 1 & 2 & 3 \\ 2 & 2 & 1 \\ 3 & 4 & 3 \end{pmatrix}$．

解 （1）对于矩阵 A

$$|A|=ad-bc,$$

所以，当 $ad-bc\neq 0$ 时，矩阵 A 可逆，当 $ad-bc=0$ 时，矩阵 A 不可逆．

因为

$$A_{11}=d,\ A_{21}=-b,$$
$$A_{12}=-c,\ A_{22}=a,$$

所以

$$A^*=\begin{pmatrix} d & -b \\ -c & a \end{pmatrix};$$

从而，当 $ad-bc\neq 0$ 时，

$$A^{-1}=\frac{1}{ad-bc}\begin{pmatrix} d & -b \\ -c & a \end{pmatrix}.$$

（2）对于矩阵 B，$|B|=2\neq 0$，所以矩阵 B 可逆．

因为

$$B_{11}=2,\quad B_{21}=6,\quad B_{31}=-4,$$
$$B_{12}=-3,\quad B_{22}=-6,\quad B_{32}=5,$$
$$B_{13}=2,\quad B_{23}=2,\quad B_{33}=-2,$$

所以

$$B^*=\begin{pmatrix} 2 & 6 & -4 \\ -3 & -6 & 5 \\ 2 & 2 & -2 \end{pmatrix},$$

从而

$$B^{-1}=\frac{1}{2}\begin{pmatrix}2&6&-4\\-3&-6&5\\2&2&-2\end{pmatrix}=\begin{pmatrix}1&3&-2\\-\frac{3}{2}&-3&\frac{5}{2}\\1&1&-1\end{pmatrix}.$$

例 15 设 $A=\begin{pmatrix}2&1\\5&3\end{pmatrix}$，$B=\begin{pmatrix}1&2&3\\2&2&1\\3&4&3\end{pmatrix}$，$C=\begin{pmatrix}1&2&3\\3&0&1\end{pmatrix}$，求矩阵 X，使 $AXB=C$．

解 若 A^{-1}，B^{-1} 存在，则用 A^{-1} 左乘 $AXB=C$，B^{-1} 右乘 $AXB=C$，有

$$A^{-1}AXBB^{-1}=A^{-1}CB^{-1},$$

即

$$X=A^{-1}CB^{-1}.$$

$|A|=1$，$|B|=2\neq 0$，知 A，B 都可逆．而由上例知

$$A^{-1}=\begin{pmatrix}3&-1\\-5&2\end{pmatrix},\quad B^{-1}=\frac{1}{2}\begin{pmatrix}2&6&-4\\-3&-6&5\\2&2&-2\end{pmatrix},$$

于是

$$\begin{aligned}X=A^{-1}CB^{-1}&=\begin{pmatrix}3&-1\\-5&2\end{pmatrix}\begin{pmatrix}1&2&3\\3&0&1\end{pmatrix}\cdot\frac{1}{2}\begin{pmatrix}2&6&-4\\-3&-6&5\\2&2&-2\end{pmatrix}\\&=\frac{1}{2}\begin{pmatrix}0&6&8\\1&-10&-13\end{pmatrix}\begin{pmatrix}2&6&-4\\-3&-6&5\\2&2&-2\end{pmatrix}\\&=\frac{1}{2}\begin{pmatrix}-2&-20&14\\6&40&-28\end{pmatrix}\\&=\begin{pmatrix}-1&-10&7\\3&20&-14\end{pmatrix}.\end{aligned}$$

例 16 设 n 阶矩阵 A 满足 $A^2-3A-2E=O$，证明：A，$A-3E$ 都可逆，并求它们的逆矩阵.

证明 由 $A^2-3A-2E=O$，得 $A(A-3E)=2E$，于是

由 $A\frac{1}{2}(A-3E)=E$，知 A 可逆，且 $A^{-1}=\frac{1}{2}(A-3E)$；

由 $\frac{1}{2}A(A-3E)=E$，知 $A-3E$ 可逆，且 $(A-3E)^{-1}=\frac{1}{2}A$．

例 17 设 A^* 为方阵 A 的伴随矩阵，证明：

（1）$\left|A^*\right|=\left|A\right|^{n-1}$（$n\geqslant 2$，$n$ 为正整数）；

（2）若 $|A|=0$，则 $\left|A^*\right|=0$.

证明 由伴随矩阵的性质知

$$AA^* = A^*A = |A|E,$$

所以，$\left|AA^*\right|=|A|\left|A^*\right|=\left||A|E\right|=|A|^n$.

若 $|A|\neq 0$，则 $\left|A^*\right|=|A|^{n-1}$（$n\geqslant 2$，$n$ 为正整数）；

若 $|A|=0$，则 $AA^*=O$．假设 $\left|A^*\right|\neq 0$，则用 $(A^*)^{-1}$ 右乘 $AA^*=O$，得 $AA^*(A^*)^{-1}=A=O$，从而矩阵 A 的所有 $n-1$ 阶余子式都为零，故 $A^*=0$，矛盾．所以 $\left|A^*\right|=0$.

综合这两种情况，必有：

（1）$\left|A^*\right|=\left|A\right|^{n-1}$（$n\geqslant 2$，$n$ 为正整数）；

（2）若 $|A|=0$，则 $\left|A^*\right|=0$.

2.3.3 可逆矩阵的性质

设 A, B 为同阶方阵，λ 为数，则下列逆矩阵的运算规律成立：

（1）若 A 可逆，则 A^{-1} 也可逆，且 $(A^{-1})^{-1}=A, \left|A^{-1}\right|=\dfrac{1}{|A|}$；

（2）若 A 可逆，则 A^T 也可逆，且 $(A^T)^{-1}=(A^{-1})^T$；

（3）若 A 可逆，数 $\lambda\neq 0$，则 λA 可逆，且 $(\lambda A)^{-1}=\dfrac{1}{\lambda}A^{-1}$；

（4）若 A, B 为同阶可逆方阵，则 AB 可逆，且 $(AB)^{-1}=B^{-1}A^{-1}$.

证明 （1）由逆矩阵的定义，A 与 A^{-1} 互为逆矩阵，所以

$$(A^{-1})^{-1}=A.$$

又由 $AA^{-1}=E$，有 $\left|AA^{-1}\right|=|A|\left|A^{-1}\right|=|E|=1$，所以

$$\left|A^{-1}\right|=\frac{1}{|A|};$$

（2）因为若 A 可逆，$A^T(A^{-1})^T=(A^{-1}A)^T=E^T=E$，所以 A^T 可逆，且 $(A^T)^{-1}=(A^{-1})^T$；

（3）若 A 可逆，数 $\lambda\neq 0$，$(\lambda A)\cdot\left(\dfrac{1}{\lambda}A^{-1}\right)=\left(\lambda\dfrac{1}{\lambda}\right)AA^{-1}=AA^{-1}=E$，所以 λA 可逆，且 $(\lambda A)^{-1}=\dfrac{1}{\lambda}A^{-1}$；

（4）若 A,B 为同阶可逆方阵，则 A^{-1}，B^{-1} 存在，且 $(AB)(B^{-1}A^{-1})=A(BB^{-1})A^{-1}=AA^{-1}=E$，所以 AB 可逆，且 $(AB)^{-1}=B^{-1}A^{-1}$．

2.4 矩阵分块法

2.4.1 分块矩阵的概念

对于行数和列数较高的矩阵 A，运算时常采用分块法，使大矩阵的运算化为小矩阵的运算．我们将矩阵 A 用若干条纵线和横线分成许多小矩阵，每一个小矩阵称为 A 的子块，以子块为元素的形式上的矩阵称为分块矩阵．

例如，将 4×3 矩阵

$$A=\begin{pmatrix} a_{11} & a_{12} & a_{13} \\ a_{21} & a_{22} & a_{23} \\ a_{31} & a_{32} & a_{33} \\ a_{41} & a_{42} & a_{43} \end{pmatrix}$$

分成子块的分法很多．下面举出三种分块形式：

（1）$A=\left(\begin{array}{cc:c} a_{11} & a_{12} & a_{13} \\ a_{21} & a_{22} & a_{23} \\ \hdashline a_{31} & a_{32} & a_{33} \\ a_{41} & a_{42} & a_{43} \end{array}\right)$；

（2）$A=\left(\begin{array}{c:c:c} a_{11} & a_{12} & a_{13} \\ a_{21} & a_{22} & a_{23} \\ a_{31} & a_{32} & a_{33} \\ a_{41} & a_{42} & a_{43} \end{array}\right)$；

（3）$A=\left(\begin{array}{c:c:c} a_{11} & a_{12} & a_{13} \\ \hdashline a_{21} & a_{22} & a_{23} \\ a_{31} & a_{32} & a_{33} \\ \hdashline a_{41} & a_{42} & a_{43} \end{array}\right)$．

分法（1）可记作
$$A=\begin{pmatrix} A_{11} & A_{12} \\ A_{21} & A_{22} \end{pmatrix},$$

其中
$$A_{11}=\begin{pmatrix} a_{11} & a_{12} \\ a_{21} & a_{22} \end{pmatrix},\quad A_{12}=\begin{pmatrix} a_{13} \\ a_{23} \end{pmatrix},$$
$$A_{21}=\begin{pmatrix} a_{31} & a_{32} \\ a_{41} & a_{42} \end{pmatrix},\quad A_{22}=\begin{pmatrix} a_{33} \\ a_{43} \end{pmatrix}.$$

即 A 形式上是以 A_{11}，A_{12}，A_{21}，A_{22} 这些子块为元素的分块矩阵，另外两种分法的分块矩阵也很容易写出．请读者写出．

设 $m\times n$ 矩阵 $A=\begin{pmatrix} a_{11} & a_{12} & \cdots & a_{1n} \\ a_{21} & a_{22} & \cdots & a_{2n} \\ \vdots & \vdots & \vdots & \vdots \\ a_{m1} & a_{m2} & \cdots & a_{mn} \end{pmatrix}$，

如果按列分块，即每一列为一小块，则 A 可以表示为

$$A=(\alpha_1 \quad \alpha_2 \quad \cdots \quad \alpha_n),$$

其中，$\alpha_j=\begin{pmatrix} a_{1j} \\ a_{2j} \\ \vdots \\ a_{mj} \end{pmatrix}$ $(j=1, 2, \cdots, n)$；

如果按行分块，即每一行为一小块，则 A 可以表示为

$$A=\begin{pmatrix} \beta_1 \\ \beta_2 \\ \vdots \\ \beta_m \end{pmatrix},$$

其中，$\beta_i=(a_{i1} \quad a_{i2} \quad \cdots \quad a_{in})$ $(i=1, 2, \cdots, m)$.

对于 m 个方程的 n 元线性方程组

$$\begin{cases} a_{11}x_1+a_{12}x_2+\cdots+a_{1n}x_n=b_1, \\ a_{21}x_1+a_{22}x_2+\cdots+a_{2n}x_n=b_2, \\ \cdots\cdots\cdots\cdots\cdots\cdots\cdots\cdots\cdots\cdots \\ a_{m1}x_1+a_{m2}x_2+\cdots+a_{mn}x_n=b_m. \end{cases}$$

$$A=\begin{pmatrix} a_{11} & a_{12} & \cdots & a_{1n} \\ a_{21} & a_{22} & \cdots & a_{2n} \\ \vdots & \vdots & \vdots & \vdots \\ a_{m1} & a_{m2} & \cdots & a_{mn} \end{pmatrix}_{m\times n},$$

$$B=\begin{pmatrix} a_{11} & a_{12} & \cdots & a_{1n} & b_1 \\ a_{21} & a_{22} & \cdots & a_{2n} & b_2 \\ \vdots & \vdots & \vdots & \vdots & \vdots \\ a_{m1} & a_{m2} & \cdots & a_{mn} & b_m \end{pmatrix}_{m\times(n+1)},$$

$$\boldsymbol{x}=\begin{pmatrix} x_1 \\ x_2 \\ \vdots \\ x_n \end{pmatrix}, \quad \boldsymbol{b}=\begin{pmatrix} b_1 \\ b_2 \\ \vdots \\ b_m \end{pmatrix},$$

利用分块矩阵可记系数矩阵 $A=(\boldsymbol{\alpha}_1 \quad \boldsymbol{\alpha}_2 \quad \cdots \quad \boldsymbol{\alpha}_n)$，
增广矩阵 $B=(A \quad \boldsymbol{b})=(\boldsymbol{\alpha}_1 \quad \boldsymbol{\alpha}_2 \quad \cdots \quad \boldsymbol{\alpha}_n \quad \boldsymbol{b})$.

矩阵的分块是非常灵活的，究竟采用哪种分块比较合理，要从以下两个方面考虑：

（1）满足运算条件；

（2）充分利用矩阵的特点分块，使其表示简洁，运算简便.

2.4.2 分块矩阵的运算

分块矩阵的运算规则与普通矩阵的运算规则相类似，分别说明如下：

1. 分块矩阵的加法与减法

设矩阵 A，B 为同型矩阵，采用相同的分块法，有

$$A=\begin{pmatrix} A_{11} & \cdots & A_{1r} \\ \vdots & \vdots & \vdots \\ A_{s1} & \cdots & A_{sr} \end{pmatrix},\quad B=\begin{pmatrix} B_{11} & \cdots & B_{1r} \\ \vdots & \vdots & \vdots \\ B_{s1} & \cdots & B_{sr} \end{pmatrix},$$

其中，A_{ij}，B_{ij} 为同型矩阵，那么

$$A\pm B=\begin{pmatrix} A_{11}\pm B_{11} & \cdots & A_{1r}\pm B_{1r} \\ \vdots & \vdots & \vdots \\ A_{s1}\pm B_{s1} & \cdots & A_{sr}\pm B_{sr} \end{pmatrix}.$$

2. 数与分块矩阵的乘法

设 $A=\begin{pmatrix} A_{11} & \cdots & A_{1r} \\ \vdots & \vdots & \vdots \\ A_{s1} & \cdots & A_{sr} \end{pmatrix}$，$\lambda$ 为数，那么

$$\lambda A=\begin{pmatrix} \lambda A_{11} & \cdots & \lambda A_{1r} \\ \vdots & \vdots & \vdots \\ \lambda A_{s1} & \cdots & \lambda A_{sr} \end{pmatrix}.$$

3. 分块矩阵的乘法

设 A 为 $m\times l$ 矩阵，B 为 $l\times n$ 矩阵，分块成

$$A=\begin{pmatrix} A_{11} & \cdots & A_{1t} \\ \vdots & \vdots & \vdots \\ A_{s1} & \cdots & A_{st} \end{pmatrix},\quad B=\begin{pmatrix} B_{11} & \cdots & B_{1r} \\ \vdots & \vdots & \vdots \\ B_{t1} & \cdots & B_{tr} \end{pmatrix},$$

其中 A_{i1}，A_{i2}，…，A_{it} 的列数分别等于 B_{1j}，B_{2j}，…，B_{tj} 的行数，那么

$$AB=\begin{pmatrix} C_{11} & \cdots & C_{1r} \\ \vdots & \vdots & \vdots \\ C_{s1} & \cdots & C_{sr} \end{pmatrix},$$

其中，$$C_{ij}=\sum_{k=1}^{t}A_{ik}B_{kj}\,(i=1,\ 2,\ \cdots,\ s;\ j=1,\ 2,\ \cdots,\ r).$$

对于 m 个方程的 n 元线性方程组

$$\begin{cases} a_{11}x_1 + a_{12}x_2 + \cdots + a_{1n}x_n = b_1, \\ a_{21}x_1 + a_{22}x_2 + \cdots + a_{2n}x_n = b_2, \\ \qquad\vdots \\ a_{m1}x_1 + a_{m2}x_2 + \cdots + a_{mn}x_n = b_m, \end{cases}$$

利用分块矩阵可记系数矩阵 $A = (\boldsymbol{\alpha}_1 \quad \boldsymbol{\alpha}_2 \quad \cdots \quad \boldsymbol{\alpha}_n)$，

$$\boldsymbol{x} = \begin{pmatrix} x_1 \\ x_2 \\ \vdots \\ x_n \end{pmatrix}, \quad \boldsymbol{b} = \begin{pmatrix} b_1 \\ b_2 \\ \vdots \\ b_m \end{pmatrix},$$

利用分块矩阵的乘法，方程组的等价形式为

$$(\boldsymbol{\alpha}_1 \quad \boldsymbol{\alpha}_2 \quad \cdots \quad \boldsymbol{\alpha}_n)\begin{pmatrix} x_1 \\ x_2 \\ \vdots \\ x_n \end{pmatrix} = \boldsymbol{b},$$

即

$$x_1\boldsymbol{\alpha}_1 + x_2\boldsymbol{\alpha}_2 + \cdots + x_n\boldsymbol{\alpha}_n = \boldsymbol{b}.$$

4. 分块矩阵的转置

设 $A = \begin{pmatrix} A_{11} & \cdots & A_{1r} \\ \vdots & \vdots & \vdots \\ A_{s1} & \cdots & A_{sr} \end{pmatrix}$，则 $A^T = \begin{pmatrix} A_{11}^T & \cdots & A_{s1}^T \\ \vdots & \vdots & \vdots \\ A_{1r}^T & \cdots & A_{sr}^T \end{pmatrix}$.

2.4.3 分块对角矩阵

设 A 为 n 阶矩阵，若 A 的分块矩阵只有在主对角线上有非零子块，其余子块都为零矩阵，即

$$A = \begin{pmatrix} A_1 & & & O \\ & A_2 & & \\ & & \ddots & \\ O & & & A_s \end{pmatrix},$$

其中 $A_i (i = 1, 2, \cdots, s)$ 都是方阵，那么称 A 为分块对角矩阵.

如矩阵 $A = \left(\begin{array}{cc:cc} -2 & 4 & 0 & 0 \\ 3 & 0 & 0 & 0 \\ \hdashline 0 & 0 & 5 & 1 \\ 0 & 0 & 2 & -1 \end{array}\right) = \begin{pmatrix} A_1 & O \\ O & A_2 \end{pmatrix}$，$B = \left(\begin{array}{cc:c} -2 & 4 & 0 \\ 3 & 1 & 0 \\ \hdashline 0 & 0 & 6 \end{array}\right) = \begin{pmatrix} B_1 & O \\ O & B_2 \end{pmatrix}$ 都是分块对角矩阵.

分块对角矩阵具有下述性质：

（1）$|A| = |A_1||A_2|\cdots|A_s|$；

（2）若 $A_i(i=1, 2, \cdots, s)$ 都可逆，则 A 可逆，且 $A^{-1}=\begin{pmatrix} A_1^{-1} & & & O \\ & A_2^{-1} & & \\ & & \ddots & \\ O & & & A_s^{-1} \end{pmatrix}$.

例 18　设 $A=\begin{pmatrix} 1 & 2 & 0 \\ -1 & 3 & 0 \\ 0 & 0 & 6 \end{pmatrix}$，求 A^{-1}.

解

$$A=\left(\begin{array}{cc:c} 1 & 2 & 0 \\ -1 & 3 & 0 \\ \hdashline 0 & 0 & 6 \end{array}\right)=\begin{pmatrix} A_1 & O \\ O & A_2 \end{pmatrix},$$

$$|A|=|A_1||A_2|=\begin{vmatrix} 1 & 2 \\ -1 & 3 \end{vmatrix}|6|=5\times 6=30\neq 0,$$

从而，A 可逆，又

$$A_1=\begin{pmatrix} 1 & 2 \\ -1 & 3 \end{pmatrix},\ A_1^{-1}=\frac{1}{5}\begin{pmatrix} 3 & -2 \\ 1 & 1 \end{pmatrix}=\begin{pmatrix} \frac{3}{5} & -\frac{2}{5} \\ \frac{1}{5} & \frac{1}{5} \end{pmatrix},$$

$$A_2=(6),\ A_2^{-1}=\left(\frac{1}{6}\right),$$

所以

$$A^{-1}=\begin{pmatrix} \frac{3}{5} & -\frac{2}{5} & 0 \\ \frac{1}{5} & \frac{1}{5} & 0 \\ 0 & 0 & \frac{1}{6} \end{pmatrix}.$$

本章小结

一、矩阵的线性运算与转置

（1）$A=(a_{ij})_{m\times n}$，$B=(b_{ij})_{m\times n}$，

$$A+B=\begin{pmatrix} a_{11}+b_{11} & a_{12}+b_{12} & \cdots & a_{1n}+b_{1n} \\ a_{21}+b_{21} & a_{22}+b_{22} & \cdots & a_{2n}+b_{2n} \\ \vdots & \vdots & \vdots & \vdots \\ a_{m1}+b_{m1} & a_{m2}+b_{m2} & \cdots & a_{mn}+b_{mn} \end{pmatrix}.$$

（2）$\lambda A = A\lambda = \begin{pmatrix} \lambda a_{11} & \lambda a_{12} & \cdots & \lambda a_{1n} \\ \lambda a_{21} & \lambda a_{22} & \cdots & \lambda a_{2n} \\ \vdots & \vdots & \vdots & \vdots \\ \lambda a_{m1} & \lambda a_{m2} & \cdots & \lambda a_{mn} \end{pmatrix}$.

（3）$A^T = \begin{pmatrix} a_{11} & a_{12} & \cdots & a_{1n} \\ a_{21} & a_{22} & \cdots & a_{2n} \\ \vdots & \vdots & \vdots & \vdots \\ a_{m1} & a_{m2} & \cdots & a_{mn} \end{pmatrix}^T = \begin{pmatrix} a_{11} & a_{21} & \cdots & a_{m1} \\ a_{12} & a_{22} & \cdots & a_{m2} \\ \vdots & \vdots & \vdots & \vdots \\ a_{1n} & a_{2n} & \cdots & a_{mn} \end{pmatrix}$.

二、矩阵的乘法运算

设 $A=(a_{ij})_{m\times s}$，$B=(b_{ij})_{s\times n}$，$C=(c_{ij})_{m\times n}$.

若 $A_{m\times s}B_{s\times n}=C_{m\times n}$，

则 $c_{ij}=a_{i1}b_{1j}+a_{i2}b_{2j}+\cdots+a_{is}b_{sj}=\sum\limits_{k=1}^{s}a_{ik}b_{kj}$ $(i=1, 2, \cdots, m;\ j=1, 2, \cdots, n)$.

矩阵的乘法满足下列运算规律（假定运算都是可行的）：

（1）$(AB)C=A(BC)$；

（2）$\lambda(AB)=(\lambda A)B=A(\lambda B)$（其中 λ 为数）；

（3）$A(B+C)=AB+AC$（左分配律），

$(B+C)A=BA+CA$（右分配律）；

（4）$(AB)^T=B^TA^T$；

（5）$(AB)^{-1}=B^{-1}A^{-1}$；

（6）$|AB|=|A||B|=|BA|$.

注意：（1）一般的，$AB\neq BA$；

（2）$AB=O \not\Rightarrow A=O$，或 $B=O$；

（3）$A(X-Y)=O$，$AX=AY \not\Rightarrow X=Y$；

（4）$(AB)^2=A^2B^2 \Leftrightarrow AB=BA$.

利用矩阵的乘法与矩阵的相等，m 个方程的 n 元线性方程组

$$\begin{cases} a_{11}x_1+a_{12}x_2+\cdots+a_{1n}x_n=b_1, \\ a_{21}x_1+a_{22}x_2+\cdots+a_{2n}x_n=b_2, \\ \cdots\cdots\cdots\cdots\cdots\cdots\cdots\cdots \\ a_{m1}x_1+a_{m2}x_2+\cdots+a_{mn}x_n=b_m. \end{cases}$$

若设 $A=(a_{ij})_{m\times n}=\begin{pmatrix} a_{11} & a_{12} & \cdots & a_{1n} \\ a_{21} & a_{22} & \cdots & a_{2n} \\ \vdots & \vdots & \vdots & \vdots \\ a_{m1} & a_{m2} & \cdots & a_{mn} \end{pmatrix}_{m\times n}$，

$$B=\begin{pmatrix} a_{11} & a_{12} & \cdots & a_{1n} & b_1 \\ a_{21} & a_{22} & \cdots & a_{2n} & b_2 \\ \vdots & \vdots & \vdots & \vdots & \vdots \\ a_{m1} & a_{m2} & \cdots & a_{mn} & b_m \end{pmatrix}_{m\times(n+1)},$$

$$\boldsymbol{x}=(x_j)_{n\times 1}=\begin{pmatrix} x_1 \\ x_2 \\ \vdots \\ x_n \end{pmatrix},$$

$$\boldsymbol{b}=(b_j)_{m\times 1}=\begin{pmatrix} b_1 \\ b_2 \\ \vdots \\ b_m \end{pmatrix},$$

则其矩阵形式为

$$A\boldsymbol{x}=\boldsymbol{b}\ .$$

矩阵 A 称为线性方程组的系数矩阵，矩阵 B 称为线性方程组的增广矩阵．显然，增广矩阵 B 是系数矩阵 A 添加常数列矩阵 $\boldsymbol{b}$ 得到的，并且线性方程组与其增广矩阵一一对应．

三、方阵的行列式与伴随矩阵

1．由 n 阶方阵 A 的元素所构成的行列式（每个元素的位置不变），称为方阵 A 的行列式．记作 $|A|$ 或 $\det A$ ．

方阵的行列式满足下列运算规律（设 A，B 都是 n 阶方阵）：

（1）$\left|A^T\right|=|A|$（行列式的性质 1）；

（2）$|\lambda A|=\lambda^n|A|$；

（3）$|AB|=|A||B|=|BA|$．

2．方阵的伴随矩阵

$$A^*=\begin{pmatrix} A_{11} & A_{21} & \cdots & A_{n1} \\ A_{12} & A_{22} & \cdots & A_{n2} \\ \vdots & \vdots & \vdots & \vdots \\ A_{1n} & A_{2n} & \cdots & A_{nn} \end{pmatrix}$$

A_{ij} 为方阵 A 的代数余子式．

（1）$AA^*=A^*A=\begin{pmatrix} |A| & & & \\ & |A| & & \\ & & \ddots & \\ & & & |A| \end{pmatrix}=|A|E$；

（2）$\left|A^*\right|=\left|A\right|^{n-1}$（$n\geqslant 2$，$n$ 为正整数）；

（3）若 $\left|A\right|=0$，则 $\left|A^*\right|=0$；

（4）$(A^*)^*=\left|A\right|^{n-2}A$（$n\geqslant 3$，$n$ 为正整数）.

四、逆矩阵

1. 矩阵可逆的充分必要条件

方阵 A 可逆 $\Leftrightarrow \left|A\right|\neq 0 \Leftrightarrow$ 存在方阵 B，有 $AB=E$（或 $BA=E$）$\Leftrightarrow A$ 是非奇异矩阵 $\Leftrightarrow A$ 的伴随矩阵 A^* 可逆.

2. 逆矩阵的求法

（1）伴随矩阵法（适合于二阶、三阶行列式）：

$$\text{若}\left|A\right|\neq 0,\ \text{则}\ A^{-1}=\frac{1}{\left|A\right|}A^*=\frac{1}{\left|A\right|}\begin{pmatrix} A_{11} & A_{21} & \cdots & A_{n1} \\ A_{12} & A_{22} & \cdots & A_{n2} \\ \vdots & \vdots & \vdots & \vdots \\ A_{1n} & A_{2n} & \cdots & A_{nn} \end{pmatrix};$$

特别地，若 $A=\begin{pmatrix} a & b \\ c & d \end{pmatrix}$，则 $A^*=\begin{pmatrix} d & -b \\ -c & a \end{pmatrix}$；

当 $ad-bc\neq 0$ 时，$A^{-1}=\begin{pmatrix} a & b \\ c & d \end{pmatrix}^{-1}=\dfrac{1}{ad-bc}\begin{pmatrix} d & -b \\ -c & a \end{pmatrix}$.

（2）若方阵 A 满足 $AB=E$（或 $BA=E$），则 $A^{-1}=B,\ B^{-1}=A$（适合于已知方阵 A 满足某个矩阵方程）；

特别地，若 A 可逆，$AA^*=A^*A=\left|A\right|E$，则 A^* 可逆，且

$$A^{-1}=\frac{1}{\left|A\right|}A^*,\quad A^*=\left|A\right|A^{-1},\ (A^*)^{-1}=\frac{1}{\left|A\right|}A.$$

（3）如果 A 可以划分为分块对角矩阵，即

$$A=\begin{pmatrix} A_1 & & & O \\ & A_2 & & \\ & & \ddots & \\ O & & & A_s \end{pmatrix},$$

而 $A_i(i=1,2,\cdots,s)$ 都可逆，则 A 可逆，且

$$A^{-1}=\begin{pmatrix} A_1^{-1} & & & O \\ & A_2^{-1} & & \\ & & \ddots & \\ O & & & A_s^{-1} \end{pmatrix}.$$

3. 可逆矩阵的性质

设 A，B 为同阶方阵，λ 为数，则下列逆矩阵的运算规律成立：

（1）若 A 可逆，则 A^{-1} 也可逆，且 $(A^{-1})^{-1}=A$，$\left|A^{-1}\right|=\dfrac{1}{|A|}$；

（2）若 A 可逆，则 A^T 也可逆，且 $(A^T)^{-1}=(A^{-1})^T$；

（3）若 A 可逆，数 $\lambda\neq 0$，则 λA 可逆，且 $(\lambda A)^{-1}=\dfrac{1}{\lambda}A^{-1}$；

（4）若 A，B 为同阶可逆方阵，则 AB 可逆，且 $(AB)^{-1}=B^{-1}A^{-1}$．

特别地：

（1）$(A^n)^{-1}=(A^{-1})^n$（n 为正整数）；

（2）若 A 可逆，且 $AB=O$，则 $B=O$；

（3）若 A 可逆，且 $A(X-Y)=O$ 或 $AX=AY$，则 $X=Y$；

（4）若 A 可逆，且 $AX=B$，则 $X=A^{-1}B$；

（5）若 A，B 可逆，且 $AXB=C$，则 $X=A^{-1}CB^{-1}$．

习题二

1．设 $A=\begin{pmatrix}1&-1\\2&3\\0&1\end{pmatrix}$，$B=\begin{pmatrix}3&4\\5&2\\-2&1\end{pmatrix}$，求 $2A-3B$．

2．设 $A=\begin{pmatrix}1&1\\-2&3\\1&2\end{pmatrix}$，$B=\begin{pmatrix}3&0\\1&-1\end{pmatrix}$，求 AB，AA^T，A^TA-2B．

3．设 $A=\begin{pmatrix}0&1&1\\2&1&0\end{pmatrix}$，$B=\begin{pmatrix}1&-1\\2&0\\1&1\end{pmatrix}$，求 $-A^T+2B$，AB，BA．

4．计算下列乘积

（1）$\begin{pmatrix}-1&2\\1&2\end{pmatrix}\begin{pmatrix}1&2&3\\3&2&1\end{pmatrix}$；

（2）$\begin{pmatrix}-1&0&1\end{pmatrix}\begin{pmatrix}4\\-2\\5\end{pmatrix}$；

（3）$\begin{pmatrix}1\\-2\\3\end{pmatrix}\begin{pmatrix}2&3\end{pmatrix}$；

（4）$\begin{pmatrix}1&-1&2\end{pmatrix}\begin{pmatrix}-1&2&0\\0&1&1\\3&0&-1\end{pmatrix}\begin{pmatrix}2\\-1\\2\end{pmatrix}$；

（5）$\begin{pmatrix}a_{11}&a_{12}&a_{13}\\a_{21}&a_{22}&a_{23}\\a_{31}&a_{32}&a_{33}\end{pmatrix}\begin{pmatrix}x_1\\x_2\\x_3\end{pmatrix}$．

5．计算

（1）$\begin{pmatrix} a & b \\ 0 & a \end{pmatrix}^n$；（2）$\begin{pmatrix} 0 & 0 & a \\ 0 & b & 0 \\ c & 0 & 0 \end{pmatrix}^n$；（3）$\begin{pmatrix} \lambda & 1 & 0 \\ 0 & \lambda & 1 \\ 0 & 0 & \lambda \end{pmatrix}^n$.

6．设 $A=\begin{pmatrix} a & b & c & d \\ -b & a & -d & c \\ -c & d & a & -b \\ -d & -c & b & a \end{pmatrix}$，（1）计算 AA^T；（2）利用（1）的结果，求 $|A|$.

7．设 $A=\begin{pmatrix} 2 & 5 \\ -1 & 3 \end{pmatrix}$，求 $|A|$，A^*，AA^*.

8．设 $A=\begin{pmatrix} 1 & -1 & 5 \\ 3 & 0 & 2 \\ 1 & -2 & -3 \end{pmatrix}$，求 $|-2A|$，A^*，AA^*.

9．判断下列矩阵是否可逆，若可逆，求其逆矩阵.

（1）$\begin{pmatrix} 1 & 2 \\ -3 & 8 \end{pmatrix}$；（2）$\begin{pmatrix} \cos\theta & -\sin\theta \\ \sin\theta & \cos\theta \end{pmatrix}$；

（3）$\begin{pmatrix} 1 & 4 & -3 \\ 2 & 1 & 0 \\ 1 & -3 & 3 \end{pmatrix}$；（4）$\begin{pmatrix} 0 & 2 & 1 \\ 1 & -1 & 1 \\ 3 & -1 & 2 \end{pmatrix}$；

（5）$\begin{pmatrix} 1 & 1 & 1 & 1 \\ 0 & 1 & 1 & 1 \\ 0 & 0 & 1 & 1 \\ 0 & 0 & 0 & 1 \end{pmatrix}$；（6）$\begin{pmatrix} 5 & 2 & 0 \\ 3 & 1 & 0 \\ 0 & 0 & -4 \end{pmatrix}$；

（7）$\begin{pmatrix} 1 & 2 & 0 & 0 \\ 2 & 5 & 0 & 0 \\ 0 & 0 & 1 & 1 \\ 0 & 0 & 2 & 1 \end{pmatrix}$.

10．解下列矩阵方程

（1）$\begin{pmatrix} 2 & 5 \\ 1 & 3 \end{pmatrix}X=\begin{pmatrix} 2 & 2 \\ 0 & 1 \end{pmatrix}$；

（2）$\begin{pmatrix} 1 & 2 & 0 \\ 4 & -2 & -1 \\ -3 & 1 & 2 \end{pmatrix}X=\begin{pmatrix} 0 & 4 \\ 6 & 5 \\ 1 & -3 \end{pmatrix}$；

（3）$\begin{pmatrix} 1 & 0 & 0 \\ 0 & 0 & 1 \\ 0 & 1 & 0 \end{pmatrix}X\begin{pmatrix} 1 & 3 \\ -2 & -5 \end{pmatrix}=\begin{pmatrix} 0 & 4 \\ 6 & 5 \\ 1 & -3 \end{pmatrix}$；

（4）$AX = A + 2X$，其中 $A = \begin{pmatrix} 3 & 0 & 1 \\ 1 & 1 & 0 \\ 0 & 1 & 4 \end{pmatrix}$.

11．设 A 为三阶矩阵，A^* 为其伴随矩阵，$|A| = \dfrac{1}{2}$，求 $\left|(3A)^{-1} - 2A^*\right|$ 的值.

12．设 A 满足 $A^2 - A - 2E = O$，证明 A 及 $A + 2E$ 都可逆，并求它们的逆矩阵.

13．证明：（1）若 $A^2 = A$，且 A 不是单位矩阵，则 A 必为奇异矩阵；

（2）若 $AB = O$，且 A 可逆，则必有 $B = O$.

同步测试题二

一、填空题

1．设 A 是三阶矩阵，且 $|A| = 3$，则 $|-2A| =$ ______，$\left|A^2\right| =$ ______，$\left|(2A)^{-1}\right| =$ ______，$AA^* =$ ______.

2.设 A 是三阶矩阵，且 $|A| = -2$，把 A 按列分块为 $A = (A_1 \quad A_2 \quad A_3)$，其中 $A_j\,(j = 1, 2, 3)$ 是 A 的第 j 列，则 $|A_1 \quad 2A_2 \quad -A_3| =$ ______，$|A_1 \quad 2A_3 \quad A_2| =$ ______，$|A_3 - 2A_1 \quad 2A_2 \quad A_1| =$ ______.

3．设 A 是三阶矩阵，且 $|A| = 2$，则 $\left|2(A^{-1})^2 - (2A^{-1})^2\right| =$ ______.

4．$(AB)^T =$ ______.

5．设 A, B, C 均为 n 阶可逆矩阵，则 $(AB)^{-1} =$ ______，$(ABC)^{-1} =$ ______.

6．$\begin{pmatrix} 1 & 2 \\ 1 & 1 \end{pmatrix}^{-1} =$ ______；$\begin{pmatrix} 3 & & \\ & -3 & \\ & & 9 \end{pmatrix}^{-1} =$ ______.

7．$\begin{pmatrix} -3 & 0 & 0 \\ 0 & 3 & 2 \\ 0 & 8 & 9 \end{pmatrix}^{-1} =$ ______.

二、单选题

1．设 A, B 为 n 阶矩阵，则下列等式成立的是（　）.

A．$(A+B)^2 = A^2 + 2AB + B^2$；　　B．$(AB)^2 = A^2B^2$；

C．$A^2 - E = (A-E)(A+E)$；　　D．$A^2 - B^2 = (A-B)(A+B)$.

2．设 A, B 为 n 阶矩阵，则下列等式成立的是（　）.

A．$AB = BA$；　　B．$|AB| = |BA|$；

C．$|A+B| = |A| + |B|$；　　D．$|3AB| = 3|A||B|$.

3．设 A，B，C 均为 n 阶矩阵，则下列结论正确的是（　）．

A．若 $AB=AC$，且 $A\neq O$，则 $B=C$；

B．若 $A^2=B^2$，则 $A=B$ 或 $A=-B$；

C．$|A-B|=|A|-|B|$；

D．$|(AB)^2|=|A|^2|B|^2$．

4．设 A，B 为 n 阶可逆矩阵，则下列等式错误的是（　）．

A．$(A^2)^{-1}=(A^{-1})^2$；　　B．$|(AB)^{-1}|=|A^{-1}||B^{-1}|$；

C．$(A+B)^{-1}=A^{-1}+B^{-1}$；　　D．$|A^{-1}|=|A|^{-1}$．

5．若 n 阶矩阵 A 可逆，则 A^* 可逆，且 $(A^*)^{-1}=$（　）．

A．A；　　B．$|A|A$；　　C．$\dfrac{A}{|A|}$；　　D．$\dfrac{A}{|A|^{n-1}}$．

6．设 A 为 n 阶矩阵，k 为常数，若 $|A|=a$，则 $|kAA^T|=$（　）．

A．ka^2；　　B．k^2a；　　C．k^2a^2；　　D．k^na^2．

7．设 n 阶矩阵 A，B，C 满足关系式 $ABC=E$，则等式（　）成立．

A．$BCA=E$；　　B．$BAC=E$；

C．$ACB=E$；　　D．$CBA=E$．

三、计算题

1．设 $A=\begin{pmatrix}1&0\\3&1\\1&3\end{pmatrix}$，$B=\begin{pmatrix}3&2\\1&3\end{pmatrix}$，求 AB，A^TA+B．

2．设 $A=\begin{pmatrix}1&3\\2&-1\end{pmatrix}$，$B=\begin{pmatrix}3&0\\1&2\end{pmatrix}$，求 $3AB-B^T$．

3．$A=\begin{pmatrix}1&2&3\\2&2&1\\3&4&3\end{pmatrix}$，求 A^{-1}．

4．设 $AB=A+2B$，且 $A=\begin{pmatrix}3&0&1\\1&1&0\\0&1&4\end{pmatrix}$，求 B．

5．解矩阵方程：$\begin{pmatrix}0&1&0\\1&0&0\\0&0&1\end{pmatrix}X=\begin{pmatrix}1&-4&3\\2&0&-1\\1&-2&0\end{pmatrix}$．

四、证明题

1．设 A 是 n 阶矩阵，且 $A^2=O$，证明 $E-A$ 可逆，并求其逆矩阵．

2．设方阵 A 满足 $A^2-3A-10E=O$，证明 $A-4E$ 可逆，并求其逆矩阵．

第 3 章　矩阵的初等变换与线性方程组

本章学习目标

本章主要介绍矩阵的初等变换，矩阵的行阶梯形和行最简形，矩阵的秩的概念及其求法及利用初等行变换的方法求线性方程组的解. 通过本章的学习，重点掌握以下内容:

- 利用矩阵的初等行变换将矩阵化为行阶梯形和行最简形
- 矩阵的秩的概念以及利用初等变换求矩阵的秩
- 利用初等变换求可逆矩阵的逆矩阵
- 利用初等行变换的方法求线性方程组的解

3.1　初等变换与初等矩阵

3.1.1　矩阵的初等变换

定义 1　矩阵的初等行变换指的是以下三种变换:

（1）互换矩阵中任意两行元素的位置（记作 $r_i \leftrightarrow r_j$）;

（2）用非零数 k 乘以矩阵的某一行（记作 kr_i）;

（3）把矩阵中第 i 行的 k 倍加到第 j 行上去（记作 $r_j + kr_i$）.

以上三种变换对列也同样成立，称为初等列变换，标记时只须把 r 换成 c，即三种初等列变换分别写成 $c_i \leftrightarrow c_j$， kc_i， $c_j + cr_i$.

矩阵的初等行变换和初等列变换统称为初等变换.

可以证明，三种初等变换都是可逆的，并且其逆变换是同一类型的初等变换，如变换 $r_i \leftrightarrow r_j$ 的逆变换是其自身，kr_i 的逆变换是 $\frac{1}{k} r_i$， $r_j + kr_i$ 的逆变换是 $r_j - kr_i$.

如果矩阵 A 经有限次的初等变换变成矩阵 B，就称矩阵 A 与 B 等价，记作 $A \sim B$.

矩阵之间的等价关系具有下列性质:

（1）自身性　$A \sim A$；

（2）对称性　若 $A \sim B$，则 $B \sim A$；

（3）传递性　若 $A \sim B$， $B \sim C$，则 $A \sim C$.

我们称形如

$$\begin{pmatrix}1&2&1&-1\\0&1&4&8\\0&0&0&5\end{pmatrix},\quad\begin{pmatrix}2&1&-5&3&2\\0&1&2&0&-2\\0&0&0&-2&1\end{pmatrix}$$

的矩阵为行阶梯形矩阵，它们的任一行从第一个元素起至该行的第一个非零元素所在的列的下方元素全为零；如该行全为零，则它们的下面的行也全为零．类似地可以定义列阶梯形矩阵．

可以证明，任意一个矩阵经过一系列初等变换总能变成行（列）阶梯形矩阵．

例 1　设

$$A=\begin{pmatrix}1&-1&2&1\\4&-1&3&-1\\1&2&4&5\\2&1&-1&0\end{pmatrix}.$$

利用初等行变换将矩阵 A 化为行阶梯形．

解

$$A=\begin{pmatrix}1&-1&2&1\\4&-1&3&-1\\1&2&4&5\\2&1&-1&0\end{pmatrix}\xrightarrow[r_4-2r_1]{\substack{r_2-4r_1\\r_3-r_1}}\begin{pmatrix}1&-1&2&1\\0&3&-5&-5\\0&3&2&4\\0&3&-5&-2\end{pmatrix}$$

$$\xrightarrow[r_4-r_2]{r_3-r_2}\begin{pmatrix}1&-1&2&1\\0&3&-5&-5\\0&0&7&9\\0&0&0&3\end{pmatrix}=B.$$

在行阶梯形的基础上，如果再对矩阵进行初等行变换，则可将矩阵化为行最简形，即矩阵的非零元素行的第一个非零元素为 1，并且其所在的列其他元素为零．如上例中

$$B=\begin{pmatrix}1&-1&2&1\\0&3&-5&-5\\0&0&7&9\\0&0&0&3\end{pmatrix}\xrightarrow[\substack{r_3\times\frac{1}{7}\\r_4\times\frac{1}{3}}]{r_2\times\frac{1}{3}}\begin{pmatrix}1&-1&2&1\\0&1&-\frac{5}{3}&-\frac{5}{3}\\0&0&1&\frac{9}{7}\\0&0&0&1\end{pmatrix}\xrightarrow[r_3-\frac{9}{7}r_4]{r_1-r_4,\ r_2+\frac{5}{3}r_4}\begin{pmatrix}1&-1&2&0\\0&1&-\frac{5}{3}&0\\0&0&1&0\\0&0&0&1\end{pmatrix}$$

$$\xrightarrow[r_1-2r_3]{r_2+\frac{5}{3}r_3}\begin{pmatrix}1&-1&0&0\\0&1&0&0\\0&0&1&0\\0&0&0&1\end{pmatrix}\xrightarrow{r_1+r_2}\begin{pmatrix}1&0&0&0\\0&1&0&0\\0&0&1&0\\0&0&0&1\end{pmatrix}.$$

利用矩阵的初等行变换将矩阵化为行阶梯形和行最简形是解决矩阵问题的主

要方法之一．读者应该熟练掌握．

对于矩阵的行最简形，如果再对其进行初等列变换，则可以得到一种更为简洁的形式——标准形．例如

$$\begin{pmatrix} 1 & 0 & -1 & 0 & 4 \\ 0 & 1 & -1 & 0 & 3 \\ 0 & 0 & 0 & 1 & -3 \\ 0 & 0 & 0 & 0 & 0 \end{pmatrix} \xrightarrow[c_5-4c_1-3c_2+3c_3]{\substack{c_3 \leftrightarrow c_4 \\ c_4+c_1+c_2}} \begin{pmatrix} 1 & 0 & 0 & 0 & 0 \\ 0 & 1 & 0 & 0 & 0 \\ 0 & 0 & 1 & 0 & 0 \\ 0 & 0 & 0 & 0 & 0 \end{pmatrix} = C,$$

矩阵 C 即为标准形，其特点是：左上角是一个单位矩阵，其余元素为零．

对于 $m \times n$ 矩阵 A，总可以经过初等变换（初等行变换和初等列变换）把它化为标准形

$$\begin{pmatrix} E_r & 0 \\ 0 & 0 \end{pmatrix}_{m \times n}.$$

其中 E_r 为 r 阶单位阵，r 即为矩阵的行阶梯形中非零元素行的行数．

3.1.2 初等矩阵

定义 2 对单位矩阵 E 施行一次初等行（列）变换得到的矩阵称为初等矩阵．

由初等矩阵的定义知，对应于三种初等变换，初等矩阵具有以下三种形式：

（1）互换 E 的第 i，j 两行（或第 i，j 两列），得

$$E(i,j) = \begin{pmatrix} 1 & & & & & & \\ & \ddots & & & & & \\ & & 0 & \cdots & \cdots & \cdots & 1 & & \\ & & \vdots & 1 & & & \vdots & & \\ & & \vdots & & \ddots & & \vdots & & \\ & & \vdots & & & 1 & \vdots & & \\ & & 1 & \cdots & \cdots & \cdots & 0 & & \\ & & & & & & & \ddots & \\ & & & & & & & & 1 \end{pmatrix} \begin{matrix} \\ \\ 第i行 \\ \\ \\ \\ 第j行 \\ \\ \\ \end{matrix};$$

（2）用非零数 k 乘以矩阵 E 的第 i 行（或第 i 列），得

$$E(i(k)) = \begin{pmatrix} 1 & & & & \\ & \ddots & & & \\ & & k & & \\ & & & \ddots & \\ & & & & 1 \end{pmatrix} 第i行;$$

（3）把矩阵 E 的第 i 行的 k 倍加到第 j 行上，得

$$E(j,i(k))=\begin{pmatrix}1 & & & & & \\ & \ddots & & & & \\ & & 1 & & & \\ & & \vdots & \ddots & & \\ & & k & \cdots & 1 & \\ & & & & & \ddots & \\ & & & & & & 1\end{pmatrix}\begin{matrix}\\ \\ 第i行\\ \\ 第j行\\ \\ \\ \end{matrix};$$

可以验证，初等矩阵具有以下性质：

（1）初等矩阵的转置矩阵仍为初等矩阵；

（2）初等矩阵均为可逆矩阵，并且其逆矩阵仍为同类型的初等矩阵.

由初等变换可逆知初等矩阵也可逆，且此初等变换的逆变换也就对应此初等矩阵的逆阵，由变换 $r_i \leftrightarrow r_j$ 的逆变换就是其本身知 $E(i,\ j)^{-1}=E(i,\ j)$；由变换 kr_i 的逆变换是 $\frac{1}{k}r_i$ 知 $E(i(k))^{-1}=E(i(\frac{1}{k}))$，由 r_j+kr_i 的逆变换是 r_j-kr_i 知 $E(j,\ i(k))^{-1}=E(j,\ i(-k))$.

定理 1 对 $m\times n$ 矩阵 A 施行一次初等行变换，相当于在 A 的左边乘以一个相应的 m 阶初等矩阵；对 A 施行一次初等列变换，相当于在 A 的右边乘以一个相应的 n 阶初等矩阵.

例如

$$A=\begin{pmatrix}2 & 1 & -2\\ 4 & 0 & 3\end{pmatrix}\xrightarrow{r_2-2r_1}\begin{pmatrix}2 & 1 & -2\\ 0 & -2 & 7\end{pmatrix},$$

与 r_2-2r_1 相对应的初等阵为

$$\begin{pmatrix}1 & 0\\ -2 & 1\end{pmatrix},$$

用其左乘矩阵 A 得

$$\begin{pmatrix}1 & 0\\ -2 & 1\end{pmatrix}\begin{pmatrix}2 & 1 & -2\\ 4 & 0 & 3\end{pmatrix}=\begin{pmatrix}2 & 1 & -2\\ 0 & -2 & 7\end{pmatrix}.$$

定理 2 设矩阵 A 为 n 阶可逆矩阵，则 A 可经过有限次初等行变换化为单位矩阵.

定理 3 设 A 为可逆矩阵，则存在有限个初等矩阵 $P_1,\ P_2,\ \cdots,\ P_l$，使 $A=P_1P_2\cdots P_l$.

证明 因 $A\sim E$，故 E 经有限次初等变换可变成 A，也就是存在有限个初等矩阵 $P_1,\ P_2,\ \cdots,\ P_l$，使

$$P_1P_2\cdots P_rEP_{r+1}\cdots P_l=A,$$

即

$$A = P_1P_2\cdots P_l.$$

推论 $m\times n$ 矩阵 $A\sim B$ 的充分必要条件是：存在 m 阶可逆阵 P 及 n 阶可逆阵 Q，使 $PAQ=B$.

证明略.

3.1.3 用初等变换求可逆矩阵的逆矩阵

由前面的讨论，还可得一种求逆矩阵的方法：

当 A 为 n 阶可逆矩阵时，对 A 施行有限次初等行变换可变成 E，即 $A\sim E$．因为对矩阵 A 施行一次初等行变换相当于对 A 左乘一个相应的初等矩阵，因此对 A 所做的有限次初等行变换相当于对 A 左乘了一系列相应的初等矩阵 P_1，P_2，…，P_l，结果使其变成单位阵，即

$$P_lP_{l-1}\cdots P_2P_1A = E,$$

对上式两端分别右乘 A^{-1} 得

$$P_lP_{l-1}\cdots P_2P_1E = A^{-1}.$$

考虑以上两式左端的矩阵 A 和 E，它们分别左乘了相同的初等矩阵 $P_lP_{l-1}\cdots P_2P_1$，也即对矩阵 A 和 E 做了相同的初等行变换，因此为了简化计算可以用矩阵 A 和 E 构作一个 $n\times 2n$ 阶矩阵 $(A:E)$，并对其施行初等行变换，当矩阵 A 被化为单位矩阵 E 时，其后边的单位矩阵 E 就同时被化为 A^{-1}，即

$$(A:E)\xrightarrow{\text{初等行变换}}(E:A^{-1}).$$

例 2 利用初等行变换求矩阵 A 的逆矩阵，其中

$$A=\begin{pmatrix}1 & 2 & -1\\ 3 & 4 & -2\\ 5 & -4 & 1\end{pmatrix}.$$

解 $$(A:E)=\begin{pmatrix}1 & 2 & -1 & 1 & 0 & 0\\ 3 & 4 & -2 & 0 & 1 & 0\\ 5 & -4 & 1 & 0 & 0 & 1\end{pmatrix}\xrightarrow[r_3-5r_1]{r_2-3r_1}\begin{pmatrix}1 & 2 & -1 & 1 & 0 & 0\\ 0 & -2 & 1 & -3 & 1 & 0\\ 0 & -14 & 6 & -5 & 0 & 1\end{pmatrix}$$

$$\xrightarrow{r_3-7r_2}\begin{pmatrix}1 & 2 & -1 & 1 & 0 & 0\\ 0 & -2 & 1 & -3 & 1 & 0\\ 0 & 0 & -1 & 16 & -7 & 1\end{pmatrix}\xrightarrow[r_2+r_3]{r_1-r_3}\begin{pmatrix}1 & 2 & 0 & -15 & 7 & -1\\ 0 & -2 & 0 & 13 & -6 & 1\\ 0 & 0 & -1 & 16 & -7 & 1\end{pmatrix}$$

$$\xrightarrow{r_1+r_2}\begin{pmatrix}1 & 0 & 0 & -2 & 1 & 0\\ 0 & -2 & 0 & 13 & -6 & 1\\ 0 & 0 & -1 & 16 & -7 & 1\end{pmatrix}\xrightarrow[r_3\times(-1)]{r_2\times(-\frac{1}{2})}\begin{pmatrix}1 & 0 & 0 & -2 & 1 & 0\\ 0 & 1 & 0 & -\frac{13}{2} & 3 & -\frac{1}{2}\\ 0 & 0 & 1 & -16 & 7 & -1\end{pmatrix},$$

因此

$$A^{-1}=\begin{pmatrix}-2 & 1 & 0\\ -\dfrac{13}{2} & 3 & -\dfrac{1}{2}\\ -16 & 7 & -1\end{pmatrix}.$$

例 3　利用初等行变换求矩阵 A 的逆矩阵，其中

$$A=\begin{pmatrix}1 & 3 & -1\\ 2 & 0 & -3\\ 3 & 3 & -2\end{pmatrix}.$$

解　$$(A:E)=\begin{pmatrix}1 & 3 & -1 & 1 & 0 & 0\\ 2 & 0 & -3 & 0 & 1 & 0\\ 3 & 3 & -2 & 0 & 0 & 1\end{pmatrix}\xrightarrow[r_3-3r_1]{r_2-2r_1}\begin{pmatrix}1 & 3 & -1 & 1 & 0 & 0\\ 0 & -6 & -1 & -2 & 1 & 0\\ 0 & -6 & 1 & -3 & 0 & 1\end{pmatrix}$$

$$\xrightarrow{r_3-r_2}\begin{pmatrix}1 & 3 & -1 & 1 & 0 & 0\\ 0 & -6 & -1 & -2 & 1 & 0\\ 0 & 0 & 2 & -1 & -1 & 1\end{pmatrix}\xrightarrow[r_2+\frac{1}{2}r_3]{r_1+\frac{1}{2}r_3}\begin{pmatrix}1 & 3 & 0 & \dfrac{1}{2} & -\dfrac{1}{2} & \dfrac{1}{2}\\ 0 & -6 & 0 & -\dfrac{5}{2} & \dfrac{1}{2} & \dfrac{1}{2}\\ 0 & 0 & 2 & -1 & -1 & 1\end{pmatrix}$$

$$\xrightarrow{r_1+\frac{1}{2}r_2}\begin{pmatrix}1 & 0 & 0 & -\dfrac{3}{4} & -\dfrac{1}{4} & \dfrac{3}{4}\\ 0 & -6 & 0 & -\dfrac{5}{2} & \dfrac{1}{2} & \dfrac{1}{2}\\ 0 & 0 & 2 & -1 & -1 & 1\end{pmatrix}\xrightarrow[r_3\times\frac{1}{2}]{r_2\times(-\frac{1}{6})}\begin{pmatrix}1 & 0 & 0 & -\dfrac{3}{4} & -\dfrac{1}{4} & \dfrac{3}{4}\\ 0 & 1 & 0 & \dfrac{5}{12} & -\dfrac{1}{12} & -\dfrac{1}{12}\\ 0 & 0 & 1 & -\dfrac{1}{2} & -\dfrac{1}{2} & \dfrac{1}{2}\end{pmatrix},$$

因此

$$A^{-1}=\begin{pmatrix}-\dfrac{3}{4} & -\dfrac{1}{4} & \dfrac{3}{4}\\ \dfrac{5}{12} & -\dfrac{1}{12} & -\dfrac{1}{12}\\ -\dfrac{1}{2} & -\dfrac{1}{2} & \dfrac{1}{2}\end{pmatrix}=\frac{1}{12}\begin{pmatrix}-9 & -3 & 9\\ 5 & -1 & -1\\ -6 & -6 & 6\end{pmatrix}.$$

例 4　解下面的矩阵方程 $AX=B$，其中

$$A=\begin{pmatrix}1 & -1 & 1\\ 2 & 1 & -1\\ 2 & 1 & 0\end{pmatrix},\ B=\begin{pmatrix}2 & 4\\ 3 & -2\\ -1 & 3\end{pmatrix}.$$

解　因为 $|A|=3\neq 0$，所以 A 可逆，下面首先利用初等变换法求出 A 的逆阵 A^{-1}，再对方程 $AX=B$ 两边分别左乘 A^{-1}，可得 $X=A^{-1}B$.

$$A=\begin{pmatrix}1&-1&1&1&0&0\\2&1&-1&0&1&0\\2&1&0&0&0&1\end{pmatrix}\xrightarrow[r_3-2r_1]{r_2-2r_1}\begin{pmatrix}1&-1&1&1&0&0\\0&3&-3&-2&1&0\\0&3&-2&-2&0&1\end{pmatrix}$$

$$\xrightarrow{r_3-r_2}\begin{pmatrix}1&-1&1&1&0&0\\0&3&-3&-2&1&0\\0&0&1&0&-1&1\end{pmatrix}\xrightarrow[r_2+3r_3]{r_1-r_3}\begin{pmatrix}1&-1&0&1&1&-1\\0&3&0&-2&-2&3\\0&0&1&0&-1&1\end{pmatrix}$$

$$\xrightarrow{r_1+\frac{1}{3}r_2}\begin{pmatrix}1&0&0&\frac{1}{3}&\frac{1}{3}&0\\0&3&0&-2&-2&3\\0&0&1&0&-1&1\end{pmatrix}\xrightarrow{r_2\times\frac{1}{3}}\begin{pmatrix}1&0&0&\frac{1}{3}&\frac{1}{3}&0\\0&1&0&-\frac{2}{3}&-\frac{2}{3}&1\\0&0&1&0&-1&1\end{pmatrix},$$

所以

$$A^{-1}=\frac{1}{3}\begin{pmatrix}1&1&0\\-2&-2&3\\0&-3&3\end{pmatrix}.$$

因此

$$X=A^{-1}B=\frac{1}{3}\begin{pmatrix}1&1&0\\-2&-2&3\\0&-3&3\end{pmatrix}\begin{pmatrix}2&4\\3&-2\\-1&3\end{pmatrix}=\frac{1}{3}\begin{pmatrix}5&2\\-13&5\\-12&15\end{pmatrix}.$$

下面介绍一种用初等行变换求解矩阵方程 $AX=B$ 的方法.

设 A 为 n 阶可逆矩阵，B 为 $n\times m$ 矩阵，则矩阵方程 $AX=B$ 有解，且其解为 $X=A^{-1}B$. 因为 A 可逆，所以存在一系列的初等矩阵 P_1，P_2，…，P_l 使

$$P_lP_{l-1}\cdots P_2P_1A=E,$$

因此有

$$P_lP_{l-1}\cdots P_2P_1=A^{-1},$$

即

$$P_lP_{l-1}\cdots P_2P_1B=A^{-1}B=X.$$

考虑以上两式左端，若用一系列的初等行变换将 A 化为单位阵，则用同样的初等行变换可将矩阵 B 化为 $A^{-1}B$，也即对于 $n\times(n+m)$ 矩阵 $(A:B)$，若对此矩阵施行初等行变换，当左边子块化为单位阵时，右边子块同时被化为 $A^{-1}B$. 这样我们便得到了一种更为简单的求解矩阵方程 $AX=B$ 的方法.

例 5 设 $A=\begin{pmatrix}0&1&1\\-1&1&1\\0&-1&0\end{pmatrix}$，$B=\begin{pmatrix}1&-1\\2&1\\1&3\end{pmatrix}$，求 X，使得 $AX+B=X$.

解 由 $AX+B=X$ 得 $(E-A)X=B$. 而

$$E-A=\begin{pmatrix}1&-1&-1\\1&0&-1\\0&1&1\end{pmatrix}\text{且}|E-A|\neq 0,$$

故 $E-A$ 可逆，即 $(E-A)^{-1}$ 存在，所以 $X=(E-A)^{-1}B$．又

$$(E-A:B)=\begin{pmatrix}1&-1&-1&1&-1\\1&0&-1&2&1\\0&1&1&1&3\end{pmatrix}\xrightarrow{r_2-r_1}\begin{pmatrix}1&-1&-1&1&-1\\0&1&0&1&2\\0&1&1&1&3\end{pmatrix}$$

$$\xrightarrow{r_3-r_2}\begin{pmatrix}1&-1&-1&1&-1\\0&1&0&1&2\\0&0&1&0&1\end{pmatrix}\xrightarrow[r_1+r_3]{r_1+r_2}\begin{pmatrix}1&0&0&2&2\\0&1&0&1&2\\0&0&1&0&1\end{pmatrix},$$

所以

$$X=(E-A)^{-1}B=\begin{pmatrix}2&2\\1&2\\0&1\end{pmatrix}.$$

例 6 设 $AXB=C$，其中

$$A=\begin{pmatrix}2&1\\3&2\end{pmatrix},\quad B=\begin{pmatrix}1&-4&-3\\1&-5&-3\\-1&6&4\end{pmatrix},\quad C=\begin{pmatrix}1&2&3\\1&0&1\end{pmatrix},$$

求未知矩阵 X.

解 因为 $|A|=1\neq 0$，$|B|=-1\neq 0$，所以 A^{-1}，B^{-1} 均存在．且利用初等变换法可求得

$$A^{-1}=\begin{pmatrix}2&-1\\-3&2\end{pmatrix},\quad B^{-1}=\begin{pmatrix}2&2&3\\1&-1&0\\-1&2&1\end{pmatrix}.$$

对矩阵方程

$$AXB=C,$$

两边同时左乘 A^{-1}，右乘 B^{-1}，得

$$X=A^{-1}CB^{-1},$$

也即

$$X=\begin{pmatrix}2&-1\\-3&2\end{pmatrix}\begin{pmatrix}1&2&3\\1&0&1\end{pmatrix}\begin{pmatrix}2&2&3\\1&-1&0\\-1&2&1\end{pmatrix}$$

$$=\begin{pmatrix}1&4&5\\-1&-6&-7\end{pmatrix}\begin{pmatrix}2&2&3\\1&-1&0\\-1&2&1\end{pmatrix}$$

$$=\begin{pmatrix}1 & 8 & 8\\ -1 & -10 & -10\end{pmatrix}.$$

和初等行变换类似，我们也可以利用初等列变换求矩阵的逆矩阵：

$$\begin{pmatrix}A\\ E\end{pmatrix}\xrightarrow{\text{初等列变换}}\begin{pmatrix}E\\ A^{-1}\end{pmatrix},$$

此法一般用于求解矩阵方程 $XA=B$ 时使用.

3.2 矩阵的秩

3.2.1 矩阵秩的概念

定义 3 设矩阵 A 为 $m\times n$ 型矩阵，在 A 中选定 r 行 r 列（$1\leqslant r\leqslant \min\{m,n\}$），则位于这 r 行 r 列交叉位置上的 r^2 个元素按照原来的排列方式构成一个 r 阶方阵，称为矩阵 A 的 r 阶子矩阵，A 的 r 阶子方阵的行列式称为 A 的 r 阶子式.

定义 4 设矩阵 A 中存在 r 阶非零子式，并且所有的 $r+1$（如果存在的话）阶子式全为零，则称矩阵 A 的秩为 r，记作 $R(A)=r$，并称该 r 阶子式为矩阵 A 的最高阶非零子式.

例如矩阵

$$A=\begin{pmatrix}1 & 2 & 4\\ 2 & 3 & -1\\ 0 & 0 & 0\end{pmatrix},\quad B=\begin{pmatrix}1 & -1 & 1\\ 2 & 1 & -1\\ 2 & 1 & 0\end{pmatrix}.$$

在矩阵 A 中有二阶子式 $\begin{vmatrix}1 & 2\\ 2 & 3\end{vmatrix}\neq 0$，而所有的三阶子式都为零，因此 $R(A)=2$；对于矩阵 B，由于 $|B|=3\neq 0$，因此 $R(B)=3$.

如果发现矩阵 A 有一个非零 r 阶子式，则必有 $R(A)\geqslant r$，而当 $R(A)=r$ 时，说明 A 有非零的 r 阶子式，但不能说明 A 的 r 阶子式都不为零，但一切高于 r 阶的子式都为零.

若 A 是 n 阶方阵且有 $R(A)=n$，则称 A 为满秩矩阵．且 $R(A)=n$ 的充分必要条件是 $|A|\neq 0$，即 A 为满秩方阵的充分必要条件是 A 为非奇异方阵．可见满秩方阵、非奇异方阵及可逆方阵是等价的.

3.2.2 用初等变换求矩阵的秩

对于一般的 $m\times n$ 型矩阵 A，根据定义求它的秩时需要计算一些子式，当子式的阶数较高时很不方便，因此我们需要找出一种求秩的有效方法．而下述定理就解决了这个问题.

定理 4　若矩阵 A 与矩阵 B 等价，则 $R(A)=R(B)$.

此定理表明对于等价的矩阵，其秩相等．对于给定的矩阵 A 施行初等变换后得到与其等价的矩阵 B，因此初等变换不改变矩阵秩的大小．这样可以利用初等变换的方法将矩阵 A 化为行阶梯形矩阵 B，在行阶梯形矩阵 B 中非零元素行的行数即为矩阵 A 的秩的大小．这是因为以 B 的所有非零元素行和每行的第一个非零元素所在的列构成的子式一定不等于零，而且为 B 的最高阶非零子式，因此矩阵 B 的秩的大小为矩阵 B 中非零元素行的行数，也即 A 的秩.

例 7　求矩阵 $A=\begin{pmatrix}1&2&-2\\2&-1&3\\0&4&-2\\3&-2&1\end{pmatrix}$ 的秩.

解　对 A 施行初等行变换得到行阶梯形，即

$$A=\begin{pmatrix}1&2&-2\\2&-1&3\\0&4&-2\\3&-2&1\end{pmatrix}\xrightarrow[r_4-3r_1]{r_2-2r_1}\begin{pmatrix}1&2&-2\\0&-5&7\\0&4&-2\\0&-8&7\end{pmatrix}\xrightarrow{r_2+r_3}\begin{pmatrix}1&2&-2\\0&-1&5\\0&4&-2\\0&-8&7\end{pmatrix}$$

$$\xrightarrow[r_4-8r_2]{r_3+4r_2}\begin{pmatrix}1&2&-2\\0&-1&5\\0&0&18\\0&0&-33\end{pmatrix}\xrightarrow{r_4+\frac{33}{18}r_3}\begin{pmatrix}1&2&-2\\0&-1&5\\0&0&18\\0&0&0\end{pmatrix}=B,$$

由于 $R(B)=3$，因此 $R(A)=3$.

例 8　求矩阵 $A=\begin{pmatrix}1&-2&-1&0&2\\-2&4&2&6&-6\\2&-1&0&2&3\\3&3&3&3&4\end{pmatrix}$ 的秩.

解　先求 A 的秩，为此对 A 作初等行变换，将 A 化成行阶梯形矩阵.

$$A=\begin{pmatrix}1&-2&-1&0&2\\-2&4&2&6&-6\\2&-1&0&2&3\\3&3&3&3&4\end{pmatrix}\xrightarrow[\substack{r_3-2r_1\\r_4-3r_1}]{r_2+2r_1}\begin{pmatrix}1&-2&-1&0&2\\0&0&0&6&-2\\0&3&2&2&-1\\0&9&6&3&-2\end{pmatrix}$$

$$\xrightarrow[r_3\leftrightarrow r_4]{r_2\leftrightarrow r_3}\begin{pmatrix}1&-2&-1&0&2\\0&3&2&2&-1\\0&9&6&3&-2\\0&0&0&6&-2\end{pmatrix}\xrightarrow{r_3-3r_2}\begin{pmatrix}1&-2&-1&0&2\\0&3&2&2&-1\\0&0&0&-3&1\\0&0&0&6&-2\end{pmatrix}$$

$$\xrightarrow{r_4+2r_3}\begin{pmatrix}1 & -2 & -1 & 0 & 2\\0 & 3 & 2 & 2 & -1\\0 & 0 & 0 & -3 & 1\\0 & 0 & 0 & 0 & 0\end{pmatrix}=B,$$

上式最后一个矩阵是行阶梯形矩阵，其非零元素行的行数为 3，因此 $R(B)=3$，所以 $R(A)=3$.

3.3 线性方程组的解

3.3.1 齐次线性方程组的解

对于齐次线性方程组

$$\begin{cases}a_{11}x_1+a_{12}x_2+\cdots+a_{1n}x_n=0,\\a_{21}x_1+a_{22}x_2+\cdots+a_{2n}x_n=0,\\\qquad\qquad\vdots\\a_{m1}x_1+a_{m2}x_2+\cdots+a_{mn}x_n=0\end{cases}\tag{1}$$

必有零解，但我们关心的是它在什么条件下具有非零解，为此给出：

定理 5 齐次线性方程组（1）有非零解的充分必要条件是 $R(A)<n$，其中 A 为其系数矩阵.

证明 必要性：设方程组的矩阵形式为 $AX=O$ 有非零解，用反证法证明 $R(A)<n$.

假设 $R(A)=n$，则在 A 中应有一个 n 阶非零子式 D_n，从而由克莱姆法则知 D_n 所对应的 n 个方程只有零解，这与原方程组有非零解矛盾，因此 $R(A)=n$ 不成立，也即 $R(A)<n$.

充分性：设 $R(A)=r<n$，则 A 的行阶梯形矩阵只含有 r 个非零行，从而知它有 $n-r$ 个自由未知数，任取一个自由未知数不为 0 其他自由未知数均为 0 即可得方程组的一个非零解.

对于方程组 $AX=O$，若 $R(A)=r<n$，则方程组有 $n-r$ 个自由未知数，取矩阵 A 行最简形中 r 非零行的第一个非零元素所对应的未知数为非自由数，其余 $n-r$ 个未知数取作自由未知数，并令自由未知数分别等于 k_1，k_2，…，k_{n-r}，由行最简形即可写出含 $n-r$ 个自由未知数的解，由于这 $n-r$ 个参数可任意取值，因此这时方程组有无限多个解，而含 $n-r$ 个参数的解可表示方程组的任一解，称之为方程组的通解.

例 9 求解方程组

$$\begin{cases} x_1 + x_2 + \ x_3 + 4x_4 - 3x_5 = 0, \\ x_1 - x_2 + 3x_3 - 2x_4 - \ x_5 = 0, \\ 2x_1 + x_2 + 3x_3 + 5x_4 - 5x_5 = 0, \\ 3x_1 + x_2 + 5x_3 + 6x_4 - 7x_5 = 0. \end{cases}$$

解 对方程组的系数矩阵进行初等行变换

$$A = \begin{pmatrix} 1 & 1 & 1 & 4 & -3 \\ 1 & -1 & 3 & -2 & -1 \\ 2 & 1 & 3 & 5 & -5 \\ 3 & 1 & 5 & 6 & -7 \end{pmatrix} \xrightarrow[r_4 - 3r_1]{\substack{r_2 - r_1 \\ r_3 - 2r_1}} \begin{pmatrix} 1 & 1 & 1 & 4 & -3 \\ 0 & -2 & 2 & -6 & 2 \\ 0 & -1 & 1 & -3 & 1 \\ 0 & -2 & 2 & -6 & 2 \end{pmatrix}$$

$$\xrightarrow[r_4 + 2r_2]{\substack{r_2 \times \left(-\frac{1}{2}\right) \\ r_3 + r_2}} \begin{pmatrix} 1 & 1 & 1 & 4 & -3 \\ 0 & -1 & 1 & -3 & 1 \\ 0 & 0 & 0 & 0 & 0 \\ 0 & 0 & 0 & 0 & 0 \end{pmatrix} \xrightarrow[r_2 \times (-1)]{r_1 + r_2} \begin{pmatrix} 1 & 0 & 2 & 1 & -2 \\ 0 & 1 & -1 & 3 & -1 \\ 0 & 0 & 0 & 0 & 0 \\ 0 & 0 & 0 & 0 & 0 \end{pmatrix} = B,$$

因为 $R(A) = R(B) = 2 < 5$，所以方程组有非零解．与矩阵 B 对应的方程组为

$$\begin{cases} x_1 = -2x_3 - \ x_4 + 2x_5, \\ x_2 = \ \ x_3 - 3x_4 + \ x_5. \end{cases}$$

并且与原方程组等价．当未知量 x_3，x_4，x_5 取定某一组值时，x_1，x_2 的值也随之确定，即得到方程组的一组解，因此对于未知量 x_3，x_4，x_5 的任意一组取值，均能得到方程组的解，我们称满足这样条件的未知量为自由未知量．

设自由未知量 $x_3 = k_1$，$x_4 = k_2$，$x_5 = k_3$，得

$$\begin{pmatrix} x_1 \\ x_2 \\ x_3 \\ x_4 \\ x_5 \end{pmatrix} = \begin{pmatrix} -2k_1 - k_2 + 2k_3 \\ k_1 - 3k_2 + k_3 \\ k_1 \\ k_2 \\ k_3 \end{pmatrix} = k_1 \begin{pmatrix} -2 \\ 1 \\ 1 \\ 0 \\ 0 \end{pmatrix} + k_2 \begin{pmatrix} -1 \\ -3 \\ 0 \\ 1 \\ 0 \end{pmatrix} + k_3 \begin{pmatrix} 2 \\ 1 \\ 0 \\ 0 \\ 1 \end{pmatrix}$$ （其中 k_1，k_2，k_3 为任意常数）．

例 10 解方程组

$$\begin{cases} x_1 + 2x_2 + \ x_3 = 0, \\ 4x_1 + 5x_2 + 2x_3 = 0, \\ 7x_1 + 8x_2 + 4x_3 = 0. \end{cases}$$

解 对方程组的系数矩阵进行初等行变换得

$$A = \begin{pmatrix} 1 & 2 & 1 \\ 4 & 5 & 2 \\ 7 & 8 & 4 \end{pmatrix} \xrightarrow[r_3 - 7r_1]{r_2 - 4r_1} \begin{pmatrix} 1 & 2 & 1 \\ 0 & -3 & -2 \\ 0 & -6 & -3 \end{pmatrix} \xrightarrow{r_3 - 2r_2} \begin{pmatrix} 1 & 2 & 1 \\ 0 & -3 & -2 \\ 0 & 0 & 1 \end{pmatrix},$$

所以

$$R(A) = 3.$$

因此该方程组只有零解.

例 11 解方程组

$$\begin{cases} x_1 - x_2 - x_3 + x_4 = 0, \\ x_1 - x_2 + x_3 - 3x_4 = 0, \\ x_1 - x_2 - 2x_3 + 3x_4 = 0. \end{cases}$$

解 对方程组的系数矩阵进行初等行变换

$$A = \begin{pmatrix} 1 & -1 & -1 & 1 \\ 1 & -1 & 1 & -3 \\ 1 & -1 & -2 & 3 \end{pmatrix} \xrightarrow[r_3 - r_1]{r_2 - r_1} \begin{pmatrix} 1 & -1 & -1 & 1 \\ 0 & 0 & 2 & -4 \\ 0 & 0 & -1 & 2 \end{pmatrix} \xrightarrow[r_3 + r_2]{r_2 \times \frac{1}{2}} \begin{pmatrix} 1 & -1 & -1 & 1 \\ 0 & 0 & 1 & -2 \\ 0 & 0 & 0 & 0 \end{pmatrix}$$

$$\xrightarrow{r_1 + r_2} \begin{pmatrix} 1 & -1 & 0 & -1 \\ 0 & 0 & 1 & -2 \\ 0 & 0 & 0 & 0 \end{pmatrix} = A_1,$$

与 A_1 对应的方程组的同解方程组为

$$\begin{cases} x_1 = x_2 + x_4, \\ x_3 = 2x_4. \end{cases}$$

令 $x_2 = k_1$，$x_4 = k_2$，则得

$$\begin{cases} x_1 = k_1 + k_2, \\ x_2 = k_1, \\ x_3 = 2k_2, \\ x_4 = k_2 \end{cases} \quad \text{（其中 } k_1, k_2 \text{ 为任意常数）}.$$

也即

$$\begin{pmatrix} x_1 \\ x_2 \\ x_3 \\ x_4 \end{pmatrix} = \begin{pmatrix} k_1 + k_2 \\ k_1 \\ 2k_2 \\ k_2 \end{pmatrix} = k_1 \begin{pmatrix} 1 \\ 1 \\ 0 \\ 0 \end{pmatrix} + k_2 \begin{pmatrix} 1 \\ 0 \\ 2 \\ 1 \end{pmatrix} \quad \text{（其中 } k_1, k_2 \text{ 为任意常数）}.$$

3.3.2 非齐次线性方程组的解

对于非齐次线性方程组

$$\begin{cases} a_{11}x_1 + a_{12}x_2 + \cdots + a_{1n}x_n = b_1, \\ a_{21}x_1 + a_{22}x_2 + \cdots + a_{2n}x_n = b_2, \\ \qquad \vdots \\ a_{m1}x_1 + a_{m2}x_2 + \cdots + a_{mn}x_n = b_m \end{cases} \tag{2}$$

的解的情况，有如下定理：

定理 6 非齐次线性方程组（2）有解的充分必要条件是 $R(A) = R(\overline{A})$，其中

$$\overline{A}=(A,\boldsymbol{b})=\begin{pmatrix} a_{11} & a_{12} & \cdots & a_{1n} & b_1 \\ a_{21} & a_{22} & \cdots & a_{2n} & b_2 \\ \vdots & \vdots & & \vdots & \vdots \\ a_{m1} & a_{m2} & \cdots & a_{mn} & b_m \end{pmatrix}$$

称为方程组的增广矩阵.

证明 必要性：设非齐次线性方程组（2）的矩阵形式为 $AX=\boldsymbol{b}$，已知方程组有解，现假设设 $R(A)<R(\overline{A})$，则 $\overline{A}$ 的行阶梯形矩阵中最后一个非零行对应矛盾方程 0=1，这与方程组有解相矛盾，因此 $R(A)=R(\overline{A})$.

充分性：设 $R(A)=R(\overline{A})=r<n$，则在 $\overline{A}$ 的行阶梯形矩阵中含 r 个非零行，把这 r 行的第一个非零元所对应的未知数作为非自由未知数，其余的 $n-r$ 个作为自由未知数，并令 $n-r$ 个自由未知数全取 0，即可得方程组的一个解.

对一般的 n 元线性方程组

$$AX=\boldsymbol{b},$$

当 $R(A)<R(\overline{A})$ 时方程组无解，当 $R(A)=R(\overline{A})$ 时方程组有解，并且

（1）当 $R(A)=R(\overline{A})=n$ 时，方程组有唯一解；

（2）当 $R(A)=R(\overline{A})<n$ 时，方程组有无数解.

对于非齐次线性方程组 $AX=\boldsymbol{b}$，在求其解时应先将其增广矩阵化为行阶梯形，从中得出 $R(A)$ 与 $R(\overline{A})$，若 $R(A)<R(\overline{A})$，则方程组无解，若 $R(A)=R(\overline{A})$，则需将行阶梯形再化为行最简形，再求解.

例 12 解方程组

$$\begin{cases} 2x_1+x_2-x_3+x_4=1, \\ 4x_1+2x_2-2x_3+x_4=2, \\ 2x_1+x_2-x_3-x_4=1. \end{cases}$$

解 对方程组的增广矩阵进行初等行变换

$$\overline{A}=\begin{pmatrix} 2 & 1 & -1 & 1 & 1 \\ 4 & 2 & -2 & 1 & 2 \\ 2 & 1 & -1 & -1 & 1 \end{pmatrix}\xrightarrow[r_3-r_1]{r_2-2r_1}\begin{pmatrix} 2 & 1 & -1 & 1 & 1 \\ 0 & 0 & 0 & -1 & 0 \\ 0 & 0 & 0 & -2 & 0 \end{pmatrix}\xrightarrow[r_1\times\frac{1}{2}]{\substack{r_1+r_2 \\ r_3-2r_2}}\begin{pmatrix} 1 & \frac{1}{2} & -\frac{1}{2} & 0 & \frac{1}{2} \\ 0 & 0 & 0 & 1 & 0 \\ 0 & 0 & 0 & 0 & 0 \end{pmatrix},$$

因此有

$$\begin{cases} x_1=-\frac{1}{2}x_2+\frac{1}{2}x_3+\frac{1}{2}, \\ x_2=\quad x_2, \\ x_3=\quad x_3, \\ x_4=\quad 0. \end{cases}$$

令 $x_2 = k_1$，$x_3 = k_2$ 得

$$\begin{pmatrix} x_1 \\ x_2 \\ x_3 \\ x_4 \end{pmatrix} = \begin{pmatrix} -\frac{1}{2}k_1 + \frac{1}{2}k_2 + \frac{1}{2} \\ k_1 \\ k_2 \\ 0 \end{pmatrix} = k_1 \begin{pmatrix} -\frac{1}{2} \\ 1 \\ 0 \\ 0 \end{pmatrix} + k_2 \begin{pmatrix} \frac{1}{2} \\ 0 \\ 1 \\ 0 \end{pmatrix} + \begin{pmatrix} \frac{1}{2} \\ 0 \\ 0 \\ 0 \end{pmatrix}$$（其中 k_1，k_2 为任意常数）.

例 13　求解线性方程组

$$\begin{cases} 4x_1 + 2x_2 - x_3 = 2, \\ 3x_1 - x_2 + 2x_3 = 3, \\ 11x_1 + 3x_2 = -6. \end{cases}$$

解　对方程组的增广矩阵进行初等变换，化其为行阶梯形，

$$\overline{A} = \begin{pmatrix} 4 & 2 & -1 & 2 \\ 3 & -1 & 2 & 3 \\ 11 & 3 & 0 & -6 \end{pmatrix} \xrightarrow{r_1 - r_2} \begin{pmatrix} 1 & 3 & -3 & -1 \\ 3 & -1 & 2 & 3 \\ 11 & 3 & 0 & -6 \end{pmatrix} \xrightarrow[r_3 - 3r_2]{\substack{r_2 - 3r_1 \\ r_3 - 11r_1}} \begin{pmatrix} 1 & 3 & -3 & -1 \\ 0 & -10 & 11 & 6 \\ 0 & 0 & 0 & -13 \end{pmatrix},$$

因为 $R(A) = 2 < 3 = R(\overline{A})$，所以原方程组无解.

例 14　讨论方程组

$$\begin{cases} (1+\lambda)x_1 + x_2 + x_3 = 0, \\ x_1 + (1+\lambda)x_2 + x_3 = 3, \\ x_1 + x_2 + (1+\lambda)x_3 = \lambda. \end{cases}$$

当 λ 取何值时方程组（1）有唯一解；（2）无解；（3）有无数多个解.

解

$$\overline{A} = \begin{pmatrix} 1+\lambda & 1 & 1 & 0 \\ 1 & 1+\lambda & 1 & 3 \\ 1 & 1 & 1+\lambda & \lambda \end{pmatrix} \xrightarrow{r_1 \leftrightarrow r_3} \begin{pmatrix} 1 & 1 & 1+\lambda & \lambda \\ 1 & 1+\lambda & 1 & 3 \\ 1+\lambda & 1 & 1 & 0 \end{pmatrix}$$

$$\xrightarrow[r_3 - r_1]{r_2 - r_1} \begin{pmatrix} 1 & 1 & 1+\lambda & \lambda \\ 0 & \lambda & -\lambda & 3-\lambda \\ \lambda & 0 & -\lambda & -\lambda \end{pmatrix} \xrightarrow{r_3 - \lambda r_1} \begin{pmatrix} 1 & 1 & 1+\lambda & \lambda \\ 0 & \lambda & -\lambda & 3-\lambda \\ 0 & -\lambda & -\lambda^2 - 2\lambda & -\lambda^2 - \lambda \end{pmatrix}$$

$$\xrightarrow{r_3 + r_2} \begin{pmatrix} 1 & 1 & 1+\lambda & \lambda \\ 0 & \lambda & -\lambda & 3-\lambda \\ 0 & 0 & -\lambda(\lambda+3) & -(\lambda-1)(\lambda+3) \end{pmatrix}.$$

当 $\lambda \neq 0$ 且 $\lambda \neq -3$ 时，有 $R(A) = R(\overline{A}) = 3$，此时方程组有唯一解；

当 $\lambda = 0$ 时，$R(A) = 1$，$R(\overline{A}) = 2$，此时方程组无解；

当 $\lambda = -3$ 时，$R(A) = R(\overline{A}) = 2 < 3$，此时方程组有无数多解.

本章小结

本章主要介绍了初等变换与矩阵的秩以及线性方程组解的问题．矩阵是研究代数学以及其他工程学科的重要理论，而初等变换是研究、学习有关矩阵理论的基本方法，因此在代数学中有着极其重要的地位．矩阵的秩则反映了矩阵的某种性质，如它对应的向量组的线性相关性、对应的方程组的解的存在性等．通过初等变换研究矩阵的秩，从而得到我们所关心的事物的特征．另外通过初等变换求矩阵的逆也是它重要的应用之一．而对于线性方程组解的存在性的研究则为我们通过对方程组的研究，进而解决一些实际问题提供了可能，通过对方程组的求解，揭示了所研究的实际问题的本质．线性方程组广泛应用于工程的各个领域，是线性代数中的较为重要的内容．

本章主要内容如下：

1．矩阵的初等变换：

三种初等行变换：$r_i \leftrightarrow r_j$， kr_i， $r_j + kr_i$；

三种初等列变换：$c_i \leftrightarrow c_j$， kc_i， $c_j + cr_i$；

与初等变换对应的初等矩阵 $E(i,\ j)$， $E(i(k))$， $E(j,\ i(k))$ 及其性质．

2．矩阵的行阶梯形，矩阵的行最简形，矩阵的标准形．

3．利用初等变换求矩阵的逆矩阵：$(A:E)\xrightarrow{\text{初等行变换}}(E:A^{-1})$．

4．矩阵的 r 阶子式，矩阵秩的定义．

5．利用初等行变换求矩阵的秩及最高阶非零子式．

6．齐次线性方程组 $AX=O$：

（1）若 $R(A)=n$，则方程组只有零解；

（2）若 $R(A)<n$，则方程组有非零解．

7．非齐次线性方程组 $AX=\boldsymbol{b}$：

（1）若 $R(A)\neq R(\overline{A})$，则方程组无解；

（2）若 $R(A)=R(\overline{A})$，则方程组有解，并且

当 $R(A)=R(\overline{A})=n$ 时，方程组有唯一解；

当 $R(A)=R(\overline{A})<n$ 时，方程组有无数多解．

8．利用初等行变换求解线性方程组．

习题三

1．求矩阵的秩并将其化为行最简形．

（1）$\begin{pmatrix} 1 & 2 & 3 & -1 \\ 3 & 2 & 1 & -1 \\ 2 & 3 & 1 & 1 \\ 2 & 2 & 2 & -1 \end{pmatrix}$；（2）$\begin{pmatrix} 2 & 1 & 8 & 3 & 7 \\ 2 & -3 & 0 & 7 & -5 \\ 1 & 0 & 3 & 2 & 0 \\ 3 & -2 & 5 & 8 & 0 \end{pmatrix}$.

2．用初等变换求下列矩阵的逆矩阵.

（1）$\begin{pmatrix} 1 & 2 & 3 \\ 2 & 2 & 1 \\ 3 & 4 & 3 \end{pmatrix}$；（2）$\begin{pmatrix} 1 & 2 & -3 \\ 0 & 1 & 2 \\ 0 & 0 & 1 \end{pmatrix}$；

（3）设 $B=\begin{pmatrix} 3 & 0 & 0 \\ 1 & 4 & 3 \\ 0 & 0 & 3 \end{pmatrix}$，求 $(B-2E)^{-1}$.

3．求下列矩阵的秩.

（1）$A=\begin{pmatrix} 3 & 1 & 0 & 2 \\ 1 & -1 & 2 & -1 \\ 1 & 3 & -4 & 4 \end{pmatrix}$；（2）$A=\begin{pmatrix} 2 & 1 & 8 & 3 & 7 \\ 2 & -3 & 0 & 7 & -5 \\ 3 & -2 & 5 & 8 & 0 \\ 1 & 0 & 3 & 2 & 0 \end{pmatrix}$.

4．求下列矩阵方程的解.

（1）$\begin{pmatrix} 1 & 4 \\ -1 & 2 \end{pmatrix}X\begin{pmatrix} 2 & 0 \\ -1 & 1 \end{pmatrix}=\begin{pmatrix} 3 & 1 \\ 0 & -1 \end{pmatrix}$；

（2）设 $A=\begin{pmatrix} 4 & 1 & -2 \\ 2 & 2 & 1 \\ 3 & 1 & -1 \end{pmatrix}$，$B=\begin{pmatrix} 1 & -3 \\ 2 & 2 \\ 3 & -1 \end{pmatrix}$，求 X 使 $AX=B$；

（3）$X\begin{pmatrix} 2 & 1 & -1 \\ 2 & 1 & 0 \\ 1 & -1 & 1 \end{pmatrix}=\begin{pmatrix} 1 & -1 & 3 \\ 4 & 3 & 2 \end{pmatrix}$.

5．当 λ 为何值时，方程组

$$\begin{cases} \lambda x_1 + x_2 + x_3 = 1, \\ x_1 + \lambda x_2 + x_3 = \lambda, \\ x_1 + x_2 + \lambda x_3 = \lambda^2 \end{cases}$$

无解，有唯一解，有无穷多解？

6．求下列方程组的解.

（1）$\begin{cases} 2x_1 + x_2 - 2x_3 + x_4 = 0, \\ x_1 - 2x_2 + 4x_3 - 7x_4 = 0, \\ 3x_1 - x_2 + 2x_3 - 4x_4 = 0; \end{cases}$

（2）$\begin{cases} 2x_1 - 4x_2 + 5x_3 + 3x_4 = 0, \\ 3x_1 - 6x_2 + 4x_3 + 2x_4 = 0, \\ 4x_1 - 8x_2 + 17x_3 + 11x_4 = 0. \end{cases}$

7．解下列方程组．

（1）$\begin{cases} x_1-2x_2+3x_3-4x_4=4, \\ x_2-x_3+x_4=-3, \\ x_1+3x_2+x_4=1, \\ -7x_2+3x_3+x_4=-3; \end{cases}$

（2）$\begin{cases} 3x_1+x_2-x_3-2x_4=1, \\ x_1-5x_2+2x_3+x_4=2, \\ 2x_1+6x_2-3x_3-3x_4=-1, \\ -x_1-11x_2+5x_3+4x_4=3. \end{cases}$

8．已知 A，B 均为三阶方阵，满足 $2A^{-1}B=B-4E$．

（1）证明 $A-2E$ 可逆；

（2）若 $B=\begin{pmatrix} 1 & -2 & 0 \\ 1 & 2 & 0 \\ 0 & 0 & 2 \end{pmatrix}$，求矩阵 A．

同步测试题三

一、填空题

1．矩阵的初等行变换指的是互换矩阵的某两行，用非零数 k 乘以矩阵的某一行以及____________．

2．矩阵的初等行变换和初等列变换统称为矩阵的____________．

3．设 A 是 $m\times n$ 型矩阵，若 A 中的最高阶非零子式的阶为______时，则 $R(A)=r$．

4．若 $m\times n$ 型矩阵 A 的秩为 r，则 A 的所有 $r+1$ 阶子式的值为______．

5．当 $k\neq$______时，矩阵 $A=\begin{pmatrix} 1 & 3 & 2 \\ 0 & k & -1 \\ 1 & -1 & 1 \end{pmatrix}$ 可逆．

6．矩阵 $A=\begin{pmatrix} 1 & 1 & 0 \\ 0 & 0 & 1 \\ 1 & 2 & 0 \end{pmatrix}$ 的逆矩阵 $A^{-1}=$________．

7．设 $A=\begin{pmatrix} a & 1 & 1 \\ 1 & a & 1 \\ 1 & 1 & a \end{pmatrix}$ 且 $R(A)=2$，则 $a=$______．

8．齐次线性方程组 $AX=O$ 有非零解的充分必要条件是________．

9．非齐次线性方程组 $AX=\boldsymbol{b}$ 有解的充分必要条件是________．

10．当 $\lambda=$ ________ 时，方程组 $\begin{cases}(2-\lambda)x_1+2x_2-2x_3=1,\\ 2x_1+(5-\lambda)x_2-4x_3=2,\\ -2x_1-4x_2+(5-\lambda)x_3=-\lambda-1\end{cases}$ 有非零解．

二、单选题

1．设 A 是 $m\times n$ 矩阵，$R(A)=r<\min\{m,n\}$，则 A 中必有（　）．

A．至少有一个 r 阶子式不为零，没有等于零的 $r-1$ 阶子式；

B．有不等于零的 r 阶子式，没有不等于零的 $r+1$ 阶子式；

C．有等于零的 r 阶子式，没有不等于零的 $r+1$ 阶子式；

D．任何 r 阶子式都不等于零，任何 $r+1$ 阶子式都等于零．

2．设 A 为 n 阶可逆方阵，则（　）．

A．A 总可以经过初等行变换变为 E；

B．对 $(A:E)$ 经过若干次初等变换，当 A 变为 E 时，相应地 E 一定变为 A^{-1}；

C．由 $AX=BA$ 得 $X=B$；

D．以上三个结论都不正确．

3．设 $A=\begin{pmatrix}A_1 & C\\ 0 & A_2\end{pmatrix}$，其中 A_1 与 A_2 都是方阵，且 $|A|\neq 0$，则（　）．

A．A_1 可逆；　　B．A_2 可逆；

C．A_1 与 A_2 的可逆性不定；　　D．A_1 与 A_2 均可逆．

4．若 A 与 B 为同阶可逆方阵，则方阵 $\begin{pmatrix}A & C\\ 0 & B\end{pmatrix}$ 的逆阵是（　）．

A．$\begin{pmatrix}A^{-1} & C\\ 0 & B^{-1}\end{pmatrix}$；　　B．$\begin{pmatrix}A^{-1} & 0\\ 0 & B^{-1}\end{pmatrix}$；

C．$\begin{pmatrix}A^{-1} & -A^{-1}CB^{-1}\\ 0 & B^{-1}\end{pmatrix}$；　　D．不存在．

5．方程组 $\begin{cases}a_1x+b_1y+c_1z+d_1=0,\\ a_2x+b_2y+c_2z+d_2=0,\\ a_3x+b_3y+c_3z+d_3=0\end{cases}$ 表示空间三平面，若系数矩阵的秩为 3，则三平面的位置关系是（　）．

A．三平面重合；　　B．三平面无公共交点；

C．三平面交于一点；　　D．位置关系无法确定．

6．设 A 是 $m\times n$ 矩阵，$AX=O$ 是非齐次线性方程组 $AX=b$ 所对应的齐次线性方程组，则下列结论正确的是（　）．

A．若 $AX=O$ 仅有零解，则 $AX=\boldsymbol{b}$ 有唯一解；

B．若 $AX=O$ 有非零解，则 $AX=\boldsymbol{b}$ 有无穷多个解；

C．若 $AX=\boldsymbol{b}$ 有无穷多个解，则 $AX=O$ 仅有零解；

D．若 $AX=\boldsymbol{b}$ 有无穷多个解，则 $AX=O$ 有非零解．

7．非齐次线性方程组 $AX=\boldsymbol{b}$ 中未知数的个数为 n，方程的个数为 m，系数矩阵的秩为 r，则（　）.

A． $r=m$ 时，方程组 $AX=\boldsymbol{b}$ 有解；

B． $r=n$ 时，方程组 $AX=\boldsymbol{b}$ 有唯一解；

C． $n=m$ 时，方程组 $AX=\boldsymbol{b}$ 有唯一解；

D． $r<n$ 时，方程组 $AX=\boldsymbol{b}$ 有无穷多解.

8．设 A 是 $m\times n$ 矩阵，B 是 $n\times m$ 矩阵，则线性方程组 $ABX=O$ 满足（　）.

A．当 $n>m$ 时仅有零解；　　B．当 $n>m$ 时必有非零解；

C．当 $m>n$ 时仅有零解；　　D．当 $m>n$ 时必有非零解.

9．方程组 $\begin{cases} kx_1+x_2+x_3=0, \\ x_1+kx_2+x_3=0, \\ x_1+x_2+kx_3=0 \end{cases}$ 有非零解的充分必要条件是（　）.

A． $k=1$；　　B． $k=-2$；

C． $k\neq 1$ 且 $k\neq -2$；　　D． $k=1$ 或 $k=-2$.

10．方程组 $\begin{cases} x_1+x_2+x_3=1, \\ x_1+2x_2+3x_3=2, \\ 5x_1+2x_2+5x_3=2 \end{cases}$ 的解为（　）.

A． $x_1=1，x_2=1，x_3=-1$；　　B． $x_1=0，x_2=1，x_3=1$；

C． $x_1=0，x_2=1，x_3=0$；　　D． $x_1=1，x_2=-1，x_3=0$.

三、计算题

1．求矩阵的秩.

（1） $A=\begin{pmatrix} 1 & 4 & 10 & 0 \\ 7 & 8 & 18 & 4 \\ 3 & 7 & 13 & 1 \\ 17 & 18 & 40 & 10 \end{pmatrix}$；　　（2） $A=\begin{pmatrix} 14 & 12 & 6 & 8 & 2 \\ 6 & 104 & 21 & 9 & 17 \\ 7 & 6 & 3 & 4 & 1 \\ 35 & 30 & 15 & 20 & 5 \end{pmatrix}$.

2．求矩阵的逆阵.

（1） $A=\begin{pmatrix} 1 & 2 & 1 \\ 1 & 0 & -1 \\ 2 & 1 & 0 \end{pmatrix}$；　　（2） $\begin{pmatrix} 3 & -2 & 0 & -1 \\ 0 & 2 & 2 & 1 \\ 1 & -2 & -3 & -2 \\ 0 & 1 & 2 & 1 \end{pmatrix}$.

3．解下列矩阵方程.

（1） $\begin{pmatrix} 3 & 0 & 8 \\ 3 & -1 & 6 \\ -2 & 0 & -5 \end{pmatrix} X=\begin{pmatrix} 1 & -1 & 2 \\ -1 & 3 & 4 \\ -2 & 0 & 5 \end{pmatrix}$；

（2） $\begin{pmatrix} 2 & 1 \\ 3 & 2 \end{pmatrix} X \begin{pmatrix} -3 & 2 \\ 5 & -3 \end{pmatrix}=\begin{pmatrix} -2 & 4 \\ 3 & -1 \end{pmatrix}$；

（3）已知$\begin{pmatrix}4 & 5\\1 & 5\end{pmatrix}X=\begin{pmatrix}4 & 2\\2 & 1\end{pmatrix}+2X$，求$X$.

4．当a为何值时，线性方程组

$$\begin{cases}ax_1+x_2+x_3=4,\\2x_1+x_2+2x_3=6,\\x_1+x_2+x_3=4\end{cases}$$

有唯一解，有无数解，并解之.

5．解方程组

（1）$\begin{cases}x_1-8x_2+10x_3+2x_4=0,\\2x_1+4x_2+5x_3-x_4=0,\\3x_1+8x_2+6x_3-2x_4=0;\end{cases}$

（2）$\begin{cases}2x_1+x_2-x_3-x_4+x_5=0,\\x_1-x_2+x_3+x_4-2x_5=0,\\3x_1+3x_2-3x_3-3x_4+4x_5=0,\\4x_1+5x_2-5x_3-5x_4+7x_5=0;\end{cases}$

（3）$\begin{cases}2x_1-3x_2+x_3+5x_4=6,\\-3x_1+x_2+2x_3-4x_4=5,\\-x_1-2x_2+3x_3+x_4=11;\end{cases}$

（4）$\begin{cases}x_1+x_2+x_3+x_4+x_5=1,\\3x_1+2x_2+x_3+x_4-3x_5=0,\\x_2+2x_3+2x_4+6x_5=3,\\5x_1+4x_2+3x_3+3x_4-x_5=2.\end{cases}$

第 4 章　向量组与线性方程组的解的结构

本章学习目标

本章主要介绍向量的线性组合与线性表示，向量组的线性相关与线性无关，向量组的秩与极大无关组，并利用向量组来讨论线性方程组的解的结构. 通过本章的学习，重点掌握以下内容:

- 向量的运算，向量的线性组合与线性表示的概念
- 向量组的线性相关与线性无关的定义，向量组的线性相关性的判断
- 向量组的秩与向量组的极大无关组的概念，会求向量组的秩和极大无关组
- 齐次线性方程组的解的结构，求齐次线性方程组的通解和基础解系
- 非齐次线性方程组的解的结构，求非齐次线性方程组的通解

4.1　向量组及其线性组合

4.1.1　n 维向量的概念

在几何空间中，可以借助于坐标系来表示一个向量，若向量在平面上，用坐标记为 (x_1, x_2)；若向量在空间中，用坐标记为 (x_1, x_2, x_3)，这种记法能帮助我们计算解决问题.

在实际中，大量的应用问题都包含有三个以上的变量，因此，需要有由任意多个数组成的向量——n 维向量.

1. n 维向量的定义

定义 1　n 个有次序的数 a_1，a_2，…，a_n 组成的数组称为 n 维向量，这 n 个数称为该向量的分量，第 i 个数 a_i 称为第 i 个分量（或第 i 个坐标）.

分量都为实数的向量称为实向量，分量为复数的向量称为复向量. 本书只讨论实向量.

若分量写成一行 $\boldsymbol{\alpha}^T = (a_1, a_2, \cdots, a_n)$，称为行向量，即 $1\times n$ 矩阵；

若分量写成一列 $\boldsymbol{\alpha} = \begin{pmatrix} a_1 \\ a_2 \\ \vdots \\ a_n \end{pmatrix}$，称为列向量，即 $n\times 1$ 矩阵.

本书中，列向量用黑体小写字母 $\boldsymbol{a}$，$\boldsymbol{b}$，$\boldsymbol{\alpha}$，$\boldsymbol{\beta}$ 等表示，行向量则用 $\boldsymbol{a}^T$，$\boldsymbol{b}^T$，$\boldsymbol{\alpha}^T$，$\boldsymbol{\beta}^T$ 等表示．所讨论的向量在没有指明是行向量还是列向量时，则默认是列向量．（同维数的行、列向量看作是不同的向量）．

例如，n 元线性方程组的解 $x_1=a_1$，$x_2=a_2$，…，$x_n=a_n$，按未知量的顺序构成一个 n 维列向量．

$$\begin{pmatrix} x_1 \\ x_2 \\ \vdots \\ x_n \end{pmatrix} = \begin{pmatrix} a_1 \\ a_2 \\ \vdots \\ a_n \end{pmatrix},$$

称为线性方程组的解向量．

n 维向量是解析几何中向量的推广，但当 $n>3$ 时，n 维向量没有直观的几何意义，只是沿用了几何上的术语．

n 维向量的全体所组成的集合记为 R^n．

2．零向量

分量全为零的向量，称为零向量，记作 $\mathbf{0}$，即

$$\mathbf{0}=(0,\ 0,\ \cdots,\ 0).$$

3．负向量

向量 $\boldsymbol{\alpha}=(a_1,\ a_2,\ \cdots,\ a_n)$ 的各分量的相反数所组成的向量，称为 $\boldsymbol{\alpha}$ 的负向量，记为 $-\boldsymbol{\alpha}$，即 $-\boldsymbol{\alpha}=(-a_1,\ -a_2,\ \cdots,\ -a_n)$．

4．向量的相等

设 n 维向量 $\boldsymbol{\alpha}=(a_1,\ a_2,\ \cdots,\ a_n)$，$\boldsymbol{\beta}=(b_1,\ b_2,\ \cdots,\ b_n)$，若 $a_i=b_i$ $(i=1,\ 2,\ \cdots,\ n)$，则称向量 $\boldsymbol{\alpha}$ 与 $\boldsymbol{\beta}$ 相等，记为 $\boldsymbol{\alpha}=\boldsymbol{\beta}$．

5．向量组

同维数的列向量（或同维数的行向量）所组成的集合称为向量组．

例如，一个 $m\times n$ 矩阵

$$A=\begin{pmatrix} a_{11} & a_{12} & \cdots & a_{1n} \\ a_{21} & a_{22} & \cdots & a_{2n} \\ \vdots & \vdots & \vdots & \vdots \\ a_{m1} & a_{m2} & \cdots & a_{mn} \end{pmatrix}$$

的每一行 $(a_{i1},\ a_{i2},\ \cdots,\ a_{in})(i=1,\ 2,\ \cdots,\ m)$ 都是一个 n 维行向量，那么，A 的 m 个 n 维行向量

$$\boldsymbol{\beta}_i^T=(a_{i1},\ a_{i2},\ \cdots,\ a_{in})(i=1,\ 2,\ \cdots,\ m)$$

组成的向量组 $\boldsymbol{\beta}_1^T$，$\boldsymbol{\beta}_2^T$，…，$\boldsymbol{\beta}_m^T$ 称为矩阵 A 的行向量组．

A 的每一列 $\begin{pmatrix} a_{1j} \\ a_{2j} \\ \vdots \\ a_{mj} \end{pmatrix}$ $(j=1, 2, \cdots, n)$ 都是一个 m 维列向量，那么，A 的 n 个 m 维列向量 $\boldsymbol{\alpha}_j = \begin{pmatrix} a_{1j} \\ a_{2j} \\ \vdots \\ a_{mj} \end{pmatrix}$ $(j=1, 2, \cdots, n)$ 组成的向量组 $\boldsymbol{\alpha}_1, \boldsymbol{\alpha}_2, \cdots, \boldsymbol{\alpha}_n$ 称为矩阵 A 的列向量组.

按分块矩阵记号，有

$$A=(\boldsymbol{\alpha}_1, \boldsymbol{\alpha}_2, \cdots, \boldsymbol{\alpha}_n)=\begin{pmatrix} \boldsymbol{\beta}_1^T \\ \boldsymbol{\beta}_2^T \\ \vdots \\ \boldsymbol{\beta}_m^T \end{pmatrix}.$$

反之，由有限个向量所组成的向量组可以构成一个矩阵. 例如，n 个 m 维列向量组成的向量组 A： $\boldsymbol{\alpha}_1, \boldsymbol{\alpha}_2, \cdots, \boldsymbol{\alpha}_n$ 可以构成一个 $m\times n$ 矩阵 $(\boldsymbol{\alpha}_1, \boldsymbol{\alpha}_2, \cdots, \boldsymbol{\alpha}_n)=A$；$m$ 个 n 维行向量组成的向量组 B：$\boldsymbol{\beta}_1^T, \boldsymbol{\beta}_2^T, \cdots, \boldsymbol{\beta}_m^T$ 可以构成一个 $m\times n$ 矩阵

$$\begin{pmatrix} \boldsymbol{\beta}_1^T \\ \boldsymbol{\beta}_2^T \\ \vdots \\ \boldsymbol{\beta}_m^T \end{pmatrix}=B.$$

由此可知，矩阵与向量组是一一对应的关系.

4.1.2 n 维向量的线性运算

1. n 维向量的加法与数乘

因为 n 维列向量是 $n\times 1$ 矩阵，n 维行向量是 $1\times n$ 矩阵，所以矩阵的加法和数乘运算及运算规律，都适用于 n 维向量的运算.

设 $\boldsymbol{\alpha}=(a_1, a_2, \cdots, a_n)$，$\boldsymbol{\beta}=(b_1, b_2, \cdots, b_n)$，$k$ 为任意实数，则

$$\boldsymbol{\alpha}+\boldsymbol{\beta}=(a_1+b_1, a_2+b_2, \cdots, a_n+b_n), \quad k\boldsymbol{\alpha}=(ka_1, ka_2, \cdots, ka_n).$$

2. n 维向量的加法与数乘的运算规律

（1）$\boldsymbol{\alpha}+\boldsymbol{\beta}=\boldsymbol{\beta}+\boldsymbol{\alpha}$；

（2）$(\boldsymbol{\alpha}+\boldsymbol{\beta})+\boldsymbol{\gamma}=\boldsymbol{\alpha}+(\boldsymbol{\beta}+\boldsymbol{\gamma})$；

（3）$\boldsymbol{\alpha}+\mathbf{0}=\mathbf{0}+\boldsymbol{\alpha}$；

（4）$\boldsymbol{\alpha}+(-\boldsymbol{\alpha})=\mathbf{0}$；

（5）$1\cdot\boldsymbol{\alpha}=\boldsymbol{\alpha}$；

（6）$(kl)\boldsymbol{\alpha}=k(l\boldsymbol{\alpha})$；

（7）$(k+l)\boldsymbol{\alpha}=k\boldsymbol{\alpha}+l\boldsymbol{\alpha}$；

（8）$k(\boldsymbol{\alpha}+\boldsymbol{\beta})=k\boldsymbol{\alpha}+k\boldsymbol{\beta}$.

其中k，$l\in\mathbf{R}$.

利用向量的运算，对于方程组$A\boldsymbol{x}=\boldsymbol{b}$，

记$A=(\boldsymbol{\alpha}_1,\ \boldsymbol{\alpha}_2,\ \cdots,\ \boldsymbol{\alpha}_n)$，其中$\boldsymbol{\alpha}_j=\begin{pmatrix}a_{1j}\\a_{2j}\\\vdots\\a_{mj}\end{pmatrix}$ $(j=1,\ 2,\ \cdots,\ n)$，$\boldsymbol{x}=\begin{pmatrix}x_1\\x_2\\\vdots\\x_n\end{pmatrix}$，$\boldsymbol{b}=\begin{pmatrix}b_1\\b_2\\\vdots\\b_m\end{pmatrix}$，

则$A\boldsymbol{x}=\boldsymbol{b}\Leftrightarrow x_1\boldsymbol{\alpha}_1+x_2\boldsymbol{\alpha}_2+\cdots+x_n\boldsymbol{\alpha}_n=\boldsymbol{b}\Leftrightarrow(\boldsymbol{\alpha}_1,\ \boldsymbol{\alpha}_2,\ \cdots,\ \boldsymbol{\alpha}_n)\boldsymbol{x}=\boldsymbol{b}$.

4.1.3 向量组的线性组合与线性表示

定义 2 给定向量组A：$\boldsymbol{\alpha}_1$，$\boldsymbol{\alpha}_2$，$\cdots$，$\boldsymbol{\alpha}_m$，对于任何一组实数k_1，k_2，$\cdots$，k_m，表达式

$$k_1\boldsymbol{\alpha}_1+k_2\boldsymbol{\alpha}_2+\cdots+k_m\boldsymbol{\alpha}_m$$

称为向量组A的一个线性组合，k_1，k_2，$\cdots$，k_m称为该线性组合的系数.

给定向量组A：$\boldsymbol{\alpha}_1$，$\boldsymbol{\alpha}_2$，$\cdots$，$\boldsymbol{\alpha}_m$和向量$\boldsymbol{\beta}$，如果存在一组实数k_1，k_2，$\cdots$，k_m，使

$$\boldsymbol{\beta}=k_1\boldsymbol{\alpha}_1+k_2\boldsymbol{\alpha}_2+\cdots+k_m\boldsymbol{\alpha}_m，$$

则称向量$\boldsymbol{\beta}$是向量组A的线性组合，或称向量$\boldsymbol{\beta}$可由向量组A线性表示.

向量$\boldsymbol{\beta}$能由向量组A线性表示，也就是方程组$x_1\boldsymbol{\alpha}_1+x_2\boldsymbol{\alpha}_2+\cdots+x_m\boldsymbol{\alpha}_m=\boldsymbol{\beta}$，即$A\boldsymbol{x}=\boldsymbol{\beta}$有解. 由上章定理立即可得：

定理 1 向量$\boldsymbol{\beta}$能由向量组A：$\boldsymbol{\alpha}_1$，$\boldsymbol{\alpha}_2$，$\cdots$，$\boldsymbol{\alpha}_m$线性表示的充分必要条件是矩阵$A=(\boldsymbol{\alpha}_1,\ \boldsymbol{\alpha}_2,\ \cdots,\ \boldsymbol{\alpha}_m)$的秩等于矩阵$B=(\boldsymbol{\alpha}_1,\ \boldsymbol{\alpha}_2,\ \cdots,\ \boldsymbol{\alpha}_m,\ \boldsymbol{\beta})$的秩.

注意：

（1）若$\boldsymbol{x}=\begin{pmatrix}k_1\\k_2\\\vdots\\k_m\end{pmatrix}$为方程组$A\boldsymbol{x}=\boldsymbol{\beta}$的解，则$\boldsymbol{\beta}=k_1\boldsymbol{\alpha}_1+k_2\boldsymbol{\alpha}_2+\cdots+k_m\boldsymbol{\alpha}_m$；若向量$\boldsymbol{\beta}$能由向量组$A$：$\boldsymbol{\alpha}_1$，$\boldsymbol{\alpha}_2$，$\cdots$，$\boldsymbol{\alpha}_m$线性表示，表示式为$\boldsymbol{\beta}=k_1\boldsymbol{\alpha}_1+k_2\boldsymbol{\alpha}_2+\cdots+k_m\boldsymbol{\alpha}_m$，则$\boldsymbol{x}=\begin{pmatrix}k_1\\k_2\\\vdots\\k_m\end{pmatrix}$为方程组$A\boldsymbol{x}=\boldsymbol{\beta}$的解；

（2）向量$\boldsymbol{\beta}$能由向量组A：$\boldsymbol{\alpha}_1$，$\boldsymbol{\alpha}_2$，…，$\boldsymbol{\alpha}_m$唯一线性表示$\Leftrightarrow$方程组$A\boldsymbol{x}=\boldsymbol{\beta}$有唯一解$\Leftrightarrow$矩阵$A=(\boldsymbol{\alpha}_1, \boldsymbol{\alpha}_2, \cdots, \boldsymbol{\alpha}_m)$的秩 = 矩阵$B=(\boldsymbol{\alpha}_1, \boldsymbol{\alpha}_2, \cdots, \boldsymbol{\alpha}_m, \boldsymbol{\beta})$的秩 = $\boldsymbol{\alpha}_1$，$\boldsymbol{\alpha}_2$，…，$\boldsymbol{\alpha}_m$的个数m. 即$R(A)=R(B)=m$.

例 1 设$\boldsymbol{\alpha}_1=(1, 2, 3)^T$，$\boldsymbol{\alpha}_2=(2, 3, 1)^T$，$\boldsymbol{\alpha}_3=(3, 1, 2)^T$，$\boldsymbol{\beta}=(0, 4, 2)^T$，试问$\boldsymbol{\beta}$能否由$\boldsymbol{\alpha}_1$，$\boldsymbol{\alpha}_2$，$\boldsymbol{\alpha}_3$线性表示？若能，写出具体的表示式.

解法 1 令$\boldsymbol{\beta}=k_1\boldsymbol{\alpha}_1+k_2\boldsymbol{\alpha}_2+k_3\boldsymbol{\alpha}_3$，

即
$$\begin{pmatrix}0\\4\\2\end{pmatrix}=k_1\begin{pmatrix}1\\2\\3\end{pmatrix}+k_2\begin{pmatrix}2\\3\\1\end{pmatrix}+k_3\begin{pmatrix}3\\1\\2\end{pmatrix}.$$

由此得线性方程组
$$\begin{cases}k_1+2k_2+3k_3=0,\\2k_1+3k_2+k_3=4,\\3k_1+k_2+2k_3=2.\end{cases}$$

因为
$$D=\begin{vmatrix}1&2&3\\2&3&1\\3&1&2\end{vmatrix}=-18\neq 0,$$

由克莱姆法则，求出$k_1=1$，$k_2=1$，$k_3=-1$，

所以 $\boldsymbol{\beta}=\boldsymbol{\alpha}_1+\boldsymbol{\alpha}_2-\boldsymbol{\alpha}_3$.

即 $\boldsymbol{\beta}$能由$\boldsymbol{\alpha}_1$，$\boldsymbol{\alpha}_2$，$\boldsymbol{\alpha}_3$线性表示.

解法 2 矩阵$B=(\boldsymbol{\alpha}_1, \boldsymbol{\alpha}_2, \boldsymbol{\alpha}_3, \boldsymbol{\beta})=\begin{pmatrix}1&2&3&0\\2&3&1&4\\3&1&2&2\end{pmatrix}\to\begin{pmatrix}1&0&0&1\\0&1&0&1\\0&0&1&-1\end{pmatrix}$，

$R(A)=R(B)=3$.

所以$\boldsymbol{\beta}$能由$\boldsymbol{\alpha}_1$，$\boldsymbol{\alpha}_2$，$\boldsymbol{\alpha}_3$唯一线性表示.

又方程组的解为$\boldsymbol{x}=\begin{pmatrix}1\\1\\-1\end{pmatrix}$，从而，$\boldsymbol{\beta}=\boldsymbol{\alpha}_1+\boldsymbol{\alpha}_2-\boldsymbol{\alpha}_3$.

例 2 设$\boldsymbol{\alpha}=(2, -3, 0)$，$\boldsymbol{\beta}=(0, -1, 2)$，$\boldsymbol{\gamma}=(0, -7, -4)$，试问向量$\boldsymbol{\gamma}$能否由$\boldsymbol{\alpha}$，$\boldsymbol{\beta}$线性表示？

解 $B=(A, \boldsymbol{\gamma}^T)=(\boldsymbol{\alpha}^T, \boldsymbol{\beta}^T, \boldsymbol{\gamma}^T)=\begin{pmatrix}2&0&0\\-3&-1&-7\\0&2&-4\end{pmatrix}\to\begin{pmatrix}1&0&0\\0&1&0\\0&0&1\end{pmatrix}$.

因为$R(A)=2$，$R(B)=3$，所以，$\boldsymbol{\gamma}$不能由$\boldsymbol{\alpha}$，$\boldsymbol{\beta}$线性表示.

4.1.4 向量组的等价

定义 3 设两个向量组 A： $\boldsymbol{\alpha}_1,\boldsymbol{\alpha}_2,\cdots,\boldsymbol{\alpha}_r$，

$$B：\boldsymbol{\beta}_1,\boldsymbol{\beta}_2,\cdots,\boldsymbol{\beta}_s .$$

若向量组 A 中的每个向量都可由向量组 B 线性表示，则称向量组 A 可由向量组 B 线性表示；若向量组 A 与向量组 B 能相互线性表示，则称这两个向量组等价.

设向量组 A 可由向量组 B 线性表示，即

$$\begin{cases}\boldsymbol{\alpha}_1 = k_{11}\boldsymbol{\beta}_1 + k_{21}\boldsymbol{\beta}_2 + \cdots + k_{s1}\boldsymbol{\beta}_s, \\ \boldsymbol{\alpha}_2 = k_{12}\boldsymbol{\beta}_1 + k_{22}\boldsymbol{\beta}_2 + \cdots + k_{s2}\boldsymbol{\beta}_s, \\ \qquad\vdots \\ \boldsymbol{\alpha}_r = k_{1r}\boldsymbol{\beta}_1 + k_{2r}\boldsymbol{\beta}_2 + \cdots + k_{sr}\boldsymbol{\beta}_s.\end{cases}$$

由矩阵乘法，得矩阵形式为

$$(\boldsymbol{\alpha}_1,\ \boldsymbol{\alpha}_2,\ \cdots,\ \boldsymbol{\alpha}_r) = (\boldsymbol{\beta}_1,\ \boldsymbol{\beta}_2,\ \cdots,\ \boldsymbol{\beta}_s)\begin{pmatrix} k_{11} & k_{12} & \cdots & k_{1r} \\ k_{21} & k_{22} & \cdots & k_{2r} \\ \vdots & \vdots & \vdots & \vdots \\ k_{s1} & k_{s2} & \cdots & k_{sr}\end{pmatrix}.$$

$$A = BK .$$

其中

$$A = (\boldsymbol{\alpha}_1,\ \boldsymbol{\alpha}_2,\ \cdots,\ \boldsymbol{\alpha}_r),$$
$$B = (\boldsymbol{\beta}_1,\ \boldsymbol{\beta}_2,\ \cdots,\ \boldsymbol{\beta}_s),$$
$$K = \begin{pmatrix} k_{11} & k_{12} & \cdots & k_{1r} \\ k_{21} & k_{22} & \cdots & k_{2r} \\ \vdots & \vdots & \vdots & \vdots \\ k_{s1} & k_{s2} & \cdots & k_{sr}\end{pmatrix}.$$

从而，向量组 A 可由向量组 B 线性表示，也就是矩阵方程 $A = BX$ 有解．于是有：

定理 2 向量组 B: $\boldsymbol{\beta}_1$，$\boldsymbol{\beta}_2$，$\cdots$，$\boldsymbol{\beta}_s$ 能由向量组 A: $\boldsymbol{\alpha}_1$，$\boldsymbol{\alpha}_2$，$\cdots$，$\boldsymbol{\alpha}_r$ 线性表示的充分必要条件是矩阵 $A = (\boldsymbol{\alpha}_1,\ \boldsymbol{\alpha}_2,\ \cdots,\ \boldsymbol{\alpha}_r)$ 的秩等于矩阵 $(A,\ B) = (\boldsymbol{\alpha}_1,\ \boldsymbol{\alpha}_2,\ \cdots,\ \boldsymbol{\alpha}_r,\ \boldsymbol{\beta}_1,\ \boldsymbol{\beta}_2,\ \cdots,\ \boldsymbol{\beta}_s)$ 的秩．即

$$R(A) = R(A,\ B) .$$

推论 向量组 A: $\boldsymbol{\alpha}_1$，$\boldsymbol{\alpha}_2$，$\cdots$，$\boldsymbol{\alpha}_r$ 与向量组 B: $\boldsymbol{\beta}_1$，$\boldsymbol{\beta}_2$，$\cdots$，$\boldsymbol{\beta}_s$ 等价的充分必要条件是

$$R(A) = R(B) = R(A,\ B) .$$

向量组的等价具有下列三个性质：

（1）自反性：向量组 A 与自身等价；

（2）对称性：若向量组 A 与向量组 B 等价，则向量组 B 与向量组 A 等价；

（3）传递性：若向量组 A 与向量组 B 等价，向量组 B 与向量组 C 等价，则

向量组 A 与向量组 C 等价.

在数学中，把具有上述三个性质的关系称为等价关系.

4.2 向量组的线性相关性

4.2.1 线性相关与线性无关的定义

向量 $\boldsymbol{\beta}$ 可由向量组 A：$\boldsymbol{\alpha}_1, \boldsymbol{\alpha}_2, \cdots, \boldsymbol{\alpha}_m$ 线性表示，说明向量组 B：$\boldsymbol{\beta}, \boldsymbol{\alpha}_1, \boldsymbol{\alpha}_2, \cdots, \boldsymbol{\alpha}_m$ 中有一个向量能由其余向量线性表示，而向量组

$$\boldsymbol{e}_1 = \begin{pmatrix} 1 \\ 0 \\ 0 \end{pmatrix}, \boldsymbol{e}_2 = \begin{pmatrix} 0 \\ 1 \\ 0 \end{pmatrix}, \boldsymbol{e}_3 = \begin{pmatrix} 0 \\ 0 \\ 1 \end{pmatrix}$$

中任一向量都不能被其他两个向量线性表示．一个向量组中有没有某个向量能由其余向量线性表示，是向量组的一种属性，称为向量组的线性相关性．下面给出向量组线性相关性的定义.

定义 4　设有 n 维向量组 A：$\boldsymbol{\alpha}_1, \boldsymbol{\alpha}_2, \cdots, \boldsymbol{\alpha}_m$，若存在一组不全为零的数 $k_1, k_2, \cdots, k_m$ 使

$$k_1\boldsymbol{\alpha}_1 + k_2\boldsymbol{\alpha}_2 + \cdots + k_m\boldsymbol{\alpha}_m = \boldsymbol{0},$$

则称向量组 A：$\boldsymbol{\alpha}_1, \boldsymbol{\alpha}_2, \cdots, \boldsymbol{\alpha}_m$ 线性相关，否则称为线性无关．换言之，若 A：$\boldsymbol{\alpha}_1, \boldsymbol{\alpha}_2, \cdots, \boldsymbol{\alpha}_m$ 线性无关，则上式当且仅当 $k_1 = k_2 = \cdots = k_m = 0$ 时才成立.

由定义 4 可知，

（1）仅含一个零向量的向量组必线性相关；

（2）仅含一个非零向量的向量组必线性无关；

（3）任何包含零向量在内的向量组必线性相关；

例 3　设向量组 $\boldsymbol{\alpha}_1, \boldsymbol{\alpha}_2, \boldsymbol{\alpha}_3$ 线性无关，$\boldsymbol{\beta}_1 = \boldsymbol{\alpha}_1 + \boldsymbol{\alpha}_2$，$\boldsymbol{\beta}_2 = \boldsymbol{\alpha}_2 + \boldsymbol{\alpha}_3$，$\boldsymbol{\beta}_3 = \boldsymbol{\alpha}_3 + \boldsymbol{\alpha}_1$．证明向量组 $\boldsymbol{\beta}_1, \boldsymbol{\beta}_2, \boldsymbol{\beta}_3$ 也线性无关.

证明　设有一组数 x_1, x_2, x_3，使

$$x_1\boldsymbol{\beta}_1 + x_2\boldsymbol{\beta}_2 + x_3\boldsymbol{\beta}_3 = \boldsymbol{0}.$$

即

$$x_1(\boldsymbol{\alpha}_1 + \boldsymbol{\alpha}_2) + x_2(\boldsymbol{\alpha}_2 + \boldsymbol{\alpha}_3) + x_3(\boldsymbol{\alpha}_3 + \boldsymbol{\alpha}_1) = \boldsymbol{0}.$$

从而有

$$(x_1 + x_3)\boldsymbol{\alpha}_1 + (x_1 + x_2)\boldsymbol{\alpha}_2 + (x_2 + x_3)\boldsymbol{\alpha}_3 = \boldsymbol{0}.$$

已知 $\boldsymbol{\alpha}_1, \boldsymbol{\alpha}_2, \boldsymbol{\alpha}_3$ 线性无关，所以，有

$$\begin{cases} x_1 + x_3 = 0, \\ x_1 + x_2 = 0, \\ x_2 + x_3 = 0. \end{cases}$$

而方程组只有零解

$$x_1 = x_2 = x_3 = 0,$$

所以向量组 $\boldsymbol{\beta}_1$，$\boldsymbol{\beta}_2$，$\boldsymbol{\beta}_3$ 也线性无关．证毕．

4.2.2 向量组线性相关的充分必要条件

定理 3 向量组 A：$\boldsymbol{\alpha}_1$，$\boldsymbol{\alpha}_2$，$\cdots$，$\boldsymbol{\alpha}_m$ 线性相关的充分必要条件是它所构成的矩阵 $A=(\boldsymbol{\alpha}_1, \boldsymbol{\alpha}_2, \cdots, \boldsymbol{\alpha}_m)$ 的秩小于向量个数 m，即 $R(A)<m$；向量组线性无关的充分必要条件是 $R(A)=m$.

由定理 3 可得：

推论 1 n 个 n 维向量线性无关的充分必要条件是它们所构成的方阵的行列式不等于零．

推论 2 m 个 n 维向量组成的向量组，当维数 n 小于向量个数 m（即 $n<m$）时一定线性相关．

例 4 讨论向量组

$$\boldsymbol{\alpha}_1=\begin{pmatrix}2\\3\\1\end{pmatrix}, \boldsymbol{\alpha}_2=\begin{pmatrix}1\\2\\1\end{pmatrix}, \boldsymbol{\alpha}_3=\begin{pmatrix}3\\2\\-1\end{pmatrix}$$

的线性相关性．

解 $A=(\boldsymbol{\alpha}_1, \boldsymbol{\alpha}_2, \boldsymbol{\alpha}_3)=\begin{pmatrix}2&1&3\\3&2&2\\1&1&-1\end{pmatrix}\xrightarrow{r_1\leftrightarrow r_3}\begin{pmatrix}1&1&-1\\3&2&2\\2&1&3\end{pmatrix}$

$$\xrightarrow[r_3-2r_1]{r_2-3r_1}\begin{pmatrix}1&1&-1\\0&-1&5\\0&-1&5\end{pmatrix}\xrightarrow[r_2\times(-1)]{r_3-r_2}\begin{pmatrix}1&1&-1\\0&1&-5\\0&0&0\end{pmatrix}.$$

由于 $R(A)=2<3$，从而 $\boldsymbol{\alpha}_1$，$\boldsymbol{\alpha}_2$，$\boldsymbol{\alpha}_3$ 线性相关．

例 5 n 维向量组

$$\boldsymbol{e}_1=\begin{pmatrix}1\\0\\\vdots\\0\end{pmatrix}, \boldsymbol{e}_2=\begin{pmatrix}0\\1\\\vdots\\0\end{pmatrix}, \cdots, \boldsymbol{e}_n=\begin{pmatrix}0\\0\\\vdots\\1\end{pmatrix}$$

称为 n 维基本单位向量组，讨论它的线性相关性．

解 $$A=(\boldsymbol{e}_1, \boldsymbol{e}_2, \cdots, \boldsymbol{e}_n)=\begin{pmatrix}1&&&\\&1&&\\&&\ddots&\\&&&1\end{pmatrix},$$

由于 $R(A)=n$，所以 $\boldsymbol{e}_1$，$\boldsymbol{e}_2$，$\cdots$，$\boldsymbol{e}_n$ 线性无关．

例 6 讨论下列向量组的线性相关性．

$$\boldsymbol{\alpha}_1=\begin{pmatrix}3\\4\\-2\\5\end{pmatrix},\ \boldsymbol{\alpha}_2=\begin{pmatrix}2\\-5\\0\\-3\end{pmatrix},\ \boldsymbol{\alpha}_3=\begin{pmatrix}5\\0\\-1\\2\end{pmatrix},\ \boldsymbol{\alpha}_4=\begin{pmatrix}3\\3\\-3\\5\end{pmatrix}.$$

解 $A=(\boldsymbol{\alpha}_1,\ \boldsymbol{\alpha}_2,\ \boldsymbol{\alpha}_3,\ \boldsymbol{\alpha}_4)=\begin{pmatrix}3&2&5&3\\4&-5&0&3\\-2&0&-1&-3\\5&-3&2&5\end{pmatrix}\to\begin{pmatrix}1&2&4&0\\0&-1&5&-6\\0&0&1&-1\\0&0&0&0\end{pmatrix}.$

由于 $R(A)=3$，小于向量的个数4，所以，向量组 $\boldsymbol{\alpha}_1$，$\boldsymbol{\alpha}_2$，$\boldsymbol{\alpha}_3$，$\boldsymbol{\alpha}_4$ 线性相关.

定理 4 向量组 $\boldsymbol{\alpha}_1$，$\boldsymbol{\alpha}_2$，…，$\boldsymbol{\alpha}_m$ $(m\geqslant 2)$ 线性相关的充分必要条件是向量组中至少有一个向量可以由其余 $m-1$ 个向量线性表示.

证明 充分性：设向量组 $\boldsymbol{\alpha}_1$，$\boldsymbol{\alpha}_2$，…，$\boldsymbol{\alpha}_m$ 中有一个向量（不妨设 $\boldsymbol{\alpha}_m$）可由其余 $m-1$ 个向量线性表示，即

$$\boldsymbol{\alpha}_m=\lambda_1\boldsymbol{\alpha}_1+\lambda_2\boldsymbol{\alpha}_2+\cdots+\lambda_{m-1}\boldsymbol{\alpha}_{m-1},$$

从而

$$\lambda_1\boldsymbol{\alpha}_1+\lambda_2\boldsymbol{\alpha}_2+\cdots+\lambda_{m-1}\boldsymbol{\alpha}_{m-1}-\boldsymbol{\alpha}_m=0.$$

由于 λ_1，λ_2，…，λ_{m-1}，-1，这 m 个数不全为0（至少 $-1\neq 0$），所以 $\boldsymbol{\alpha}_1$，$\boldsymbol{\alpha}_2$，…，$\boldsymbol{\alpha}_m$ 线性相关.

必要性：设 $\boldsymbol{\alpha}_1$，$\boldsymbol{\alpha}_2$，…，$\boldsymbol{\alpha}_m$ 线性相关，则存在一组不全为零的数 k_1，k_2，…，k_m，使得

$$k_1\boldsymbol{\alpha}_1+k_2\boldsymbol{\alpha}_2+\cdots+k_m\boldsymbol{\alpha}_m=\mathbf{0}.$$

因为 k_1，k_2，…，k_m 中至少有一个不为零，不妨设 $k_1\neq 0$，则有

$$\boldsymbol{\alpha}_1=\left(-\frac{k_2}{k_1}\right)\boldsymbol{\alpha}_2+\left(-\frac{k_3}{k_1}\right)\boldsymbol{\alpha}_3+\cdots+\left(-\frac{k_m}{k_1}\right)\boldsymbol{\alpha}_m.$$

即 $\boldsymbol{\alpha}_1$ 可由 $\boldsymbol{\alpha}_2$，$\boldsymbol{\alpha}_3$，…，$\boldsymbol{\alpha}_m$ 线性表示.

由定理4知，两个向量 $\boldsymbol{\alpha}=(a_1,\ a_2,\ \cdots,\ a_n)$，$\boldsymbol{\beta}=(b_1,\ b_2,\ \cdots,\ b_n)$ 组成的向量组 $\boldsymbol{\alpha}$，$\boldsymbol{\beta}$ 线性相关的充分必要条件是 $\boldsymbol{\alpha}=k\boldsymbol{\beta}$ 或 $\boldsymbol{\beta}=l\boldsymbol{\alpha}$ 中至少有一个成立.

因此，两个向量线性相关的充要条件是它们的对应分量成比例.

4.2.3 线性相关性的判定定理

定理 5 （1）若 $\boldsymbol{\alpha}_1$，$\boldsymbol{\alpha}_2$，…，$\boldsymbol{\alpha}_r$ 线性相关，则 $\boldsymbol{\alpha}_1$，…，$\boldsymbol{\alpha}_r$，$\boldsymbol{\alpha}_{r+1}$，…，$\boldsymbol{\alpha}_m$ 也线性相关；

（2）线性无关向量组的任何部分组必线性无关.

此定理（1）是由向量组部分线性相关，推出整体线性相关（部分相关 $\Rightarrow$ 整体相关）；（2）是由整体线性无关，推出部分线性无关（整体无关 $\Rightarrow$ 部分无关）.

定理 6 设$\boldsymbol{\alpha}_1$，$\boldsymbol{\alpha}_2$，…，$\boldsymbol{\alpha}_m$线性无关，而$\boldsymbol{\alpha}_1$，$\boldsymbol{\alpha}_2$，…，$\boldsymbol{\alpha}_m$，$\boldsymbol{\beta}$线性相关，则$\boldsymbol{\beta}$能由$\boldsymbol{\alpha}_1$，$\boldsymbol{\alpha}_2$，…，$\boldsymbol{\alpha}_m$线性表示，且表示式是唯一的.

证明 因为$\boldsymbol{\alpha}_1$，$\boldsymbol{\alpha}_2$，…，$\boldsymbol{\alpha}_m$，$\boldsymbol{\beta}$线性相关，所以存在一组不全为零的数k_1，…，k_m，k_{m+1}，使

$$k_1\boldsymbol{\alpha}_1+\cdots+k_m\boldsymbol{\alpha}_m+k_{m+1}\boldsymbol{\beta}=\mathbf{0}.$$

假设 $k_{m+1}=0$，则k_1，k_2，…，k_m不全为零，且有

$$k_1\boldsymbol{\alpha}_1+k_2\boldsymbol{\alpha}_2+\cdots+k_m\boldsymbol{\alpha}_m=\mathbf{0}.$$

这与$\boldsymbol{\alpha}_1$，$\boldsymbol{\alpha}_2$，…，$\boldsymbol{\alpha}_m$线性无关矛盾，所以$k_{m+1}\neq 0$，从而

$$\boldsymbol{\beta}=-\frac{k_1}{k_{m+1}}\boldsymbol{\alpha}_1-\frac{k_2}{k_{m+1}}\boldsymbol{\alpha}_2-\cdots-\frac{k_m}{k_{m+1}}\boldsymbol{\alpha}_m.$$

即$\boldsymbol{\beta}$可由$\boldsymbol{\alpha}_1$，$\boldsymbol{\alpha}_2$，…，$\boldsymbol{\alpha}_m$线性表示.

再证表示式的唯一性.

设有两个表示式

$$\boldsymbol{\beta}=\lambda_1\boldsymbol{\alpha}_1+\lambda_2\boldsymbol{\alpha}_2+\cdots+\lambda_m\boldsymbol{\alpha}_m$$

及

$$\boldsymbol{\beta}=\mu_1\boldsymbol{\alpha}_1+\mu_2\boldsymbol{\alpha}_2+\cdots+\mu_m\boldsymbol{\alpha}_m,$$

两式相减，得

$$(\lambda_1-\mu_1)\boldsymbol{\alpha}_1+(\lambda_2-\mu_2)\boldsymbol{\alpha}_2+\cdots+(\lambda_m-\mu_m)\boldsymbol{\alpha}_m=\mathbf{0}.$$

因为$\boldsymbol{\alpha}_1$，$\boldsymbol{\alpha}_2$，…，$\boldsymbol{\alpha}_m$线性无关，所以

$$\lambda_i-\mu_i=0\quad(i=1,\ 2,\ \cdots,\ m),$$

即

$$\lambda_i=\mu_i\quad(i=1,\ 2,\ \cdots,\ m),$$

从而表示式是唯一的.

定理 7 设有两个向量组

A：$\boldsymbol{\alpha}_j=(a_{1j},\ a_{2j},\ \cdots,\ a_{rj})^T\quad(j=1,\ 2,\ \cdots,\ m)$；

B：$\boldsymbol{\beta}_j=(a_{1j},\ a_{2j},\ \cdots,\ a_{rj},\ a_{r+1j})^T\quad(j=1,\ 2,\ \cdots,\ m)$，

即向量$\boldsymbol{\alpha}_j$加上一个分量得到向量$\boldsymbol{\beta}_j$.（1）若向量组A线性无关，则向量组B也线性无关；（2）若向量组B线性相关，则向量组A也线性相关.

证明 我们只证明（2），（1）留给读者证明.

设向量组B线性相关，则存在一组不全为零的数k_1，k_2，…，k_m，使

$$k_1\boldsymbol{\beta}_1+k_2\boldsymbol{\beta}_2+\cdots+k_m\boldsymbol{\beta}_m=\mathbf{0},$$

即

$$k_1\begin{pmatrix}a_{11}\\ \vdots\\ a_{r1}\\ a_{r+11}\end{pmatrix}+k_2\begin{pmatrix}a_{12}\\ \vdots\\ a_{r2}\\ a_{r+12}\end{pmatrix}+\cdots+k_m\begin{pmatrix}a_{1m}\\ \vdots\\ a_{rm}\\ a_{r+1m}\end{pmatrix}=\begin{pmatrix}0\\ \vdots\\ 0\\ 0\end{pmatrix}.$$

取其前 r 个等式，有

$$k_1\begin{pmatrix}a_{11}\\ \vdots\\ a_{r1}\end{pmatrix}+k_2\begin{pmatrix}a_{12}\\ \vdots\\ a_{r2}\end{pmatrix}+\cdots+k_m\begin{pmatrix}a_{1m}\\ \vdots\\ a_{rm}\end{pmatrix}=\begin{pmatrix}0\\ \vdots\\ 0\end{pmatrix}.$$

即

$$k_1\boldsymbol{\alpha}_1+k_2\boldsymbol{\alpha}_2+\cdots+k_m\boldsymbol{\alpha}_m=\mathbf{0},$$

从而证得向量组 $\boldsymbol{\alpha}_1$，$\boldsymbol{\alpha}_2$，…，$\boldsymbol{\alpha}_m$ 线性相关.

由定理 7 的证明过程知，$\boldsymbol{\alpha}_j$ 添上 k 个分量后得到向量 $\boldsymbol{\beta}_j$，结论仍然成立，而且添上的 k 个分量可放在任何位置上.

例如，由 $\boldsymbol{e}_1=(1,\ 0,\ 0)$，$\boldsymbol{e}_2=(0,\ 1,\ 0)$，$\boldsymbol{e}_3=(0,\ 0,\ 1)$ 线性无关，可知向量组

$$\boldsymbol{\alpha}_1=(1,\ 0,\ 0,\ 3,\ 2,\ -1,\ 5),$$
$$\boldsymbol{\alpha}_2=(0,\ 1,\ 0,\ -1,\ -2,\ 1,\ 3),$$
$$\boldsymbol{\alpha}_3=(0,\ 0,\ 1,\ 3,\ 2,\ 1,\ 2)$$

也线性无关.

向量组的线性相关与线性无关的概念可用于线性方程组．当方程组中有某个方程是其余方程的线性组合时，这个方程就是多余方程，此时称方程组（各个方程）是线性相关的；当方程组中没有多余方程，则称该方程组（各个方程）是线性无关（或线性独立）的.

4.3 向量组的秩

4.3.1 向量组的极大无关组与秩的定义

定义 5 设有向量组 A，如果在 A 中能选出 r 个向量 $\boldsymbol{\alpha}_1$，$\boldsymbol{\alpha}_2$，…，$\boldsymbol{\alpha}_r$ 满足

（1）向量组 $\boldsymbol{\alpha}_1$，$\boldsymbol{\alpha}_2$，…，$\boldsymbol{\alpha}_r$ 线性无关；

（2）向量组 A 中任意一个向量都能由 $\boldsymbol{\alpha}_1$，$\boldsymbol{\alpha}_2$，…，$\boldsymbol{\alpha}_r$ 线性表示.

那么称 $\boldsymbol{\alpha}_1$，$\boldsymbol{\alpha}_2$，…，$\boldsymbol{\alpha}_r$ 是向量组 A 的一个极大线性无关组，简称极大无关组；极大线性无关组所含向量的个数 r 称为向量组 A 的秩.

由定义 5 可证明：

（1）只含零向量的向量组没有极大线性无关组，规定它的秩为 0；

（2）任何非零向量组必存在极大无关组；

（3）向量组的极大无关组与向量组本身等价；

（4）线性无关向量组的极大无关组就是其本身（线性无关向量组的秩等于它所含向量的个数）；

（5）向量组的极大无关组一般不是唯一的．但每一个极大无关组所含向量的

个数是唯一的，等于向量组的秩.

如 $\boldsymbol{\alpha}_1=\begin{pmatrix}1\\1\\1\end{pmatrix}$，$\boldsymbol{\alpha}_2=\begin{pmatrix}0\\2\\5\end{pmatrix}$，$\boldsymbol{\alpha}_3=\begin{pmatrix}2\\4\\7\end{pmatrix}$，

因为 $A=(\boldsymbol{\alpha}_1,\ \boldsymbol{\alpha}_2,\ \boldsymbol{\alpha}_3)=\begin{pmatrix}1&0&2\\1&2&4\\1&5&7\end{pmatrix}\xrightarrow[r_3-r_1]{r_2-r_1}\begin{pmatrix}1&0&2\\0&2&2\\0&5&5\end{pmatrix}\xrightarrow[r_3-5r_2]{r_2\times\frac{1}{2}}\begin{pmatrix}1&0&2\\0&1&1\\0&0&0\end{pmatrix}$，

所以 $R(\boldsymbol{\alpha}_1,\ \boldsymbol{\alpha}_2,\ \boldsymbol{\alpha}_3)=R(A)=2$，又 $R(\boldsymbol{\alpha}_1,\ \boldsymbol{\alpha}_2)=2$，$R(\boldsymbol{\alpha}_1,\ \boldsymbol{\alpha}_3)=2$，$R(\boldsymbol{\alpha}_2,\ \boldsymbol{\alpha}_3)=2$，从而，$\boldsymbol{\alpha}_1$，$\boldsymbol{\alpha}_2$ 与 $\boldsymbol{\alpha}_1$，$\boldsymbol{\alpha}_3$ 及 $\boldsymbol{\alpha}_2$，$\boldsymbol{\alpha}_3$ 都是向量组 $\boldsymbol{\alpha}_1$，$\boldsymbol{\alpha}_2$，$\boldsymbol{\alpha}_3$ 的极大无关组.

例 7 求由全体 n 维向量构成的向量组 R^n 的一个极大无关组及其秩.

解 因为 n 维单位向量组 $\boldsymbol{e}_1=(1,\ 0,\ \cdots,\ 0)^T$，$\boldsymbol{e}_2=(0,\ 1,\ \cdots,\ 0)^T$，$\cdots$，$\boldsymbol{e}_n=(0,\ 0,\ \cdots,\ 1)^T$ 线性无关，而 R^n 中的任意一个向量（$\boldsymbol{\alpha}=(a_1,\ a_2,\ \cdots,\ a_n)^T=a_1\boldsymbol{e}_1+a_2\boldsymbol{e}_2+\cdots+a_n\boldsymbol{e}_n$）都可由 $\boldsymbol{e}_1$，$\boldsymbol{e}_2$，$\cdots$，$\boldsymbol{e}_n$ 线性表示．因此，向量组 $\boldsymbol{e}_1$，$\boldsymbol{e}_2$，$\cdots$，$\boldsymbol{e}_n$ 是 R^n 的一个极大无关组，且 R^n 的秩等于 n.

显然，R^n 的极大无关组很多，任意 n 个线性无关的 n 维向量构成的向量组都是 R^n 的极大无关组.

求向量组的极大无关组的意义之一在于：当用向量组表示方程组时，其极大无关组表示方程组中那些独立的方程，而独立的方程构成的方程组与原方程组同解.

4.3.2 向量组的秩与矩阵的秩的关系

对于只含有有限个向量的向量组 A: $\boldsymbol{\alpha}_1$，$\boldsymbol{\alpha}_2$，$\cdots$，$\boldsymbol{\alpha}_m$，它可以构成矩阵 $A=(\boldsymbol{\alpha}_1,\ \boldsymbol{\alpha}_2,\ \cdots,\ \boldsymbol{\alpha}_m)$；而一个矩阵 A 可以看作是它的行向量组构成的，也可以看作是它的列向量组构成的．我们可以求矩阵的秩，矩阵的列向量组的秩和矩阵的行向量组的秩．它们三者有如下的关系：

定理 8 矩阵的秩等于它的列向量组的秩，也等于它的行向量组的秩.

证明 设 $A=(\boldsymbol{\alpha}_1,\ \boldsymbol{\alpha}_2,\ \cdots,\ \boldsymbol{\alpha}_m)$，$R(A)=r$，并设 r 阶子式 $D_r\neq 0$，根据定理 3，D_r 所在的 r 列线性无关；又由 A 中所有 $r+1$ 阶子式均为零，知 A 中任意 $r+1$ 个列向量都线性相关．因此，D_r 所在的 r 列是 A 的列向量组的一个极大无关组，所以列向量组的秩等于 r.

类似可证矩阵 A 的行向量组的秩也等于 $R(A)$.

向量组 $\boldsymbol{\alpha}_1$，$\boldsymbol{\alpha}_2$，$\cdots$，$\boldsymbol{\alpha}_m$ 的秩通常记作 $R(\boldsymbol{\alpha}_1,\ \boldsymbol{\alpha}_2,\ \cdots,\ \boldsymbol{\alpha}_m)$.

从上述证明可知：若 D_r 是矩阵 A 的一个最高阶非零子式，则 D_r 所在的 r 列即是列向量组的一个极大无关组，D_r 所在的 r 行即是行向量组的一个极大无关组.

4.3.3 利用初等行变换求向量组的秩与极大无关组

由定理 8 知，求一个向量组的秩，可以转化为求以这个向量组为行向量或列向量构成的矩阵的秩，而矩阵的秩很容易通过初等变换求得，因此也可以用初等变换求向量组的秩.

如果要求向量组的秩并找极大无关组，需要将所讨论的 n 维向量组 $\boldsymbol{\alpha}_1, \boldsymbol{\alpha}_2, \cdots, \boldsymbol{\alpha}_m$ 的每一个向量作为矩阵的列写成一个 n 行 m 列的矩阵 $A=(\boldsymbol{\alpha}_1, \boldsymbol{\alpha}_2, \cdots, \boldsymbol{\alpha}_m)$，并对此矩阵施行初等行变换，化为行阶梯形矩阵，其非零行的行数就是矩阵的秩，也是向量组的秩（当然也是极大无关组所含向量的个数）；行阶梯形矩阵的每一个非零行的第一个非零元所在的列对应的向量构成的向量组就是向量组的一个极大无关组.

求向量组的极大无关组时，如果所给的是行向量组，那么也要按列排成矩阵再做初等行变换.

例 8 求向量组 $\boldsymbol{\alpha}_1=\begin{pmatrix}1\\4\\1\\0\\2\end{pmatrix}$，$\boldsymbol{\alpha}_2=\begin{pmatrix}2\\5\\-1\\-3\\2\end{pmatrix}$，$\boldsymbol{\alpha}_3=\begin{pmatrix}-1\\2\\5\\6\\2\end{pmatrix}$，$\boldsymbol{\alpha}_4=\begin{pmatrix}0\\2\\2\\-1\\0\end{pmatrix}$ 的秩及一个极大无关组.

解 将向量组构成矩阵 A，进行初等行变换，

$$A=(\boldsymbol{\alpha}_1, \boldsymbol{\alpha}_2, \boldsymbol{\alpha}_3, \boldsymbol{\alpha}_4)=\begin{pmatrix}1&2&-1&0\\4&5&2&2\\1&-1&5&2\\0&-3&6&-1\\2&2&2&0\end{pmatrix}$$

$$\xrightarrow[r_5-2r_1]{\substack{r_2-4r_1\\r_3-r_1}}\begin{pmatrix}1&2&-1&0\\0&-3&6&2\\0&-3&6&2\\0&-3&6&-1\\0&-2&4&0\end{pmatrix}\xrightarrow[\substack{r_4\times(-\frac{1}{3})\\r_3+3r_2\\r_3\times\frac{1}{2}\\r_4-r_3}]{\substack{r_5\times\frac{1}{2}\\r_2\leftrightarrow r_5\\r_4-r_3\\r_5-r_3}}\begin{pmatrix}1&2&-1&0\\0&-1&2&0\\0&0&0&1\\0&0&0&0\\0&0&0&0\end{pmatrix}.$$

故 $R(A)=3$，从而向量组 $\boldsymbol{\alpha}_1, \boldsymbol{\alpha}_2, \boldsymbol{\alpha}_3, \boldsymbol{\alpha}_4$ 的秩为 3，$\boldsymbol{\alpha}_1, \boldsymbol{\alpha}_2, \boldsymbol{\alpha}_4$ 为其一极大无关组.

例 9 求向量组 $\boldsymbol{\alpha}_1=(-1, 1, 4, 3)$，$\boldsymbol{\alpha}_2=(1, 1, -6, 6)$，$\boldsymbol{\alpha}_3=(0, -2, 2, 9)$，$\boldsymbol{\alpha}_4=(1, 1, -2, 7)$，$\boldsymbol{\alpha}_5=(-4, 4, 4, 9)$ 的一个极大无关组.

解 将向量组按列排成矩阵 A，用初等行变换将 A 化为行阶梯形矩阵.

$$A=(\boldsymbol{\alpha}_1^T,\ \boldsymbol{\alpha}_2^T,\ \boldsymbol{\alpha}_3^T,\ \boldsymbol{\alpha}_4^T,\ \boldsymbol{\alpha}_5^T)=\begin{pmatrix}-1&1&0&1&-4\\1&1&-2&1&4\\4&-6&2&-2&4\\3&6&-9&7&9\end{pmatrix}$$

$$\xrightarrow[\substack{r_3-4r_1\\r_4-3r_1\\r_3\times\frac{1}{2}}]{\substack{r_1\leftrightarrow r_2\\r_2+2r_1}}\begin{pmatrix}1&1&-2&1&4\\0&2&-2&2&0\\0&-5&5&-3&-6\\0&3&-3&4&-3\end{pmatrix}\xrightarrow[\substack{r_3+5r_2\\r_4-3r_2}]{r_2\times\frac{1}{2}}\begin{pmatrix}1&1&-2&1&4\\0&1&-1&1&0\\0&0&0&2&-6\\0&0&0&1&-3\end{pmatrix}$$

$$\xrightarrow[r_4-r_3]{r_3\times\frac{1}{2}}\begin{pmatrix}1&1&-2&1&4\\0&1&-1&1&0\\0&0&0&1&-3\\0&0&0&0&0\end{pmatrix}.$$

故 $R(\boldsymbol{\alpha}_1,\ \boldsymbol{\alpha}_2,\ \boldsymbol{\alpha}_3,\ \boldsymbol{\alpha}_4,\ \boldsymbol{\alpha}_5)=3$，$\boldsymbol{\alpha}_1,\ \boldsymbol{\alpha}_2,\ \boldsymbol{\alpha}_4$ 是 $\boldsymbol{\alpha}_1,\ \boldsymbol{\alpha}_2,\ \boldsymbol{\alpha}_3,\ \boldsymbol{\alpha}_4,\ \boldsymbol{\alpha}_5$ 的一个极大无关组.

如果要求将其余的向量用所求的极大无关组线性表示，则需要将 A 化为行最简形矩阵.

例 10 求向量组 $\boldsymbol{\alpha}_1=\begin{pmatrix}2\\3\\1\\4\end{pmatrix}$，$\boldsymbol{\alpha}_2=\begin{pmatrix}1\\-1\\3\\-3\end{pmatrix}$，$\boldsymbol{\alpha}_3=\begin{pmatrix}3\\2\\4\\1\end{pmatrix}$，$\boldsymbol{\alpha}_4=\begin{pmatrix}-1\\0\\-2\\1\end{pmatrix}$ 的一个极大无关组，并将其余的向量用所求的极大无关组线性表示.

解 因为

$$A=(\boldsymbol{\alpha}_1,\ \boldsymbol{\alpha}_2,\ \boldsymbol{\alpha}_3,\ \boldsymbol{\alpha}_4)=\begin{pmatrix}2&1&3&-1\\3&-1&2&0\\1&3&4&-2\\4&-3&1&1\end{pmatrix}$$

$$\xrightarrow{r_1\leftrightarrow r_3}\begin{pmatrix}1&3&4&-2\\3&-1&2&0\\2&1&3&-1\\4&-3&1&1\end{pmatrix}\xrightarrow[\substack{r_3-2r_1\\r_4-4r_1\\r_4\times\frac{1}{3}}]{r_2-3r_1}\begin{pmatrix}1&3&4&-2\\0&-10&-10&6\\0&-5&-5&3\\0&-5&-5&3\end{pmatrix}$$

$$\xrightarrow[\substack{r_3-5r_2\\r_4-5r_2}]{r_2\times(-\frac{1}{10})}\begin{pmatrix}1&3&4&-2\\0&1&1&-\frac{3}{5}\\0&0&0&0\\0&0&0&0\end{pmatrix}\xrightarrow{r_1-3r_2}\begin{pmatrix}1&0&1&-\frac{1}{5}\\0&1&1&-\frac{3}{5}\\0&0&0&0\\0&0&0&0\end{pmatrix}.$$

所以，$\boldsymbol{\alpha}_1$，$\boldsymbol{\alpha}_2$ 为向量组的一个极大无关组，且 $\boldsymbol{\alpha}_3=\boldsymbol{\alpha}_1+\boldsymbol{\alpha}_2$，$\boldsymbol{\alpha}_4=-\frac{1}{5}\boldsymbol{\alpha}_1-\frac{3}{5}\boldsymbol{\alpha}_2$.

4.4 线性方程组的解的结构

在上一章，我们知道了可以利用矩阵的初等行变换解线性方程组，并建立了两个重要定理，即

（1）n 个未知数的齐次线性方程组 $A\boldsymbol{x}=\boldsymbol{0}$ 有非零解的充分必要条件是系数矩阵的秩 $R(A)<n$；

（2）n 个未知数的非齐次线性方程组 $A\boldsymbol{x}=\boldsymbol{b}$ 有解的充分必要条件是系数矩阵 A 的秩等于增广矩阵 B 的秩，且当 $R(A)=R(B)=n$ 时方程组有唯一解，当 $R(A)=R(B)<n$ 时方程组有无穷多解.

下面我们用向量组线性相关性的理论来讨论线性方程组的解的结构.

4.4.1 齐次线性方程组的解的结构

设有齐次线性方程组

$$\begin{cases} a_{11}x_1+a_{12}x_2+\cdots+a_{1n}x_n=0, \\ a_{21}x_1+a_{22}x_2+\cdots+a_{2n}x_n=0, \\ \qquad\vdots \\ a_{m1}x_1+a_{m2}x_2+\cdots+a_{mn}x_n=0, \end{cases} \tag{1}$$

记 $A=\begin{pmatrix} a_{11} & a_{12} & \cdots & a_{1n} \\ a_{21} & a_{22} & \cdots & a_{2n} \\ \vdots & \vdots & \vdots & \vdots \\ a_{m1} & a_{m2} & \cdots & a_{mn} \end{pmatrix}$，$\boldsymbol{x}=\begin{pmatrix} x_1 \\ x_2 \\ \vdots \\ x_n \end{pmatrix}$，则（1）式可以写成向量方程

$$A\boldsymbol{x}=\boldsymbol{0}. \tag{2}$$

若 $x_1=\xi_{11}$，$x_2=\xi_{21}$，$\cdots$，$x_n=\xi_{n1}$，为（1）的解，则

$$\boldsymbol{x}=\boldsymbol{\xi}_1=\begin{pmatrix} \xi_{11} \\ \xi_{21} \\ \vdots \\ \xi_{n1} \end{pmatrix},$$

称为方程组（1）的解向量，它也就是向量方程（2）的解.

根据向量方程（2），我们来讨论解向量的性质.

性质 1 若 $\boldsymbol{x}=\boldsymbol{\xi}_1$，$\boldsymbol{x}=\boldsymbol{\xi}_2$ 为（2）的解，则 $\boldsymbol{x}=\boldsymbol{\xi}_1+\boldsymbol{\xi}_2$ 仍为（2）的解.

原因：$A(\xi_1+\xi_2)=A\xi_1+A\xi_2=\boldsymbol{0}+\boldsymbol{0}=\boldsymbol{0}$.

性质 2 若 $\boldsymbol{x}=\boldsymbol{\xi}_1$ 为（2）的解，k 为实数，则 $\boldsymbol{x}=k\boldsymbol{\xi}_1$ 仍为（2）的解.

实因：$A(k\xi_1)=k(A\xi_1)=k\boldsymbol{0}=\boldsymbol{0}$.

把方程组（2）的全体解所组成的集合记作 S，称为（2）的解向量组，如果能找

到解向量组 S 的一个极大无关组 S_0：ξ_1，ξ_2，…，ξ_t，则方程组（2）的任一解都可由极大无关组 S_0 线性表示；另一方面，由上述性质可知，极大无关组 S_0 的任何线性组合

$$\boldsymbol{x}=k_1\xi_1+k_2\xi_2+\cdots+k_t\xi_t$$

都是方程组（2）的解，因此上式就是（2）的通解．

齐次线性方程组的解向量组的极大无关组称为该齐次线性方程组的基础解系．由上面的讨论，要求齐次线性方程组的通解，只需求出它的基础解系．

上一章利用初等行变换求出了线性方程组的解，下面用同一种方法求齐次线性方程组的基础解系．

设方程组（1）的系数矩阵 A 的秩为 r，并不妨设 A 的前 r 列向量线性无关，于是 A 的行最简型矩阵为

$$B=\begin{pmatrix} 1 & \cdots & 0 & b_{11} & \cdots & b_{1,n-r} \\ \vdots & & \vdots & & \cdots & \\ 0 & \cdots & 1 & b_{r1} & & b_{r,n-r} \\ 0 & & & \cdots & & 0 \\ \vdots & & & & & \vdots \\ 0 & & & \cdots & & 0 \end{pmatrix},$$

与 B 对应，即有同解方程组

$$\begin{cases} x_1=-b_{11}x_{r+1}-\cdots-b_{1,n-r}x_n, \\ \qquad\vdots \\ x_r=-b_{r1}x_{r+1}-\cdots-b_{r,n-r}x_n, \end{cases}$$

把 x_{r+1}，…，x_n 作为自由未知数，并令它们依次等于 c_1，…，c_{n-r}，可得方程组（1）的通解为

$$\begin{pmatrix} x_1 \\ \vdots \\ x_r \\ x_{r+1} \\ x_{r+2} \\ \vdots \\ x_n \end{pmatrix}=c_1\begin{pmatrix} -b_{11} \\ \vdots \\ -b_{r1} \\ 1 \\ 0 \\ \vdots \\ 0 \end{pmatrix}+c_2\begin{pmatrix} -b_{12} \\ \vdots \\ -b_{r2} \\ 0 \\ 1 \\ \vdots \\ 0 \end{pmatrix}+\cdots+c_{n-r}\begin{pmatrix} -b_{1,n-r} \\ \vdots \\ -b_{r,n-r} \\ 0 \\ 0 \\ \vdots \\ 1 \end{pmatrix},$$

把上式记作

$$\boldsymbol{x}=c_1\boldsymbol{\xi}_1+c_2\boldsymbol{\xi}_2+\cdots+c_{n-r}\boldsymbol{\xi}_{n-r},$$

可知，解向量组 S 中的任一向量 $\boldsymbol{x}$ 能由 $\boldsymbol{\xi}_1$，$\boldsymbol{\xi}_2$，…，$\boldsymbol{\xi}_{n-r}$ 线性表示，又因为矩阵 $(\boldsymbol{\xi}_1，\boldsymbol{\xi}_2，\cdots，\boldsymbol{\xi}_{n-r})$ 中有 $n-r$ 阶子式 $|E_{n-r}|\neq 0$，故 $R(\boldsymbol{\xi}_1，\boldsymbol{\xi}_2，\cdots，\boldsymbol{\xi}_{n-r})=n-r$，所以 $\boldsymbol{\xi}_1$，$\boldsymbol{\xi}_2$，…，$\boldsymbol{\xi}_{n-r}$ 线性无关．根据极大无关组的定义，即知 $\boldsymbol{\xi}_1$，$\boldsymbol{\xi}_2$，…，$\boldsymbol{\xi}_{n-r}$ 是解向量组的极大无关组，从而 $\boldsymbol{\xi}_1$，$\boldsymbol{\xi}_2$，…，$\boldsymbol{\xi}_{n-r}$ 是方程组（1）的基础解系．

在上面的讨论中，先求出齐次线性方程组的通解，再从通解中写出基础解系．其实也可以先求出基础解系，再写出通解．

依据以上讨论，还可推得：

定理 9 设 $m \times n$ 矩阵 A 的秩 $R(A) = r$，则 n 元齐次线性方程组 $A\boldsymbol{x} = \boldsymbol{0}$ 的解向量组 S 的秩 $R_S = n - r$．

当 $R(A) = n$ 时，方程组只有零解，没有基础解系（此时解向量组 S 只含一个零向量）；当 $R(A) = r < n$ 时，方程组（1）的基础解系含 $n - r$ 个向量（此时解向量组 S 的秩 $R_S = n - r$）．因此，由极大无关组的性质知，方程组（1）的任何 $n - r$ 个线性无关的解都可以构成它的基础解系．并由此可知齐次线性方程组的基础解系并不是唯一的，它的通解形式也不是唯一的．

例 11 求齐次线性方程组

$$\begin{cases} x_1 + x_2 - x_3 - x_4 = 0, \\ 2x_1 - 5x_2 + 3x_3 + 2x_4 = 0, \\ 7x_1 - 7x_2 + 3x_3 + x_4 = 0 \end{cases}$$

的基础解系与通解．

解 对系数矩阵 A 作初等行变换．

$$A = \begin{pmatrix} 1 & 1 & -1 & -1 \\ 2 & -5 & 3 & 2 \\ 7 & -7 & 3 & 1 \end{pmatrix} \xrightarrow[r_3 - 7r_1]{r_2 - 2r_1} \begin{pmatrix} 1 & 1 & -1 & -1 \\ 0 & -7 & 5 & 4 \\ 0 & -14 & 10 & 8 \end{pmatrix}$$

$$\xrightarrow{r_3 - 2r_2} \begin{pmatrix} 1 & 1 & -1 & -1 \\ 0 & -7 & 5 & 4 \\ 0 & 0 & 0 & 0 \end{pmatrix} \xrightarrow[r_1 - r_2]{r_2 \times \left(-\frac{1}{7}\right)} \begin{pmatrix} 1 & 0 & -\dfrac{2}{7} & -\dfrac{3}{7} \\ 0 & 1 & -\dfrac{5}{7} & -\dfrac{4}{7} \\ 0 & 0 & 0 & 0 \end{pmatrix}.$$

同解方程组为

$$\begin{cases} x_1 = \dfrac{2}{7}x_3 + \dfrac{3}{7}x_4, \\ x_2 = \dfrac{5}{7}x_3 + \dfrac{4}{7}x_4. \end{cases}$$

即

$$\begin{cases} x_1 = \dfrac{2}{7}x_3 + \dfrac{3}{7}x_4, \\ x_2 = \dfrac{5}{7}x_3 + \dfrac{4}{7}x_4, \\ x_3 = x_3, \\ x_4 = x_4. \end{cases}$$

所以，方程组的通解为

$$\begin{pmatrix} x_1 \\ x_2 \\ x_3 \\ x_4 \end{pmatrix} = c_1 \begin{pmatrix} \frac{2}{7} \\ \frac{5}{7} \\ 1 \\ 0 \end{pmatrix} + c_2 \begin{pmatrix} \frac{3}{7} \\ \frac{4}{7} \\ 0 \\ 1 \end{pmatrix} \quad （c_1,\ c_2 \in \mathbf{R}），$$

一基础解系为

$$\boldsymbol{\xi}_1 = \begin{pmatrix} \frac{2}{7} \\ \frac{5}{7} \\ 1 \\ 0 \end{pmatrix},\ \boldsymbol{\xi}_2 = \begin{pmatrix} \frac{3}{7} \\ \frac{4}{7} \\ 0 \\ 1 \end{pmatrix}.$$

例 12 求齐次线性方程组

$$\begin{cases} x_1 - 2x_2 + 2x_3 - x_4 = 0, \\ 2x_1 - 4x_2 + 8x_3 = 0, \\ 2x_1 - 4x_2 + 2x_3 - 3x_4 = 0, \\ 3x_1 - 6x_2 - 6x_4 = 0 \end{cases}$$

的基础解系与通解.

解 对系数矩阵 A 作初等行变换.

$$A = \begin{pmatrix} 1 & -2 & 2 & -1 \\ 2 & -4 & 8 & 0 \\ 2 & -4 & 2 & -3 \\ 3 & -6 & 0 & -6 \end{pmatrix} \xrightarrow[\substack{r_3 - 2r_1 \\ r_4 - 3r_1}]{r_2 - 2r_1} \begin{pmatrix} 1 & -2 & 2 & -1 \\ 0 & 0 & 4 & 2 \\ 0 & 0 & -2 & -1 \\ 0 & 0 & -6 & -3 \end{pmatrix}$$

$$\xrightarrow[\substack{r_3 + r_2 \\ r_4 + 3r_2}]{r_2 \times \frac{1}{2}} \begin{pmatrix} 1 & -2 & 2 & -1 \\ 0 & 0 & 2 & 1 \\ 0 & 0 & 0 & 0 \\ 0 & 0 & 0 & 0 \end{pmatrix} \xrightarrow{r_1 - r_2} \begin{pmatrix} 1 & -2 & 0 & -2 \\ 0 & 0 & 2 & 1 \\ 0 & 0 & 0 & 0 \\ 0 & 0 & 0 & 0 \end{pmatrix}$$

$$\xrightarrow{r_2 \times \frac{1}{2}} \begin{pmatrix} 1 & -2 & 0 & -2 \\ 0 & 0 & 1 & \frac{1}{2} \\ 0 & 0 & 0 & 0 \\ 0 & 0 & 0 & 0 \end{pmatrix}.$$

同解方程组为

$$\begin{cases} x_1 = 2x_2 + 2x_4, \\ x_3 = -\dfrac{1}{2}x_4. \end{cases}$$

即

$$\begin{cases} x_1 = 2x_2 + 2x_4, \\ x_2 = x_2, \\ x_3 = -\dfrac{1}{2}x_4, \\ x_4 = x_4. \end{cases}$$

所以，方程组的通解为

$$\begin{pmatrix} x_1 \\ x_2 \\ x_3 \\ x_4 \end{pmatrix} = c_1 \begin{pmatrix} 2 \\ 1 \\ 0 \\ 0 \end{pmatrix} + c_2 \begin{pmatrix} 2 \\ 0 \\ -\dfrac{1}{2} \\ 1 \end{pmatrix} \quad (c_1,\ c_2 \in \mathbf{R}),$$

一基础解系为

$$\boldsymbol{\xi}_1 = \begin{pmatrix} 2 \\ 1 \\ 0 \\ 0 \end{pmatrix},\ \boldsymbol{\xi}_2 = \begin{pmatrix} 2 \\ 0 \\ -\dfrac{1}{2} \\ 1 \end{pmatrix}.$$

4.4.2 非齐次线性方程组的解的结构

设有非齐次线性方程组

$$\begin{cases} a_{11}x_1 + a_{12}x_2 + \cdots + a_{1n}x_n = b_1, \\ a_{21}x_1 + a_{22}x_2 + \cdots + a_{2n}x_n = b_2, \\ \qquad\qquad\vdots \\ a_{m1}x_1 + a_{m2}x_2 + \cdots + a_{mn}x_n = b_m, \end{cases} \tag{4}$$

记

$$A = \begin{pmatrix} a_{11} & a_{12} & \cdots & a_{1n} \\ a_{21} & a_{22} & \cdots & a_{2n} \\ \vdots & \vdots & \vdots & \vdots \\ a_{m1} & a_{m2} & \cdots & a_{mn} \end{pmatrix},\ \boldsymbol{x} = \begin{pmatrix} x_1 \\ x_2 \\ \vdots \\ x_n \end{pmatrix},\ \boldsymbol{b} = \begin{pmatrix} b_1 \\ b_2 \\ \vdots \\ b_m \end{pmatrix},$$

则（4）式可以写成向量方程

$$A\boldsymbol{x} = \boldsymbol{b}. \tag{5}$$

性质 3 设 $\boldsymbol{x} = \boldsymbol{\eta}_1$ 及 $\boldsymbol{x} = \boldsymbol{\eta}_2$ 都是（5）的解，则 $\boldsymbol{x} = \boldsymbol{\eta}_1 - \boldsymbol{\eta}_2$ 为对应的齐次线性方

程组

$$Ax = \mathbf{0} \tag{6}$$

的解.

证明　因为　$A(\boldsymbol{\eta}_1 - \boldsymbol{\eta}_2) = A\boldsymbol{\eta}_1 - A\boldsymbol{\eta}_2 = \boldsymbol{b} - \boldsymbol{b} = \mathbf{0}$，

所以，$\boldsymbol{x} = \boldsymbol{\eta}_1 - \boldsymbol{\eta}_2$ 为对应的齐次线性方程组 $A\boldsymbol{x} = \mathbf{0}$ 的解.

性质 4　设 $\boldsymbol{x} = \boldsymbol{\eta}$ 是方程组（5）的解，$\boldsymbol{x} = \boldsymbol{\xi}$ 是方程组（6）的解，则 $\boldsymbol{x} = \boldsymbol{\eta} + \boldsymbol{\xi}$ 仍是方程组（5）的解.

证明　因为　$A(\boldsymbol{\eta} + \boldsymbol{\xi}) = A\boldsymbol{\eta} + A\boldsymbol{\xi} = \boldsymbol{b} + \mathbf{0} = \boldsymbol{b}$，

所以，$\boldsymbol{x} = \boldsymbol{\eta} + \boldsymbol{\xi}$ 为方程组（5）的解.

由性质 3，若求得方程组（5）的一个解 $\boldsymbol{\eta}^*$，则方程组（5）的任一解总可以表示为

$$\boldsymbol{x} = \boldsymbol{\xi} + \boldsymbol{\eta}^*.$$

其中，$\boldsymbol{x} = \xi$ 为方程组（6）的解，又若方程组（6）的通解为 $\boldsymbol{x} = k_1\boldsymbol{\xi}_1 + k_2\boldsymbol{\xi}_2 + \cdots + k_{n-r}\boldsymbol{\xi}_{n-r}$，则方程组（5）的任一解总可以表示为

$$\boldsymbol{x} = k_1\boldsymbol{\xi}_1 + k_2\boldsymbol{\xi}_2 + \cdots + k_{n-r}\boldsymbol{\xi}_{n-r} + \boldsymbol{\eta}^*.$$

而由性质 4 可知，对任意实数 k_1，k_2，…，k_{n-r}，上式总是方程组（5）的解. 于是方程组（5）的通解为

$$\boldsymbol{x} = k_1\boldsymbol{\xi}_1 + k_2\boldsymbol{\xi}_2 + \cdots + k_{n-r}\boldsymbol{\xi}_{n-r} + \boldsymbol{\eta}^* \text{（} k_1, k_2, \cdots, k_{n-r} \text{ 为任意实数）}.$$

其中，$\boldsymbol{\xi}_1$，$\boldsymbol{\xi}_2$，…，$\boldsymbol{\xi}_{n-r}$ 为方程（6）的基础解系.

例 13　设四元非齐次线性方程组的系数矩阵的秩为 3，已知 $\boldsymbol{\eta}_1$，$\boldsymbol{\eta}_2$，$\boldsymbol{\eta}_3$ 是它的三个解向量，且

$$\boldsymbol{\eta}_1 = \begin{pmatrix} 2 \\ 3 \\ 4 \\ 5 \end{pmatrix}，\ \boldsymbol{\eta}_2 + \boldsymbol{\eta}_3 = \begin{pmatrix} 1 \\ 2 \\ 3 \\ 4 \end{pmatrix}，$$

求该方程组的通解.

解　$n - r = 4 - 3 = 1$，所以对应的齐次线性方程组的基础解系所含解向量个数为 1.

又由解的性质，$\boldsymbol{\eta}_1 - \boldsymbol{\eta}_2$，$\boldsymbol{\eta}_1 - \boldsymbol{\eta}_3$ 为对应的齐次线性方程组的解，从而

$$(\boldsymbol{\eta}_1 - \boldsymbol{\eta}_2) + (\boldsymbol{\eta}_1 - \boldsymbol{\eta}_3) = 2\boldsymbol{\eta}_1 - (\boldsymbol{\eta}_2 + \boldsymbol{\eta}_3)$$

$$= 2\begin{pmatrix} 2 \\ 3 \\ 4 \\ 5 \end{pmatrix} - \begin{pmatrix} 1 \\ 2 \\ 3 \\ 4 \end{pmatrix} = \begin{pmatrix} 3 \\ 4 \\ 5 \\ 6 \end{pmatrix}.$$

为对应的齐次线性方程组的非零解，从而对应的齐次线性方程组的通解为

$$x = c\begin{pmatrix}3\\4\\5\\6\end{pmatrix}\ (c\text{ 为任意实数}).$$

因此，方程组的通解为

$$x = c\begin{pmatrix}3\\4\\5\\6\end{pmatrix}+\begin{pmatrix}2\\3\\4\\5\end{pmatrix}\ (c\text{ 为任意实数}).$$

例 14 求解方程组$\begin{cases}x_1+x_2-3x_3-x_4=1,\\3x_1-x_2-3x_3+4x_4=4,\\x_1+5x_2-9x_3-8x_4=0.\end{cases}$

解 对增广矩阵 B 作初等行变换.

$$B=\begin{pmatrix}1&1&-3&-1&1\\3&-1&-3&4&4\\1&5&-9&-8&0\end{pmatrix}\xrightarrow[r_3-r_1]{r_2-3r_1}\begin{pmatrix}1&1&-3&-1&1\\0&-4&6&7&1\\0&4&-6&-7&-1\end{pmatrix}$$

$$\xrightarrow{r_3+r_2}\begin{pmatrix}1&1&-3&-1&1\\0&4&-6&-7&-1\\0&0&0&0&0\end{pmatrix}\xrightarrow{r_3\times\frac{1}{4}}\begin{pmatrix}1&1&-3&-1&1\\0&1&-\frac{3}{2}&-\frac{7}{4}&-\frac{1}{4}\\0&0&0&0&0\end{pmatrix}$$

$$\xrightarrow{r_1-r_2}\begin{pmatrix}1&0&-\frac{3}{2}&\frac{3}{4}&\frac{5}{4}\\0&1&-\frac{3}{2}&-\frac{7}{4}&-\frac{1}{4}\\0&0&0&0&0\end{pmatrix}.$$

可见 $R(A)=R(B)=2$，故方程组有解.

同解方程组为

$$\begin{cases}x_1=\frac{3}{2}x_3-\frac{3}{4}x_4+\frac{5}{4},\\x_2=\frac{3}{2}x_3+\frac{7}{4}x_4-\frac{1}{4}.\end{cases}$$

即

$$\begin{cases} x_1 = \dfrac{3}{2}x_3 - \dfrac{3}{4}x_4 + \dfrac{5}{4}, \\ x_2 = \dfrac{3}{2}x_3 + \dfrac{7}{4}x_4 - \dfrac{1}{4}, \\ x_3 = x_3, \\ x_4 = x_4. \end{cases}$$

所以，方程组的通解为

$$\begin{pmatrix} x_1 \\ x_2 \\ x_3 \\ x_4 \end{pmatrix} = c_1 \begin{pmatrix} \dfrac{3}{2} \\ \dfrac{3}{2} \\ 1 \\ 0 \end{pmatrix} + c_2 \begin{pmatrix} -\dfrac{3}{4} \\ \dfrac{7}{4} \\ 0 \\ 1 \end{pmatrix} + \begin{pmatrix} \dfrac{5}{4} \\ -\dfrac{1}{4} \\ 0 \\ 0 \end{pmatrix} \quad (c_1,\ c_2 \in \mathbf{R}).$$

例 15 求方程组 $\begin{cases} x_1 - x_2 - x_3 + x_4 = 0, \\ x_1 - x_2 + x_3 - 3x_4 = 1, \\ x_1 - x_2 - 2x_3 + 3x_4 = -\dfrac{1}{2} \end{cases}$

的通解，一个特解，对应的齐次线性方程组的通解及一个基础解系.

解 对增广矩阵 B 作初等行变换.

$$B = \begin{pmatrix} 1 & -1 & -1 & 1 & 0 \\ 1 & -1 & 1 & -3 & 1 \\ 1 & -1 & -2 & 3 & -\dfrac{1}{2} \end{pmatrix} \xrightarrow[r_3 - r_1]{r_2 - r_1} \begin{pmatrix} 1 & -1 & -1 & 1 & 0 \\ 0 & 0 & 2 & -4 & 1 \\ 0 & 0 & -1 & 2 & -\dfrac{1}{2} \end{pmatrix}$$

$$\xrightarrow[\substack{r_3 - 2r_2 \\ r_1 + r_2}]{\substack{r_2 \leftrightarrow r_3 \\ r_2 \times (-1)}} \begin{pmatrix} 1 & -1 & 0 & -1 & \dfrac{1}{2} \\ 0 & 0 & 1 & -2 & \dfrac{1}{2} \\ 0 & 0 & 0 & 0 & 0 \end{pmatrix}.$$

可见 $R(A) = R(B) = 2$，故方程组有解.

同解方程组为

$$\begin{cases} x_1 = x_2 + x_4 + \dfrac{1}{2}, \\ x_3 = 2x_4 + \dfrac{1}{2}. \end{cases}$$

即

$$\begin{cases} x_1 = x_2 + x_4 + \dfrac{1}{2}, \\ x_2 = x_2, \\ x_3 = 2x_4 + \dfrac{1}{2}, \\ x_4 = x_4. \end{cases}$$

所以，方程组的通解为

$$\begin{pmatrix} x_1 \\ x_2 \\ x_3 \\ x_4 \end{pmatrix} = c_1 \begin{pmatrix} 1 \\ 1 \\ 0 \\ 0 \end{pmatrix} + c_2 \begin{pmatrix} 1 \\ 0 \\ 2 \\ 1 \end{pmatrix} + \begin{pmatrix} \frac{1}{2} \\ 0 \\ \frac{1}{2} \\ 0 \end{pmatrix} \quad (c_1, c_2 \in \mathbf{R}).$$

一特解为

$$\boldsymbol{\eta}^* = \begin{pmatrix} \frac{1}{2} \\ 0 \\ \frac{1}{2} \\ 0 \end{pmatrix}.$$

对应的齐次线性方程组的通解为

$$\begin{pmatrix} x_1 \\ x_2 \\ x_3 \\ x_4 \end{pmatrix} = c_1 \begin{pmatrix} 1 \\ 1 \\ 0 \\ 0 \end{pmatrix} + c_2 \begin{pmatrix} 1 \\ 0 \\ 2 \\ 1 \end{pmatrix} \quad (c_1,\ c_2 \in \mathbf{R}),$$

一基础解系为

$$\boldsymbol{\xi}_1 = \begin{pmatrix} 1 \\ 1 \\ 0 \\ 0 \end{pmatrix},\ \boldsymbol{\xi}_2 = \begin{pmatrix} 1 \\ 0 \\ 2 \\ 1 \end{pmatrix}.$$

本章小结

一、向量组的线性组合与线性表示

1. 向量组的线性组合与线性表示的定义

（1）给定向量组 A：$\boldsymbol{\alpha}_1$，$\boldsymbol{\alpha}_2$，…，$\boldsymbol{\alpha}_m$，对于任何一组实数 k_1，k_2，…，k_m，

表达式 $k_1\boldsymbol{\alpha}_1+k_2\boldsymbol{\alpha}_2+\cdots+k_m\boldsymbol{\alpha}_m$ 称为向量组 A 的一个线性组合，k_1，k_2，…，k_m 称为该线性组合的系数.

（2）给定向量组 A：$\boldsymbol{\alpha}_1$，$\boldsymbol{\alpha}_2$，…，$\boldsymbol{\alpha}_m$ 和向量 $\boldsymbol{\beta}$，如果存在一组实数 k_1，k_2，…，k_m，使 $\boldsymbol{\beta}=k_1\boldsymbol{\alpha}_1+k_2\boldsymbol{\alpha}_2+\cdots+k_m\boldsymbol{\alpha}_m$，则称 $\boldsymbol{\beta}$ 是向量组 A 的线性组合，或称 $\boldsymbol{\beta}$ 可由向量组 A 线性表示.

2. 向量能由向量组线性表示的充分必要条件

（1）向量 $\boldsymbol{\beta}$ 能由向量组 A：$\boldsymbol{\alpha}_1$，$\boldsymbol{\alpha}_2$，…，$\boldsymbol{\alpha}_m$ 线性表示 $\Leftrightarrow$ 矩阵 $A=(\boldsymbol{\alpha}_1,\ \boldsymbol{\alpha}_2,\ \cdots,\ \boldsymbol{\alpha}_m)$ 的秩等于矩阵 $B=(\boldsymbol{\alpha}_1,\ \boldsymbol{\alpha}_2,\ \cdots,\ \boldsymbol{\alpha}_m,\ \boldsymbol{\beta})$ 的秩.

（2）向量 $\boldsymbol{\beta}$ 能由向量组 A：$\boldsymbol{\alpha}_1$，$\boldsymbol{\alpha}_2$，…，$\boldsymbol{\alpha}_m$ 唯一线性表示 $\Leftrightarrow$ 方程组 $A\boldsymbol{x}=\boldsymbol{\beta}$ 有唯一解 $\Leftrightarrow$ 矩阵 $A=(\boldsymbol{\alpha}_1,\ \boldsymbol{\alpha}_2,\ \cdots,\ \boldsymbol{\alpha}_m)$ 的秩 = 矩阵 $B=(\boldsymbol{\alpha}_1,\ \boldsymbol{\alpha}_2,\ \cdots,\ \boldsymbol{\alpha}_m,\ \boldsymbol{\beta})$ 的秩 = $\boldsymbol{\alpha}_1$，$\boldsymbol{\alpha}_2$，…，$\boldsymbol{\alpha}_m$ 的个数 m. 即 $R(A)=R(B)=m$.

3. 向量组的等价

（1）设两个向量组 A: $\boldsymbol{\alpha}_1$，$\boldsymbol{\alpha}_2$，…，$\boldsymbol{\alpha}_r$，

$$B:\ \boldsymbol{\beta}_1,\ \boldsymbol{\beta}_2,\ \cdots,\ \boldsymbol{\beta}_s .$$

若向量组 A 中的每个向量都可由向量组 B 线性表示，则称向量组 A 可由向量组 B 线性表示；若向量组 A 与向量组 B 能相互线性表示，则称这两个向量组等价.

（2）向量组 B: $\boldsymbol{\beta}_1$，$\boldsymbol{\beta}_2$，…，$\boldsymbol{\beta}_s$ 能由向量组 A: $\boldsymbol{\alpha}_1$，$\boldsymbol{\alpha}_2$，…，$\boldsymbol{\alpha}_r$ 线性表示 $\Leftrightarrow$ 矩阵 $A=(\boldsymbol{\alpha}_1,\ \boldsymbol{\alpha}_2,\ \cdots,\ \boldsymbol{\alpha}_r)$ 的秩等于矩阵 $(A,\ B)=(\boldsymbol{\alpha}_1,\ \boldsymbol{\alpha}_2,\ \cdots,\ \boldsymbol{\alpha}_r,\ \boldsymbol{\beta}_1,\ \boldsymbol{\beta}_2,\ \cdots,\ \boldsymbol{\beta}_s)$ 的秩. 即

$$R(A)=R(A,\ B).$$

（3）向量组 A: $\boldsymbol{\alpha}_1$，$\boldsymbol{\alpha}_2$，…，$\boldsymbol{\alpha}_r$ 与向量组 B: $\boldsymbol{\beta}_1$，$\boldsymbol{\beta}_2$，…，$\boldsymbol{\beta}_s$ 等价 $\Leftrightarrow$ $R(A)=R(B)=R(A,\ B)$.

二、向量组的线性相关性

1. 向量组的线性相关与线性无关的定义

设有 n 维向量组 A: $\boldsymbol{\alpha}_1$，$\boldsymbol{\alpha}_2$，…，$\boldsymbol{\alpha}_m$，若存在一组不全为零的数 k_1，k_2，…，k_m 使 $k_1\boldsymbol{\alpha}_1+k_2\boldsymbol{\alpha}_2+\cdots+k_m\boldsymbol{\alpha}_m=\mathbf{0}$，则称向量组 A：$\boldsymbol{\alpha}_1$，$\boldsymbol{\alpha}_2$，…，$\boldsymbol{\alpha}_m$ 线性相关，否则称为线性无关. 换言之，若 A：$\boldsymbol{\alpha}_1$，$\boldsymbol{\alpha}_2$，…，$\boldsymbol{\alpha}_m$ 线性无关，则上式当且仅当 $k_1=k_2=\cdots=k_m=0$ 时才成立.

2. 向量组线性相关的充分必要条件

向量组 A: $\boldsymbol{\alpha}_1$，$\boldsymbol{\alpha}_2$，…，$\boldsymbol{\alpha}_m$ 线性相关 $\Leftrightarrow$ 存在一组不全为零的数 k_1，k_2，…，k_m 使 $k_1\boldsymbol{\alpha}_1+k_2\boldsymbol{\alpha}_2+\cdots+k_m\boldsymbol{\alpha}_m=\mathbf{0}$ $\Leftrightarrow$ 齐次线性方程组 $x_1\boldsymbol{\alpha}_1+x_2\boldsymbol{\alpha}_2+\cdots+x_m\boldsymbol{\alpha}_m=\mathbf{0}$ 有非零解 $\Leftrightarrow$ 矩阵 $A=(\boldsymbol{\alpha}_1,\ \boldsymbol{\alpha}_2,\ \cdots,\ \boldsymbol{\alpha}_m)$ 的秩小于向量组所含向量的个数 m，即 $R(A)<m$ $\Leftrightarrow$ 向量组 $\boldsymbol{\alpha}_1$，$\boldsymbol{\alpha}_2$，…，$\boldsymbol{\alpha}_m$ 的秩 $R(\boldsymbol{\alpha}_1,\ \boldsymbol{\alpha}_2,\ \cdots,\ \boldsymbol{\alpha}_m)<$ 向量组所含向量的个数 m.

3．向量组线性无关的充分必要条件

向量组 A：$\boldsymbol{\alpha}_1$，$\boldsymbol{\alpha}_2$，…，$\boldsymbol{\alpha}_m$ 线性无关 $\Leftrightarrow$ 对任意一组不全为零的数 k_1，k_2，…，k_m，$k_1\boldsymbol{\alpha}_1+k_2\boldsymbol{\alpha}_2+\cdots+k_m\boldsymbol{\alpha}_m\neq\mathbf{0}$ $\Leftrightarrow$ 当且仅当 k_1，k_2，…，k_m 全为零时 $k_1\boldsymbol{\alpha}_1+k_2\boldsymbol{\alpha}_2+\cdots+k_m\boldsymbol{\alpha}_m=\mathbf{0}$ $\Leftrightarrow$ 齐次线性方程组 $x_1\boldsymbol{\alpha}_1+x_2\boldsymbol{\alpha}_2+\cdots+x_m\boldsymbol{\alpha}_m=\mathbf{0}$ 只有零解 $\Leftrightarrow$ 矩阵 $A=(\boldsymbol{\alpha}_1,\ \boldsymbol{\alpha}_2,\ \cdots,\ \boldsymbol{\alpha}_m)$ 的秩等于向量组所含向量的个数 m，即 $R(A)=m$ $\Leftrightarrow$ 向量组 $\boldsymbol{\alpha}_1$，$\boldsymbol{\alpha}_2$，…，$\boldsymbol{\alpha}_m$ 的秩 $R(\boldsymbol{\alpha}_1,\ \boldsymbol{\alpha}_2,\ \cdots,\ \boldsymbol{\alpha}_m)=$ 向量组所含向量的个数 m．

4．推论

（1）仅含一个零向量的向量组必线性相关；

（2）仅含一个非零向量的向量组必线性无关；

（3）两个向量线性相关的充分必要条件是它们的对应分量成比例；

（4）任何包含零向量在内的向量组必线性相关；

（5）n 个 n 维向量线性无关的充分必要条件是它们所构成的方阵的行列式不等于零；

（6）$n+1$ 个 n 维向量必线性相关；

（7）当向量的维数小于向量组所含向量的个数时一定线性相关．

5．线性相关性的判断定理

（1）向量组 $\boldsymbol{\alpha}_1$，$\boldsymbol{\alpha}_2$，…，$\boldsymbol{\alpha}_m$ $(m\geqslant 2)$ 线性相关 $\Leftrightarrow$ 向量组中至少有一个向量可以由其余 $m-1$ 个向量线性表示；

（2）部分相关 $\Rightarrow$ 整体相关，整体无关 $\Rightarrow$ 部分无关；

（3）设 $\boldsymbol{\alpha}_1$，$\boldsymbol{\alpha}_2$，…，$\boldsymbol{\alpha}_m$ 线性无关，而 $\boldsymbol{\alpha}_1$，$\boldsymbol{\alpha}_2$，…，$\boldsymbol{\alpha}_m$，$\boldsymbol{\beta}$ 线性相关，则 $\boldsymbol{\beta}$ 能由 $\boldsymbol{\alpha}_1$，$\boldsymbol{\alpha}_2$，…，$\boldsymbol{\alpha}_m$ 线性表示，且表示式是唯一的．

（4）设有两个向量组

A：$\boldsymbol{\alpha}_j=(a_{1j},\ a_{2j},\ \cdots,\ a_{rj})^T\quad(j=1,\ 2,\ \cdots,\ m)$；

B：$\boldsymbol{\beta}_j=(a_{1j},\ a_{2j},\ \cdots,\ a_{rj},\ a_{r+1j})^T\quad(j=1,\ 2,\ \cdots,\ m)$，

即向量 $\boldsymbol{\alpha}_j$ 加上一个分量得到向量 $\boldsymbol{\beta}_j$．若向量组 A 线性无关，则向量组 B 也线性无关；若向量组 B 线性相关，则向量组 A 也线性相关．

三、向量组的秩与极大无关组

1．向量组的秩与极大无关组的定义

设有向量组 A，如果在 A 中能选出 r 个向量 $\boldsymbol{\alpha}_1$，$\boldsymbol{\alpha}_2$，…，$\boldsymbol{\alpha}_r$ 满足

（1）向量组 $\boldsymbol{\alpha}_1$，$\boldsymbol{\alpha}_2$，…，$\boldsymbol{\alpha}_r$ 线性无关；

（2）向量组 A 中任意一个向量都能由 $\boldsymbol{\alpha}_1$，$\boldsymbol{\alpha}_2$，…，$\boldsymbol{\alpha}_r$ 线性表示．

那么称 $\boldsymbol{\alpha}_1$，$\boldsymbol{\alpha}_2$，…，$\boldsymbol{\alpha}_r$ 是向量组 A 的一个极大线性无关组，简称极大无关组；极大线性无关组所含向量的个数 r 称为向量组 A 的秩．

2. 向量组的秩与矩阵的秩

矩阵的秩等于它的列向量组的秩，也等于它的行向量组的秩.

3. 向量组的秩与极大无关组的求法

要求向量组的秩并找极大无关组，需要将所讨论的 n 维向量组 $\boldsymbol{\alpha}_1$，$\boldsymbol{\alpha}_2$，…，$\boldsymbol{\alpha}_m$ 的每一个向量作为矩阵的列写成一个 n 行 m 列的矩阵 $A=(\boldsymbol{\alpha}_1, \boldsymbol{\alpha}_2, \cdots, \boldsymbol{\alpha}_m)$，并对此矩阵施行初等行变换，化为行阶梯形矩阵，其非零行的行数就是矩阵的秩，也是向量组的秩（当然也是极大无关组所含向量的个数）；行阶梯形矩阵的每一个非零行的第一个非零元素所在的列对应的向量构成的向量组就是向量组的一个极大无关组.

求向量组的极大无关组时，如果所给的是行向量组，那么也要按列排成矩阵再做初等行变换.

四、线性方程组的解的结构

（一）齐次线性方程组的解的结构

1. 性质

性质 1 若 $\boldsymbol{x}=\boldsymbol{\xi}_1$，$\boldsymbol{x}=\boldsymbol{\xi}_2$ 为 $A\boldsymbol{x}=\boldsymbol{0}$ 的解，则 $\boldsymbol{x}=\boldsymbol{\xi}_1+\boldsymbol{\xi}_2$ 仍为 $A\boldsymbol{x}=\boldsymbol{0}$ 的解.

性质 2 若 $\boldsymbol{x}=\boldsymbol{\xi}_1$ 为 $A\boldsymbol{x}=\boldsymbol{0}$ 的解，k 为实数，则 $\boldsymbol{x}=k\boldsymbol{\xi}_1$ 仍为 $A\boldsymbol{x}=\boldsymbol{0}$ 的解.

2. 结论

（1）若 $m\times n$ 矩阵 A 的秩 $R(A)=r$，则 n 元齐次线性方程组 $A\boldsymbol{x}=\boldsymbol{0}$ 的解向量组 S 的秩 $R_S=n-r$；

（2）若 $\boldsymbol{\xi}_1$，$\boldsymbol{\xi}_2$，…，$\boldsymbol{\xi}_{n-r}$ 是解向量组的一个极大无关组，则

$$\boldsymbol{x}=c_1\boldsymbol{\xi}_1+c_2\boldsymbol{\xi}_2+\cdots+c_{n-r}\boldsymbol{\xi}_{n-r},$$

为齐次线性方程组的通解（c_1，c_2，…，c_{n-r} 为任意实数）.

（二）非齐次线性方程组的解的结构

1. 性质

性质 3 设 $\boldsymbol{x}=\boldsymbol{\eta}_1$ 及 $\boldsymbol{x}=\boldsymbol{\eta}_2$ 都是 $A\boldsymbol{x}=\boldsymbol{b}$ 的解，则 $\boldsymbol{x}=\boldsymbol{\eta}_1-\boldsymbol{\eta}_2$ 为对应的齐次线性方程组 $A\boldsymbol{x}=\boldsymbol{0}$ 的解.

性质 4 设 $\boldsymbol{x}=\boldsymbol{\eta}$ 是方程组 $A\boldsymbol{x}=\boldsymbol{b}$ 的解，$\boldsymbol{x}=\boldsymbol{\xi}$ 是方程组 $A\boldsymbol{x}=\boldsymbol{0}$ 的解，则 $\boldsymbol{x}=\boldsymbol{\eta}+\boldsymbol{\xi}$ 仍是方程组 $A\boldsymbol{x}=\boldsymbol{b}$ 的解.

2. 结论

若 $\boldsymbol{\xi}_1$，$\boldsymbol{\xi}_2$，…，$\boldsymbol{\xi}_{n-r}$ 为对应的齐次线性方程组的一个基础解系，$\boldsymbol{\eta}^*$ 为 $A\boldsymbol{x}=\boldsymbol{b}$ 的一个特解，则 $\boldsymbol{x}=k_1\boldsymbol{\xi}_1+k_2\boldsymbol{\xi}_2+\cdots+k_{n-r}\boldsymbol{\xi}_{n-r}+\boldsymbol{\eta}^*$ 为 $A\boldsymbol{x}=\boldsymbol{b}$ 的通解（k_1，k_2，…，k_{n-r} 为任意实数）.

习题四

1．设$\boldsymbol{\alpha}_1=\begin{pmatrix}1\\1\\0\end{pmatrix}$，$\boldsymbol{\alpha}_2=\begin{pmatrix}0\\1\\1\end{pmatrix}$，$\boldsymbol{\alpha}_3=\begin{pmatrix}3\\4\\0\end{pmatrix}$，求$\boldsymbol{\alpha}_1-\boldsymbol{\alpha}_2$，$3\boldsymbol{\alpha}_1+2\boldsymbol{\alpha}_2-\boldsymbol{\alpha}_3$．

2．设向量$\boldsymbol{\alpha}$满足$3(\boldsymbol{\alpha}_1-\boldsymbol{\alpha})+2(\boldsymbol{\alpha}_2+\boldsymbol{\alpha})=5(\boldsymbol{\alpha}_3+\boldsymbol{\alpha})$，求向量$\boldsymbol{\alpha}$．其中

$$\boldsymbol{\alpha}_1=\begin{pmatrix}2\\5\\1\\3\end{pmatrix},\ \boldsymbol{\alpha}_2=\begin{pmatrix}10\\1\\5\\10\end{pmatrix},\ \boldsymbol{\alpha}_3=\begin{pmatrix}4\\1\\-1\\1\end{pmatrix}.$$

3．设$\boldsymbol{\alpha}_1=\begin{pmatrix}1\\1\\2\\2\end{pmatrix}$，$\boldsymbol{\alpha}_2=\begin{pmatrix}1\\2\\1\\2\end{pmatrix}$，$\boldsymbol{\alpha}_3=\begin{pmatrix}1\\-1\\3\\0\end{pmatrix}$，$\boldsymbol{\beta}=\begin{pmatrix}1\\0\\2\\0\end{pmatrix}$，问$\boldsymbol{\beta}$是否能由$\boldsymbol{\alpha}_1$，$\boldsymbol{\alpha}_2$，$\boldsymbol{\alpha}_3$线性表示？若能则求出表示式．

4．已知向量组A：$\boldsymbol{\alpha}_1=\begin{pmatrix}0\\1\\2\\3\end{pmatrix}$，$\boldsymbol{\alpha}_2=\begin{pmatrix}3\\0\\1\\2\end{pmatrix}$，$\boldsymbol{\alpha}_3=\begin{pmatrix}2\\3\\0\\1\end{pmatrix}$；$B$：$\boldsymbol{\beta}_1=\begin{pmatrix}2\\1\\1\\2\end{pmatrix}$，$\boldsymbol{\beta}_2=\begin{pmatrix}0\\-2\\1\\1\end{pmatrix}$，$\boldsymbol{\beta}_3=\begin{pmatrix}4\\4\\1\\3\end{pmatrix}$．证明向量组$B$能由向量组$A$线性表示，但向量组$A$不能由向量组$B$线性表示．

5．证明向量组A：$\boldsymbol{\alpha}_1=\begin{pmatrix}1\\2\\3\end{pmatrix}$，$\boldsymbol{\alpha}_2=\begin{pmatrix}1\\0\\2\end{pmatrix}$与向量组$B$：$\boldsymbol{\beta}_1=\begin{pmatrix}3\\4\\8\end{pmatrix}$，$\boldsymbol{\beta}_2=\begin{pmatrix}2\\2\\5\end{pmatrix}$，$\boldsymbol{\beta}_3=\begin{pmatrix}0\\2\\1\end{pmatrix}$等价．

6．举例说明下列命题是错误的．

（1）若$\boldsymbol{\alpha}_1$，$\boldsymbol{\alpha}_2$，…，$\boldsymbol{\alpha}_m$线性相关，则其中每一个向量都可由其余$m-1$个向量线性表示；

（2）如果向量组$\boldsymbol{\alpha}_1$，$\boldsymbol{\alpha}_2$，$\boldsymbol{\alpha}_3$中存在一个向量不能由该组中其余向量线性表示，则$\boldsymbol{\alpha}_1$，$\boldsymbol{\alpha}_2$，$\boldsymbol{\alpha}_3$线性无关；

（3）若向量组$\boldsymbol{\alpha}_1$，$\boldsymbol{\alpha}_2$，$\boldsymbol{\alpha}_3$线性相关，则其中必有两个向量的对应分量成比例；

（4）若向量$\boldsymbol{\beta}$可由向量组$\boldsymbol{\alpha}_1$，$\boldsymbol{\alpha}_2$，…，$\boldsymbol{\alpha}_m$线性表示：$\boldsymbol{\beta}=k_1\boldsymbol{\alpha}_1+k_2\boldsymbol{\alpha}_2+\cdots+k_m\boldsymbol{\alpha}_m$，则这种表示法必是唯一的；

（5）若有不全为零的数k_1，k_2，…，k_m，使$k_1\boldsymbol{\alpha}_1+k_2\boldsymbol{\alpha}_2+\cdots k_m\boldsymbol{\alpha}_m+k_1\boldsymbol{\beta}_1+k_2\boldsymbol{\beta}_2+\cdots k_m\boldsymbol{\beta}_m=\boldsymbol{0}$，且$\boldsymbol{\alpha}_1$，$\boldsymbol{\alpha}_2$，…，$\boldsymbol{\alpha}_m$线性相关，则$\boldsymbol{\beta}_1$，$\boldsymbol{\beta}_2$，…，$\boldsymbol{\beta}_m$也线性相关；

（6）若$\boldsymbol{\alpha}_1$，$\boldsymbol{\alpha}_2$线性相关，$\boldsymbol{\beta}_1$，$\boldsymbol{\beta}_2$线性相关，则$\boldsymbol{\alpha}_1+\boldsymbol{\beta}_1$，$\boldsymbol{\alpha}_2+\boldsymbol{\beta}_2$线性相关；

（7）若$\boldsymbol{\alpha}_1$，$\boldsymbol{\alpha}_2$线性无关，$\boldsymbol{\beta}$是另外一个向量，则$\boldsymbol{\alpha}_1+\boldsymbol{\beta}$，$\boldsymbol{\alpha}_2+\boldsymbol{\beta}$线性无关．

7．证明向量组$\boldsymbol{\beta}_1=\boldsymbol{\alpha}_1+\boldsymbol{\alpha}_2$，$\boldsymbol{\beta}_2=\boldsymbol{\alpha}_2+\boldsymbol{\alpha}_3$，$\boldsymbol{\beta}_3=\boldsymbol{\alpha}_3+\boldsymbol{\alpha}_4$，$\boldsymbol{\beta}_4=\boldsymbol{\alpha}_4+\boldsymbol{\alpha}_1$线性相关，其中

$\boldsymbol{\alpha}_1$，$\boldsymbol{\alpha}_2$，$\boldsymbol{\alpha}_3$，$\boldsymbol{\alpha}_4$ 是任意的 n 维向量．

8．设 $\boldsymbol{\beta}_1=\boldsymbol{\alpha}_1$，$\boldsymbol{\beta}_2=\boldsymbol{\alpha}_1+\boldsymbol{\alpha}_2$，$\cdots$，$\boldsymbol{\beta}_m=\boldsymbol{\alpha}_1+\boldsymbol{\alpha}_2+\cdots+\boldsymbol{\alpha}_m$，且向量组 $\boldsymbol{\alpha}_1$，$\boldsymbol{\alpha}_2$，$\cdots$，$\boldsymbol{\alpha}_m$ 线性无关，证明向量组 $\boldsymbol{\beta}_1$，$\boldsymbol{\beta}_2$，$\cdots$，$\boldsymbol{\beta}_m$ 线性无关．

9．观察下列各向量组的特点，指出它们是线性相关还是线性无关．

（1）$\boldsymbol{\alpha}_1=\begin{pmatrix}1\\-1\\2\end{pmatrix}$，$\boldsymbol{\alpha}_2=\begin{pmatrix}7\\6\\4\end{pmatrix}$，$\boldsymbol{\alpha}_3=\begin{pmatrix}0\\0\\0\end{pmatrix}$；

（2）$\boldsymbol{\alpha}_1=\begin{pmatrix}1\\2\\3\end{pmatrix}$，$\boldsymbol{\alpha}_2=\begin{pmatrix}4\\5\\6\end{pmatrix}$，$\boldsymbol{\alpha}_3=\begin{pmatrix}3\\3\\3\end{pmatrix}$；

（3）$\boldsymbol{\alpha}_1=\begin{pmatrix}2\\0\\-14\\8\end{pmatrix}$，$\boldsymbol{\alpha}_2=\begin{pmatrix}-1\\0\\7\\-4\end{pmatrix}$，$\boldsymbol{\alpha}_3=\begin{pmatrix}9\\11\\2\\3\end{pmatrix}$；

（4）$\boldsymbol{\alpha}_1=\begin{pmatrix}1\\0\\0\\2\end{pmatrix}$，$\boldsymbol{\alpha}_2=\begin{pmatrix}0\\1\\0\\3\end{pmatrix}$，$\boldsymbol{\alpha}_3=\begin{pmatrix}0\\0\\1\\4\end{pmatrix}$．

10．判断下列向量组的线性相关性．

（1）$\boldsymbol{\alpha}_1=\begin{pmatrix}3\\2\\1\end{pmatrix}$，$\boldsymbol{\alpha}_2=\begin{pmatrix}-3\\5\\1\end{pmatrix}$，$\boldsymbol{\alpha}_3=\begin{pmatrix}6\\1\\3\end{pmatrix}$；

（2）$\boldsymbol{\alpha}_1=\begin{pmatrix}1\\1\\-2\\1\end{pmatrix}$，$\boldsymbol{\alpha}_2=\begin{pmatrix}0\\-1\\3\\1\end{pmatrix}$，$\boldsymbol{\alpha}_3=\begin{pmatrix}5\\2\\-1\\8\end{pmatrix}$；

（3）$\boldsymbol{\alpha}_1=\begin{pmatrix}1\\2\\3\\4\end{pmatrix}$，$\boldsymbol{\alpha}_2=\begin{pmatrix}2\\3\\4\\5\end{pmatrix}$，$\boldsymbol{\alpha}_3=\begin{pmatrix}3\\4\\5\\6\end{pmatrix}$，$\boldsymbol{\alpha}_4=\begin{pmatrix}4\\5\\6\\7\end{pmatrix}$．

11．a 取何值时，向量组 $\boldsymbol{\alpha}_1=\begin{pmatrix}a\\-\frac{1}{2}\\-\frac{1}{2}\end{pmatrix}$，$\boldsymbol{\alpha}_2=\begin{pmatrix}-\frac{1}{2}\\a\\-\frac{1}{2}\end{pmatrix}$，$\boldsymbol{\alpha}_3=\begin{pmatrix}-\frac{1}{2}\\-\frac{1}{2}\\a\end{pmatrix}$ 线性相关？a 取何值时，线性无关？

12．判断下列说法是否正确．

（1）一个向量组必有极大无关组；

（2）一个向量组的极大无关组是唯一的；

（3）线性无关向量组的极大无关组就是向量组本身；

（4）向量组与它的极大无关组等价；

（5）向量组的极大无关组所含向量的个数等于向量组的秩．

13．求下列向量组的秩，并求一个极大无关组．

（1）$\boldsymbol{\alpha}_1=\begin{pmatrix}1\\1\\0\end{pmatrix}$，$\boldsymbol{\alpha}_2=\begin{pmatrix}0\\2\\0\end{pmatrix}$，$\boldsymbol{\alpha}_3=\begin{pmatrix}0\\0\\3\end{pmatrix}$；

（2）$\boldsymbol{\alpha}_1=\begin{pmatrix}1\\5\\0\\8\end{pmatrix}$，$\boldsymbol{\alpha}_2=\begin{pmatrix}4\\3\\1\\-2\end{pmatrix}$，$\boldsymbol{\alpha}_3=\begin{pmatrix}-2\\-10\\0\\-16\end{pmatrix}$，$\boldsymbol{\alpha}_4=\begin{pmatrix}5\\8\\1\\6\end{pmatrix}$；

（3）$\boldsymbol{\alpha}_1=\begin{pmatrix}1\\1\\1\\0\end{pmatrix}$，$\boldsymbol{\alpha}_2=\begin{pmatrix}1\\1\\0\\0\end{pmatrix}$，$\boldsymbol{\alpha}_3=\begin{pmatrix}3\\3\\2\\0\end{pmatrix}$，$\boldsymbol{\alpha}_4=\begin{pmatrix}1\\0\\0\\0\end{pmatrix}$，$\boldsymbol{\alpha}_5=\begin{pmatrix}3\\2\\1\\0\end{pmatrix}$．

14．求向量组的一个极大无关组，并将其余向量用该极大无关组线性表示．

（1）$\boldsymbol{\alpha}_1=\begin{pmatrix}1\\0\\0\\1\end{pmatrix}$，$\boldsymbol{\alpha}_2=\begin{pmatrix}0\\1\\0\\-1\end{pmatrix}$，$\boldsymbol{\alpha}_3=\begin{pmatrix}0\\0\\1\\-1\end{pmatrix}$，$\boldsymbol{\alpha}_4=\begin{pmatrix}2\\-1\\3\\0\end{pmatrix}$；

（2）$\boldsymbol{\alpha}_1=\begin{pmatrix}1\\0\\2\\1\end{pmatrix}$，$\boldsymbol{\alpha}_2=\begin{pmatrix}1\\2\\0\\1\end{pmatrix}$，$\boldsymbol{\alpha}_3=\begin{pmatrix}2\\1\\3\\0\end{pmatrix}$，$\boldsymbol{\alpha}_4=\begin{pmatrix}2\\5\\-1\\4\end{pmatrix}$，$\boldsymbol{\alpha}_5=\begin{pmatrix}1\\-1\\3\\-1\end{pmatrix}$．

15．求下列齐次线性方程组的通解，如果方程组有基础解系，则求出一个基础解系．

（1）$\begin{cases}x_1-x_2-x_3+x_4=0,\\x_1-x_2+2x_3+2x_4=0,\\2x_1-2x_2+x_3+3x_4=0;\end{cases}$

（2）$\begin{cases}x_1-8x_2+10x_3+2x_4=0,\\2x_1+4x_2+5x_3-x_4=0,\\3x_1+8x_2+6x_3-2x_4=0;\end{cases}$

（3）$\begin{cases}x_1+2x_2+x_3-x_4=0,\\3x_1+6x_2-x_3-3x_4=0,\\5x_1+10x_2+x_3-5x_4=0;\end{cases}$

（4）$nx_1+(n-1)x_2+\cdots+2x_{n-1}+x_n=0$．

16．求下列非齐次线性方程组的一个特解，通解及对应的齐次线性方程组的一个基础解系.

（1）$\begin{cases} x_1 - x_2 + 2x_3 + x_4 = 1, \\ 2x_1 - x_2 + x_3 + 2x_4 = 3, \\ 3x_1 - x_2 + 3x_4 = 5; \end{cases}$

（2）$\begin{cases} x_1 + 2x_2 - x_3 + x_4 = 1, \\ -2x_1 - 4x_2 + x_3 - 3x_4 = 4, \\ 4x_1 + 8x_2 - 3x_3 + 5x_4 = -2; \end{cases}$

（3）$\begin{cases} x_1 + 5x_2 - x_3 - x_4 = -1, \\ x_1 - 2x_2 + x_3 + 3x_4 = 3, \\ 3x_1 + 8x_2 - x_3 + x_4 = 1, \\ x_1 - 9x_2 + 3x_3 + 7x_4 = 7. \end{cases}$

17．讨论当 p，q 为何值时，方程组

$$\begin{cases} x_1 + x_2 + x_3 + x_4 + x_5 = 1, \\ 3x_1 + x_2 + 2x_3 + x_4 - 3x_5 = p, \\ 2x_2 + x_3 + 2x_4 + 6x_5 = 3, \\ 5x_1 + 3x_2 + 4x_3 + 3x_4 - x_5 = q \end{cases}$$

（1）无解；（2）有解，并求其通解.

18．设非齐次线性方程组 $\boldsymbol{Ax} = \boldsymbol{b}$ 的系数矩阵 A 为 5×3 阶，$R(A) = 2$，$\boldsymbol{\eta}_1$，$\boldsymbol{\eta}_2$ 为该方程组的两个解，且

$$\boldsymbol{\eta}_1 + \boldsymbol{\eta}_2 = \begin{pmatrix} 1 \\ 3 \\ 0 \end{pmatrix}, 2\boldsymbol{\eta}_1 + 3\boldsymbol{\eta}_2 = \begin{pmatrix} 2 \\ 5 \\ 1 \end{pmatrix},$$

求该方程组的通解，一个特解，对应的齐次线性方程组的一个基础解系与通解.

同步测试题四

一、单选题

1．下列说法错误的是（　）.

A．单独一个非零向量线性无关；

B．$n+1$ 个 n 维向量的向量组一定线性相关；

C．如果存在一组不全为零的数 k_1，k_2，…，k_m，使 $k_1\boldsymbol{\alpha}_1 + k_2\boldsymbol{\alpha}_2 + \cdots + k_m\boldsymbol{\alpha}_m \neq 0$，则 $\boldsymbol{\alpha}_1$，$\boldsymbol{\alpha}_2$，…，$\boldsymbol{\alpha}_m$ 线性无关；

D．如果 $\boldsymbol{\alpha}_1$，$\boldsymbol{\alpha}_2$，…，$\boldsymbol{\alpha}_m$ 线性无关，且 $k_1\boldsymbol{\alpha}_1 + k_2\boldsymbol{\alpha}_2 + \cdots + k_m\boldsymbol{\alpha}_m = 0$，则必有 $k_1 = k_2 = \cdots = k_m = 0$.

2．n 维向量组 $\boldsymbol{\alpha}_1$，$\boldsymbol{\alpha}_2$，…，$\boldsymbol{\alpha}_m$（$3 \leqslant m \leqslant n$）线性无关的充分必要条件是（　）.

A．$\boldsymbol{\alpha}_1$，$\boldsymbol{\alpha}_2$，…，$\boldsymbol{\alpha}_m$ 中任意两个向量都线性无关；

B．$\boldsymbol{\alpha}_1$，$\boldsymbol{\alpha}_2$，…，$\boldsymbol{\alpha}_m$ 中存在一个向量，它能用其余向量线性表示；

C．$\boldsymbol{\alpha}_1$，$\boldsymbol{\alpha}_2$，…，$\boldsymbol{\alpha}_m$ 中任意一个向量都不能用其余向量线性表示；

D．存在一组数 k_1，$k_2\cdots$，k_m，使得 $k_1\boldsymbol{\alpha}_1+k_2\boldsymbol{\alpha}_2+\cdots+k_m\boldsymbol{\alpha}_m=\mathbf{0}$.

3．如果向量组 α_1，α_2，…，$\alpha_m\,(m\geqslant 2)$ 线性相关，那么向量组中（　）可由其余向量线性表示.

A．至少有一个向量；　　B．最多有一个向量；

C．没有一个向量；　　D．任何一个向量.

4．设 A 是 n 阶矩阵，且 A 的行列式 $|A|=0$，则 A 中（　）.

A．必有一列元素全为零；

B．必有两列元素对应成比例；

C．必有一列向量是其余列向量的线性组合；

D．任一列向量是其余列向量的线性组合.

5．若非齐次线性方程组 $\boldsymbol{Ax}=\boldsymbol{b}$ 中方程的个数少于未知数的个数，则（　）.

A．$\boldsymbol{Ax}=\boldsymbol{b}$ 必有无穷多解；　　B．$\boldsymbol{Ax}=\mathbf{0}$ 只有零解；

C．$\boldsymbol{Ax}=\mathbf{0}$ 必有非零解；　　D．$\boldsymbol{Ax}=\boldsymbol{b}$ 一定无解.

6．对非齐次线性方程组 $\boldsymbol{Ax}=\boldsymbol{b}$，下列说法正确的是（　）.

A．若 $\boldsymbol{Ax}=\mathbf{0}$ 只有零解，则 $\boldsymbol{Ax}=\boldsymbol{b}$ 无解；

B．若 $\boldsymbol{Ax}=\mathbf{0}$ 有非零解，则 $\boldsymbol{Ax}=\boldsymbol{b}$ 有解；

C．若 $\boldsymbol{Ax}=\boldsymbol{b}$ 有解，则 $\boldsymbol{Ax}=\mathbf{0}$ 有非零解；

D．若 $\boldsymbol{Ax}=\boldsymbol{b}$ 有唯一解，则 $\boldsymbol{Ax}=\mathbf{0}$ 只有零解.

二、填空题

1．已知 $\boldsymbol{\alpha}_1=\begin{pmatrix}2\\1\\0\end{pmatrix}$，$\boldsymbol{\alpha}_2=\begin{pmatrix}-2\\3\\2\end{pmatrix}$，且 $2\boldsymbol{\alpha}_1-\boldsymbol{\alpha}=\boldsymbol{\alpha}_2$，则 $\boldsymbol{\alpha}=$__________.

2．若存在一组数 k_1，k_2，…，k_m，使得 $\boldsymbol{\beta}=k_1\boldsymbol{\alpha}_1+k_2\boldsymbol{\alpha}_2+\cdots+k_m\boldsymbol{\alpha}_m$，则称 $\boldsymbol{\beta}$ 是 $\boldsymbol{\alpha}_1$，$\boldsymbol{\alpha}_2$，…，$\boldsymbol{\alpha}_m$ 的一个________，且 $\boldsymbol{\alpha}_1$，$\boldsymbol{\alpha}_2$，…，$\boldsymbol{\alpha}_m$，$\boldsymbol{\beta}$ 线性______关.

3．m 个 n 维向量组成的向量组，当 m________n 时，这个向量组一定线性相关.

4．已知向量组 $\boldsymbol{\alpha}_1=\begin{pmatrix}1\\2\\-1\\1\end{pmatrix}$，$\boldsymbol{\alpha}_2=\begin{pmatrix}2\\0\\t\\0\end{pmatrix}$，$\boldsymbol{\alpha}_3=\begin{pmatrix}0\\-4\\5\\-2\end{pmatrix}$ 的秩为 2，则 t 的值为________.

5．设 $\boldsymbol{\alpha}_1=\begin{pmatrix}1\\1\\1\end{pmatrix}$，$\boldsymbol{\alpha}_2=\begin{pmatrix}a\\0\\b\end{pmatrix}$，$\boldsymbol{\alpha}_3=\begin{pmatrix}1\\3\\2\end{pmatrix}$，若 $\boldsymbol{\alpha}_1$，$\boldsymbol{\alpha}_2$，$\boldsymbol{\alpha}_3$ 线性相关，则 a，b 满足关系式______.

6．设 4 元非齐次线性方程组的系数矩阵的秩为 3，已知 $\boldsymbol{\eta}_1$，$\boldsymbol{\eta}_2$，$\boldsymbol{\eta}_3$ 是它的 3 个解向量，

且 $\boldsymbol{\eta}_1=\begin{pmatrix}1\\2\\3\\4\end{pmatrix}$，$\boldsymbol{\eta}_2+\boldsymbol{\eta}_3=\begin{pmatrix}4\\3\\2\\1\end{pmatrix}$，则该方程组的通解为________________________.

三、判断题

1．所有零向量都相等. （ ）

2．如果对任意一组不全为零的数 k_1，k_2，…，k_m，使 $k_1\boldsymbol{\alpha}_1+k_2\boldsymbol{\alpha}_2+\cdots+k_m\boldsymbol{\alpha}_m\neq\mathbf{0}$，则 $\boldsymbol{\alpha}_1$，$\boldsymbol{\alpha}_2$，…，$\boldsymbol{\alpha}_m$ 线性无关. （ ）

3．若一个向量组的秩为 3，则该向量组中任意 3 个向量都线性无关. （ ）

4．设 $\boldsymbol{\alpha}_1$，$\boldsymbol{\alpha}_2$，…，$\boldsymbol{\alpha}_m$ 为一组 n 维向量，如果 $R(\boldsymbol{\alpha}_1,\boldsymbol{\alpha}_2,\cdots,\boldsymbol{\alpha}_m)=m$，则向量组 $\boldsymbol{\alpha}_1$，$\boldsymbol{\alpha}_2$，…，$\boldsymbol{\alpha}_m$ 线性无关. （ ）

5．若 $\boldsymbol{\xi}_1$，$\boldsymbol{\xi}_2$，…，$\boldsymbol{\xi}_r$ 均为齐次线性方程组 $\boldsymbol{Ax}=\mathbf{0}$ 的解向量且线性无关，则 $\boldsymbol{\xi}_1$，$\boldsymbol{\xi}_2$，…，$\boldsymbol{\xi}_r$ 必为 $\boldsymbol{Ax}=\mathbf{0}$ 的一个基础解系. （ ）

四、求向量组的秩，一个极大无关组，并判断向量组的线性相关性

1．$\boldsymbol{\alpha}_1=\begin{pmatrix}1\\0\\0\end{pmatrix}$，$\boldsymbol{\alpha}_2=\begin{pmatrix}-1\\1\\1\end{pmatrix}$，$\boldsymbol{\alpha}_3=\begin{pmatrix}1\\1\\1\end{pmatrix}$，$\boldsymbol{\alpha}_4=\begin{pmatrix}1\\0\\1\end{pmatrix}$.

2．$\boldsymbol{\alpha}_1=\begin{pmatrix}1\\2\\-1\\4\end{pmatrix}$，$\boldsymbol{\alpha}_2=\begin{pmatrix}9\\100\\10\\4\end{pmatrix}$，$\boldsymbol{\alpha}_3=\begin{pmatrix}-2\\-4\\2\\-8\end{pmatrix}$.

五、求解下列齐次线性方程组

1．$\begin{cases}x_1+x_2-x_3-x_4=0,\\2x_1-5x_2+3x_3+2x_4=0,\\7x_1-7x_2+3x_3+x_4=0.\end{cases}$

2．$\begin{cases}x_1-2x_2+x_3+x_4=0,\\x_1-2x_2+x_3-x_4=0,\\x_1-2x_2+x_3+5x_4=0.\end{cases}$

六、求下列方程组的通解，一个特解，并求对应的齐次线性方程组的通解和一个基础解系

1．$\begin{cases}x_1-x_2-x_3+x_4=0,\\x_1-x_2+x_3-3x_4=1,\\x_1-x_2-2x_3+3x_4=-\dfrac{1}{2}.\end{cases}$

2． $\begin{cases} x_1+2x_2-x_3+2x_4=1, \\ 2x_1+4x_2+x_3+x_4=5, \\ -x_1-2x_2-2x_3+x_4=-4. \end{cases}$

七、讨论当 p，q 为何值时，非齐次线性方程组

$$\begin{cases} x_1+2x_2+x_3=0, \\ x_1+3x_2+2x_3=0, \\ 2x_1+3x_2+px_3=q \end{cases}$$

（1）无解；（2）有唯一解；（3）有无穷多解．若有无穷多解，求其通解．

八、证明题

1．设向量组 $\boldsymbol{\alpha}$，$\boldsymbol{\beta}$，$\boldsymbol{\gamma}$ 线性无关，证明 $2\boldsymbol{\alpha}+3\boldsymbol{\beta}$，$\boldsymbol{\beta}+4\boldsymbol{\gamma}$，$\boldsymbol{\gamma}+5\boldsymbol{\alpha}$ 线性无关．

2．设向量组 $\boldsymbol{\alpha}_1$，$\boldsymbol{\alpha}_2$，$\boldsymbol{\alpha}_3$ 线性无关，$\boldsymbol{\beta}_1=\boldsymbol{\alpha}_1$，$\boldsymbol{\beta}_2=\boldsymbol{\alpha}_1+\boldsymbol{\alpha}_2$，$\boldsymbol{\beta}_3=\boldsymbol{\alpha}_1+\boldsymbol{\alpha}_2+\boldsymbol{\alpha}_3$，证明向量组 $\boldsymbol{\beta}_1$，$\boldsymbol{\beta}_2$，$\boldsymbol{\beta}_3$ 线性无关．

第 5 章　相似矩阵与二次型

本章学习目标

本章主要介绍向量的内积和正交化方法，方阵的特征值与特征向量，相似矩阵，对称矩阵的相似矩阵，二次型的矩阵表示，把二次型化为标准形及正定二次型. 通过本章的学习，读者应该掌握以下内容：

- 向量的内积、长度、正交和正交向量组与正交矩阵的概念
- 施密特正交化方法
- 方阵的特征值与特征向量的定义及计算
- 相似矩阵的定义及求对称矩阵的相似矩阵
- 二次型及其矩阵表示
- 把二次型化为标准形
- 正定二次型的判定

5.1　向量的内积、正交化方法

5.1.1　向量的内积

定义 1　设有 n 维向量

$$\boldsymbol{\alpha}=\begin{pmatrix}a_1\\a_2\\\vdots\\a_n\end{pmatrix},\quad \boldsymbol{\beta}=\begin{pmatrix}b_1\\b_2\\\vdots\\b_n\end{pmatrix},$$

令　$[\boldsymbol{\alpha},\ \boldsymbol{\beta}]=a_1b_1+a_2b_2+\cdots+a_nb_n$，$[\boldsymbol{\alpha},\ \boldsymbol{\beta}]$ 称为向量 $\boldsymbol{\alpha}$ 与 $\boldsymbol{\beta}$ 的内积.

内积是两个向量之间的运算，其结果是一个实数，可以用矩阵记号表示.

当 $\boldsymbol{\alpha}$ 与 $\boldsymbol{\beta}$ 都是列向量时，有

$$[\boldsymbol{\alpha},\ \boldsymbol{\beta}]=a_1b_1+a_2b_2+\cdots+a_nb_n=\boldsymbol{\alpha}^T\boldsymbol{\beta}=\boldsymbol{\beta}^T\boldsymbol{\alpha}.$$

当 $\boldsymbol{\alpha}$ 与 $\boldsymbol{\beta}$ 都是行向量时，有

$$[\boldsymbol{\alpha},\ \boldsymbol{\beta}]=a_1b_1+a_2b_2+\cdots+a_nb_n=\boldsymbol{\alpha}\boldsymbol{\beta}^T=\boldsymbol{\beta}\boldsymbol{\alpha}^T.$$

向量的内积具有下列性质（其中 $\boldsymbol{\alpha}$，$\boldsymbol{\beta}$ 与 $\boldsymbol{\gamma}$ 都是列向量，k 为实数）：

性质 1 $[\boldsymbol{\alpha}, \boldsymbol{\beta}]=[\boldsymbol{\beta}, \boldsymbol{\alpha}]$；

性质 2 $[k\boldsymbol{\alpha}, \boldsymbol{\beta}]=k[\boldsymbol{\alpha}, \boldsymbol{\beta}]=[\boldsymbol{\alpha}, k\boldsymbol{\beta}]$；

性质 3 $[\boldsymbol{\alpha}+\boldsymbol{\beta}, \boldsymbol{\gamma}]=[\boldsymbol{\alpha}, \boldsymbol{\gamma}]+[\boldsymbol{\beta}, \boldsymbol{\gamma}]$；

性质 4 $[\boldsymbol{\alpha}, \boldsymbol{\alpha}]=0$ 的充要条件是 $\boldsymbol{\alpha}=\mathbf{0}$；当 $\boldsymbol{\alpha}\neq\mathbf{0}$ 时，$[\boldsymbol{\alpha}, \boldsymbol{\alpha}]>0$.

利用这些性质，还可以证明施瓦茨（Schwarz）不等式：

$$[\boldsymbol{\alpha}, \boldsymbol{\beta}]^2 \leqslant [\boldsymbol{\alpha}, \boldsymbol{\alpha}][\boldsymbol{\beta}, \boldsymbol{\beta}],$$

在解析几何中，我们曾经引入向量的数量积

$$\boldsymbol{\alpha}\cdot\boldsymbol{\beta}=|\boldsymbol{\alpha}||\boldsymbol{\beta}|\cos\langle\boldsymbol{\alpha}\hat{\ }\boldsymbol{\beta}\rangle.$$

且在直角坐标系中，有

$$\boldsymbol{\alpha}\cdot\boldsymbol{\beta}=(a_1, a_2, a_3)\cdot(b_1, b_2, b_3)=a_1b_1+a_2b_2+a_3b_3.$$

n 维向量的内积是数量积的推广，但 n 维向量没有三维向量那样直观的长度和夹角的概念，因此只能按数量积的直角坐标计算公式来推广. 并且反过来，利用内积来定义 n 维向量的长度和夹角.

5.1.2 向量的长度

定义 2 设有 n 维向量 $\boldsymbol{\alpha}=\begin{pmatrix}a_1\\a_2\\\vdots\\a_n\end{pmatrix}$，令 $\|\boldsymbol{\alpha}\|=\sqrt{[\boldsymbol{\alpha},\boldsymbol{\alpha}]}=\sqrt{a_1^2+a_2^2+\cdots+a_n^2}$，

$\|\boldsymbol{\alpha}\|$ 称为 n 维向量 $\boldsymbol{\alpha}$ 的长度（或范数）.

当 $\|\boldsymbol{\alpha}\|=1$ 时，称 $\boldsymbol{\alpha}$ 为单位向量.

向量的长度具有下列性质：

性质 1 非负性：当 $\boldsymbol{\alpha}\neq\mathbf{0}$ 时，$\|\boldsymbol{\alpha}\|>0$；当 $\boldsymbol{\alpha}=\mathbf{0}$ 时，$\|\boldsymbol{\alpha}\|=0$.

性质 2 齐次性：$\|k\boldsymbol{\alpha}\|=|k|\|\boldsymbol{\alpha}\|$（$k$ 为实数）.

显然，若 $\boldsymbol{\alpha}\neq\mathbf{0}$，则 $\left\|\dfrac{\boldsymbol{\alpha}}{\|\boldsymbol{\alpha}\|}\right\|=1$，即当 $\boldsymbol{\alpha}\neq\mathbf{0}$ 时，$\dfrac{\boldsymbol{\alpha}}{\|\boldsymbol{\alpha}\|}$ 为单位向量. 记 $e=\dfrac{\boldsymbol{\alpha}}{\|\boldsymbol{\alpha}\|}$，称非零向量单位化.

性质 3 三角不等式：$\|\boldsymbol{\alpha}+\boldsymbol{\beta}\|\leqslant\|\boldsymbol{\alpha}\|+\|\boldsymbol{\beta}\|$.

由施瓦茨不等式 $[\boldsymbol{\alpha}, \boldsymbol{\beta}]^2\leqslant[\boldsymbol{\alpha}, \boldsymbol{\alpha}][\boldsymbol{\beta}, \boldsymbol{\beta}]$，有

$$|[\boldsymbol{\alpha}, \boldsymbol{\beta}]|\leqslant\|\boldsymbol{\alpha}\|\ \|\boldsymbol{\beta}\|,$$

故 $$\left|\frac{[\boldsymbol{\alpha}, \boldsymbol{\beta}]}{\|\boldsymbol{\alpha}\|\ \|\boldsymbol{\beta}\|}\right|\leqslant 1 \quad （当 \|\boldsymbol{\alpha}\|\ \|\boldsymbol{\beta}\|\neq 0 时）.$$

于是有下面的定义：

当$\boldsymbol{\alpha} \neq \mathbf{0}$, $\boldsymbol{\beta} \neq \mathbf{0}$时，$\boldsymbol{\theta} = \arccos\dfrac{[\boldsymbol{\alpha}, \boldsymbol{\beta}]}{\|\boldsymbol{\alpha}\| \, \|\boldsymbol{\beta}\|}$，称为$n$维向量$\boldsymbol{\alpha}$与$\boldsymbol{\beta}$的夹角.

当$[\boldsymbol{\alpha}, \boldsymbol{\beta}] = 0$时，称向量$\boldsymbol{\alpha}$与$\boldsymbol{\beta}$正交. 显然，零向量与任何向量都正交.

5.1.3 正交向量组

定义 3 一组两两正交的非零向量组，称为正交向量组.

设$\boldsymbol{\alpha}_1, \boldsymbol{\alpha}_2, \cdots, \boldsymbol{\alpha}_m$是正交向量组，则

$$[\alpha_i, \alpha_j] = \begin{cases} 0, & i \neq j, \\ \|\alpha_i\|^2, & i = j \end{cases} \quad (i, j = 1, 2, \cdots, m) .$$

若$\boldsymbol{\alpha}_1, \boldsymbol{\alpha}_2, \cdots, \boldsymbol{\alpha}_m$两两正交且都为单位向量，则称$\boldsymbol{\alpha}_1, \boldsymbol{\alpha}_2, \cdots, \boldsymbol{\alpha}_m$为单位正交向量组. 记作$e_1, e_2, \cdots, e_m$.

显然n维单位向量组$\boldsymbol{e}_1 = \begin{pmatrix} 1 \\ 0 \\ \vdots \\ 0 \end{pmatrix}$, $\boldsymbol{e}_2 = \begin{pmatrix} 0 \\ 1 \\ \vdots \\ 0 \end{pmatrix}$, $\cdots$, $\boldsymbol{e}_n = \begin{pmatrix} 0 \\ 0 \\ \vdots \\ 1 \end{pmatrix}$为单位正交向量组.

正交向量组有下列性质：

性质 1 若$\boldsymbol{\alpha}_1, \boldsymbol{\alpha}_2, \cdots, \boldsymbol{\alpha}_m$是正交向量组，则$\boldsymbol{\alpha}_1, \boldsymbol{\alpha}_2, \cdots, \boldsymbol{\alpha}_m$线性无关.

性质 2 设$\boldsymbol{e}_1, \boldsymbol{e}_2, \cdots, \boldsymbol{e}_m$为单位正交向量组，$\boldsymbol{\alpha}$为同维数的任一向量，若存在实数$k_1, k_2, \cdots, k_m$，使

$$\boldsymbol{\alpha} = k_1\boldsymbol{e}_1 + k_2\boldsymbol{e}_2 + \cdots + k_m\boldsymbol{e}_m ,$$

则$k_i = [\boldsymbol{\alpha}, \boldsymbol{e}_i] \quad (i = 1, 2, \cdots, m)$.

例 1 已知两个三维向量$\boldsymbol{\alpha}_1 = \begin{pmatrix} 1 \\ -2 \\ 1 \end{pmatrix}$, $\boldsymbol{\alpha}_2 = \begin{pmatrix} 1 \\ 1 \\ 1 \end{pmatrix}$正交，求一个非零向量$\boldsymbol{\alpha}_3$，使$\boldsymbol{\alpha}_1, \boldsymbol{\alpha}_2, \boldsymbol{\alpha}_3$两两正交.

解 记$A = \begin{pmatrix} \boldsymbol{\alpha}_1^T \\ \boldsymbol{\alpha}_2^T \end{pmatrix} = \begin{pmatrix} 1 & -2 & 1 \\ 1 & 1 & 1 \end{pmatrix}$，则$\boldsymbol{\alpha}_3$应满足齐次线性方程组$A\boldsymbol{x} = \mathbf{0}$，即

$$\begin{pmatrix} 1 & -2 & 1 \\ 1 & 1 & 1 \end{pmatrix} \begin{pmatrix} x_1 \\ x_2 \\ x_3 \end{pmatrix} = \begin{pmatrix} 0 \\ 0 \end{pmatrix}.$$

因为
$$A = \begin{pmatrix} 1 & -2 & 1 \\ 1 & 1 & 1 \end{pmatrix} \to \begin{pmatrix} 1 & 0 & 1 \\ 0 & 1 & 0 \end{pmatrix},$$

所以同解方程组为$\begin{cases} x_1 = -x_3, \\ x_2 = 0, \\ x_3 = x_3, \end{cases}$ 通解为$\begin{pmatrix} x_1 \\ x_2 \\ x_3 \end{pmatrix} = c_1 \begin{pmatrix} -1 \\ 0 \\ 1 \end{pmatrix}$，

一基础解系为$\begin{pmatrix} -1 \\ 0 \\ 1 \end{pmatrix}$，取$\boldsymbol{\alpha}_3 = \begin{pmatrix} -1 \\ 0 \\ 1 \end{pmatrix}$即可.

5.1.4 正交化方法

可以采用以下办法找到与线性无关向量组等价的单位正交向量组．方法如下：设$\boldsymbol{\alpha}_1$，$\boldsymbol{\alpha}_2$，…，$\boldsymbol{\alpha}_m$为一线性无关向量组.

（1）正交化.

取
$$\boldsymbol{\beta}_1 = \boldsymbol{\alpha}_1;$$
$$\boldsymbol{\beta}_2 = \boldsymbol{\alpha}_2 - \frac{[\boldsymbol{\alpha}_2, \boldsymbol{\beta}_1]}{[\boldsymbol{\beta}_1, \boldsymbol{\beta}_1]}\boldsymbol{\beta}_1;$$
$$\boldsymbol{\beta}_3 = \boldsymbol{\alpha}_3 - \frac{[\boldsymbol{\alpha}_3, \boldsymbol{\beta}_1]}{[\boldsymbol{\beta}_1, \boldsymbol{\beta}_1]}\boldsymbol{\beta}_1 - \frac{[\boldsymbol{\alpha}_3, \boldsymbol{\beta}_2]}{[\boldsymbol{\beta}_2, \boldsymbol{\beta}_2]}\boldsymbol{\beta}_2;$$

依次类推，一般地，有
$$\boldsymbol{\beta}_j = \boldsymbol{\alpha}_j - \frac{[\boldsymbol{\alpha}_j, \boldsymbol{\beta}_1]}{[\boldsymbol{\beta}_1, \boldsymbol{\beta}_1]}\boldsymbol{\beta}_1 - \frac{[\boldsymbol{\alpha}_j, \boldsymbol{\beta}_2]}{[\boldsymbol{\beta}_2, \boldsymbol{\beta}_2]}\boldsymbol{\beta}_2 - \cdots - \frac{[\boldsymbol{\alpha}_j, \boldsymbol{\beta}_{j-1}]}{[\boldsymbol{\beta}_{j-1}, \boldsymbol{\beta}_{j-1}]}\boldsymbol{\beta}_{j-1}$$
（$j = 1, 2, \cdots, m$）.

可以证明，$\boldsymbol{\beta}_1$，$\boldsymbol{\beta}_2$，…，$\boldsymbol{\beta}_m$两两正交，且$\boldsymbol{\beta}_1$，$\boldsymbol{\beta}_2$，…，$\boldsymbol{\beta}_m$与$\boldsymbol{\alpha}_1$，$\boldsymbol{\alpha}_2$，…，$\boldsymbol{\alpha}_m$等价.

（2）单位化.

令
$$\boldsymbol{e}_j = \frac{\boldsymbol{\beta}_j}{\|\boldsymbol{\beta}_j\|} \quad (j = 1, 2, \cdots, m),$$
则$\boldsymbol{e}_1$，$\boldsymbol{e}_2$，…，$\boldsymbol{e}_m$为单位正交向量组，且$\boldsymbol{e}_1$，$\boldsymbol{e}_2$，…，$\boldsymbol{e}_m$与$\boldsymbol{\alpha}_1$，$\boldsymbol{\alpha}_2$，…，$\boldsymbol{\alpha}_m$等价.

上述从线性无关向量组导出等价正交向量组的方法称为施密特（Schimidt）正交化过程.

注意：与$\boldsymbol{\alpha}_1$，$\boldsymbol{\alpha}_2$，…，$\boldsymbol{\alpha}_m$等价的单位正交向量组不唯一．由于正交化过程中所取向量次序不同，所得结果不同，而计算的难易程度也不同.

例 2 用施密特正交化方法，求与线性无关组$\boldsymbol{\alpha}_1 = \begin{pmatrix} 1 \\ 0 \\ 0 \end{pmatrix}$，$\boldsymbol{\alpha}_2 = \begin{pmatrix} 1 \\ 1 \\ 0 \end{pmatrix}$，$\boldsymbol{\alpha}_3 = \begin{pmatrix} 1 \\ 1 \\ 1 \end{pmatrix}$等价的单位正交向量组.

解 取

$$\boldsymbol{\beta}_1=\boldsymbol{\alpha}_1=\begin{pmatrix}1\\0\\0\end{pmatrix},$$

$$\boldsymbol{\beta}_2=\boldsymbol{\alpha}_2-\frac{[\boldsymbol{\alpha}_2,\ \boldsymbol{\beta}_1]}{[\boldsymbol{\beta}_1,\ \boldsymbol{\beta}_1]}\boldsymbol{\beta}_1=\begin{pmatrix}1\\1\\0\end{pmatrix}-\frac{1}{1}\begin{pmatrix}1\\0\\0\end{pmatrix}=\begin{pmatrix}0\\1\\0\end{pmatrix},$$

$$\boldsymbol{\beta}_3=\boldsymbol{\alpha}_3-\frac{[\boldsymbol{\alpha}_3,\ \boldsymbol{\beta}_1]}{[\boldsymbol{\beta}_1,\ \boldsymbol{\beta}_1]}\boldsymbol{\beta}_1-\frac{[\boldsymbol{\alpha}_3,\ \boldsymbol{\beta}_2]}{[\boldsymbol{\beta}_2,\ \boldsymbol{\beta}_2]}\boldsymbol{\beta}_2=\begin{pmatrix}1\\1\\1\end{pmatrix}-\frac{1}{1}\begin{pmatrix}1\\0\\0\end{pmatrix}-\frac{1}{1}\begin{pmatrix}0\\1\\0\end{pmatrix}=\begin{pmatrix}0\\0\\1\end{pmatrix}.$$

而$\boldsymbol{\beta}_1$，$\boldsymbol{\beta}_2$，$\boldsymbol{\beta}_3$为单位向量，则$\boldsymbol{\beta}_1$，$\boldsymbol{\beta}_2$，$\boldsymbol{\beta}_3$即为所求.

例 3 已知$\boldsymbol{\alpha}_1=\begin{pmatrix}1\\1\\1\end{pmatrix}$，求一组非零向量$\boldsymbol{\alpha}_2$，$\boldsymbol{\alpha}_3$，使$\boldsymbol{\alpha}_1$，$\boldsymbol{\alpha}_2$，$\boldsymbol{\alpha}_3$两两正交.

解 $\boldsymbol{\alpha}_2$，$\boldsymbol{\alpha}_3$应该满足$[\boldsymbol{\alpha}_1,\ \boldsymbol{x}]=\boldsymbol{0}$，即$x_1+x_2+x_3=0$.

其同解方程组为

$$\begin{cases}x_1=-x_2-x_3,\\x_2=x_2,\\x_3=x_3.\end{cases}$$

它的通解为$\begin{pmatrix}x_1\\x_2\\x_3\end{pmatrix}=c_1\begin{pmatrix}-1\\1\\0\end{pmatrix}+c_2\begin{pmatrix}-1\\0\\1\end{pmatrix}$，

一基础解系为$\boldsymbol{\xi}_1=\begin{pmatrix}-1\\1\\0\end{pmatrix}$，$\boldsymbol{\xi}_2=\begin{pmatrix}-1\\0\\1\end{pmatrix}$，

把基础解系正交化，即为所求. 取

$$\boldsymbol{\alpha}_2=\boldsymbol{\xi}_1=\begin{pmatrix}-1\\1\\0\end{pmatrix},$$

$$\boldsymbol{\alpha}_3=\boldsymbol{\xi}_2-\frac{[\boldsymbol{\xi}_2,\ \boldsymbol{\xi}_1]}{[\boldsymbol{\xi}_1,\ \boldsymbol{\xi}_1]}\boldsymbol{\xi}_1=\begin{pmatrix}-1\\0\\1\end{pmatrix}-\frac{1}{2}\begin{pmatrix}-1\\1\\0\end{pmatrix}=\begin{pmatrix}-\frac{1}{2}\\-\frac{1}{2}\\1\end{pmatrix},$$

于是得 $\boldsymbol{\alpha}_2=\begin{pmatrix}-1\\1\\0\end{pmatrix}$，$\boldsymbol{\alpha}_3=\begin{pmatrix}-\frac{1}{2}\\-\frac{1}{2}\\1\end{pmatrix}$.

5.1.5 正交矩阵

定义 4 如果 n 阶矩阵 A 满足 $A^TA=E$，那么称 A 为正交矩阵.

例如 $\begin{pmatrix}1&0\\0&1\end{pmatrix}$，$\begin{pmatrix}\cos\boldsymbol{\theta}&-\sin\boldsymbol{\theta}\\\sin\boldsymbol{\theta}&\cos\boldsymbol{\theta}\end{pmatrix}$，$\begin{pmatrix}1&0&0\\0&\frac{1}{\sqrt{2}}&-\frac{1}{\sqrt{2}}\\0&\frac{1}{\sqrt{2}}&\frac{1}{\sqrt{2}}\end{pmatrix}$都是正交矩阵.

记 $A=(\boldsymbol{\alpha}_1,\ \boldsymbol{\alpha}_2,\ \cdots,\ \boldsymbol{\alpha}_n)$，则上式用 A 的列向量表示，即是

$$\begin{pmatrix}\boldsymbol{\alpha}_1^T\\\boldsymbol{\alpha}_2^T\\\vdots\\\boldsymbol{\alpha}_n^T\end{pmatrix}(\boldsymbol{\alpha}_1,\ \boldsymbol{\alpha}_2,\ \cdots,\ \boldsymbol{\alpha}_n)=E.$$

这也就是 n^2 个关系式

$$\boldsymbol{\alpha}_i^T\boldsymbol{\alpha}_j=\begin{cases}1 & i=j\\0 & i\neq j\end{cases}\quad (i,\ j=1,\ 2,\ \cdots,\ n).$$

又因为 $A^TA=E$ 与 $AA^T=E$ 等价，所以有：

n 阶矩阵 A 为正交矩阵 $\Leftrightarrow$ A 的列向量都是单位向量，且两两正交 $\Leftrightarrow$ A 的行向量都是单位向量，且两两正交.

例如
$$A=\begin{pmatrix}1&0&0\\1&\frac{1}{\sqrt{2}}&-\frac{1}{\sqrt{2}}\\0&\frac{1}{\sqrt{2}}&\frac{1}{\sqrt{2}}\end{pmatrix},$$
因为 A 的第一列与第二列向量不正交，所以 A 不是正交矩阵.

正交矩阵有下列性质：

性质 1 若 A 为正交阵，那么 A 是可逆阵，且 $A^{-1}=A^T$，$|A|=1$ 或 -1.

性质 2 若 A 为正交阵，那么 A^T 也是正交矩阵.

性质 3　n 阶矩阵 A 为正交矩阵 $\Leftrightarrow$ $A^{-1}=A^T$.

性质 4　若 A, B 为同阶正交矩阵，则 AB, BA 也是正交矩阵.

定义 5　若 P 为正交矩阵，则变换 $\boldsymbol{y}=P\boldsymbol{x}$ 称为正交变换.

设 $\boldsymbol{y}=P\boldsymbol{x}$ 为正交变换，则有

$$\|\boldsymbol{y}\|=\sqrt{\boldsymbol{y}^T\boldsymbol{y}}=\sqrt{\boldsymbol{x}^TP^TP\boldsymbol{x}}=\sqrt{\boldsymbol{x}^T\boldsymbol{x}}=\|\boldsymbol{x}\|.$$

表明经正交变换，向量的长度保持不变，这是正交变换的优良特性.

5.2　方阵的特征值与特征向量

5.2.1　方阵的特征值与特征向量

定义 5　设 $A=(a_{ij})$ 是一个 n 阶方阵，如果存在数 $\boldsymbol{\lambda}$ 及 n 维非零列向量

$$\boldsymbol{x}=\begin{pmatrix}x_1\\x_2\\\vdots\\x_n\end{pmatrix}$$

使得 $A\boldsymbol{x}=\boldsymbol{\lambda}\boldsymbol{x}$，那么，这样的数 $\boldsymbol{\lambda}$ 称为方阵 A 的特征值，非零列向量 $\boldsymbol{x}$ 称为方阵 A 的对应于（或属于）特征值 $\boldsymbol{\lambda}$ 的特征向量.

式子 $A\boldsymbol{x}=\boldsymbol{\lambda}\boldsymbol{x}$ 也可以写成 $(A-\boldsymbol{\lambda}E)\boldsymbol{x}=\boldsymbol{0}$，这是 n 个未知数 n 个方程的齐次线性方程组，它有非零解的充分必要条件是系数行列式 $|A-\boldsymbol{\lambda}E|=0$.

即
$$\begin{vmatrix}a_{11}-\boldsymbol{\lambda} & a_{12} & \cdots & a_{1n}\\ a_{21} & a_{22}-\boldsymbol{\lambda} & \cdots & a_{2n}\\ \cdots & \cdots & \cdots & \cdots\\ a_{n1} & a_{n2} & \cdots & a_{nn}-\boldsymbol{\lambda}\end{vmatrix}=0.$$

上式是以 λ 为未知数的一元 n 次方程，称为方阵 A 的特征方程. 其左端 $|A-\boldsymbol{\lambda}E|$ 是 $\boldsymbol{\lambda}$ 的 n 次多项式，记作 $f(\boldsymbol{\lambda})$，称为方阵 A 的特征多项式. 显然，A 的特征值就是特征方程的解.

5.2.2　n 阶方阵 A 的特征值与特征向量的求法

由定义 5 可得求 n 阶方阵 A 的特征值与特征向量的步骤：

（1）计算 A 的特征多项式 $f(\lambda)=|A-\lambda E|$；

（2）求出特征方程的所有根：λ_1, λ_2, $\cdots$, λ_s；

（3）对每个特征值 λ_i，求出相应的齐次线性方程组 $(A-\lambda_iE)\boldsymbol{x}=\boldsymbol{0}$ 的一个基础解系（设 $A-\lambda_iE$ 的秩为 r）：$\boldsymbol{\xi}_1$, $\boldsymbol{\xi}_2$, $\cdots$, $\boldsymbol{\xi}_{n-r}$.

这就是对应于特征值 λ_i 的线性无关的特征向量，而对应于 λ_i 的全部特征向量

就是方程组 $(A-\lambda_i E)\boldsymbol{x}=\mathbf{0}$ 的所有非零解，因而就是 $c_1\xi_1+c_2\xi_2+\cdots+c_{n-r}\xi_{n-r}$. 其中 c_1, c_2, $\cdots$, c_{n-r} 是任意不全为零的常数.

例 4 求矩阵 $A=\begin{pmatrix}2 & -1\\ -1 & 2\end{pmatrix}$ 的特征值与特征向量.

解 特征多项式为

$$|A-\lambda E|=\begin{vmatrix}2-\lambda & -1\\ -1 & 2-\lambda\end{vmatrix}=(2-\lambda)^2-1=\lambda^2-4\lambda+3=(\lambda-1)(\lambda-3),$$

所以 A 的特征值为 $\lambda_1=1$, $\lambda_2=3$.

对于特征值 $\lambda_1=1$，解方程 $(A-E)\boldsymbol{x}=\mathbf{0}$. 由

$$A-E=\begin{pmatrix}1 & -1\\ -1 & 1\end{pmatrix}\to\begin{pmatrix}1 & -1\\ 0 & 0\end{pmatrix},$$

得同解方程组 $\begin{cases}x_1=x_2,\\ x_2=x_2.\end{cases}$

故得通解 $\begin{pmatrix}x_1\\ x_2\end{pmatrix}=c_1\begin{pmatrix}1\\ 1\end{pmatrix}\quad (c_1\in\mathbf{R})$,

一基础解系为 $\xi_1=\begin{pmatrix}1\\ 1\end{pmatrix}$,

从而 ξ_1 为对应于 $\lambda_1=1$ 的特征向量，所以对应于 $\lambda_1=1$ 的全部特征向量为 $c_1\boldsymbol{\xi}_1(c_1\neq 0)$.

对于特征值 $\lambda_2=3$，解方程 $(A-3E)\boldsymbol{x}=\mathbf{0}$. 由

$$A-3E=\begin{pmatrix}-1 & -1\\ -1 & -1\end{pmatrix}\to\begin{pmatrix}1 & 1\\ 0 & 0\end{pmatrix},$$

得同解方程组 $\begin{cases}x_1=-x_2,\\ x_2=x_2.\end{cases}$

故得通解 $\begin{pmatrix}x_1\\ x_2\end{pmatrix}=c_2\begin{pmatrix}-1\\ 1\end{pmatrix}\quad (c_2\in\mathbf{R})$,

一基础解系为 $\xi_2=\begin{pmatrix}-1\\ 1\end{pmatrix}$,

从而 ξ_2 为对应于 $\lambda_2=3$ 的特征向量，所以对应于 $\lambda_2=3$ 的全部特征向量为 $c_2\xi_2(c_2\neq 0)$.

例 5 求矩阵 $A=\begin{pmatrix}1 & -3 & 3\\ 3 & -5 & 3\\ 6 & -6 & 4\end{pmatrix}$ 的特征值与特征向量.

解 特征多项式为

$$|A-\lambda E|=\begin{vmatrix}1-\lambda & -3 & 3\\ 3 & -5-\lambda & 3\\ 6 & -6 & 4-\lambda\end{vmatrix}=\begin{vmatrix}-2-\lambda & -3 & 3\\ -2-\lambda & -5-\lambda & 3\\ 0 & -6 & 4-\lambda\end{vmatrix}$$

$$=(-2-\lambda)\begin{vmatrix}1 & -3 & 3\\ 1 & -5-\lambda & 3\\ 0 & -6 & 4-\lambda\end{vmatrix}=(\lambda+2)^2(4-\lambda).$$

解得 A 有 2 重特征值 $\lambda_1=\lambda_2=-2$，有单特征值 $\lambda_3=4$.

对于特征值 $\lambda_1=\lambda_2=-2$，解方程 $[A-(-2E)]\boldsymbol{x}=0$，即 $(A+2E)\boldsymbol{x}=\mathbf{0}$. 由

$$A+2E=\begin{pmatrix}3 & -3 & 3\\ 3 & -3 & 3\\ 6 & -6 & 6\end{pmatrix}\to\begin{pmatrix}1 & -1 & 1\\ 0 & 0 & 0\\ 0 & 0 & 0\end{pmatrix},$$

得同解方程组 $\begin{cases}x_1=x_2-x_3,\\ x_2=x_2,\\ x_3=x_3.\end{cases}$

故得通解 $\begin{pmatrix}x_1\\ x_2\\ x_3\end{pmatrix}=c_1\begin{pmatrix}1\\ 1\\ 0\end{pmatrix}+c_2\begin{pmatrix}-1\\ 0\\ 1\end{pmatrix}\quad(c_1,\ c_2\in\mathbf{R})$.

一基础解系为 $\xi_1=\begin{pmatrix}1\\ 1\\ 0\end{pmatrix}$，$\xi_2=\begin{pmatrix}-1\\ 0\\ 1\end{pmatrix}$，

从而 ξ_1，ξ_2 为对应于特征值 $\lambda_1=\lambda_2=-2$ 的线性无关的特征向量. 所以 A 的对应于特征值 $\lambda_1=\lambda_2=-2$ 的全部特征向量为 $c_1\xi_1+c_2\xi$（c_1，c_2 不全为零）.

对于特征值 $\lambda_3=4$，解方程 $(A-4E)\boldsymbol{x}=\mathbf{0}$，由

$$A-4E=\begin{pmatrix}-3 & -3 & 3\\ 3 & -9 & 3\\ 6 & -6 & 0\end{pmatrix}\to\begin{pmatrix}1 & 1 & -1\\ 0 & 12 & -6\\ 0 & 12 & -6\end{pmatrix}\to\begin{pmatrix}1 & 0 & -\frac{1}{2}\\ 0 & 1 & -\frac{1}{2}\\ 0 & 0 & 0\end{pmatrix},$$

得同解方程组 $\begin{cases}x_1=\frac{1}{2}x_3,\\ x_2=\frac{1}{2}x_3,\\ x_3=x_3.\end{cases}$

故得通解 $\begin{pmatrix} x_1 \\ x_2 \\ x_3 \end{pmatrix} = \frac{1}{2}c_3'\begin{pmatrix} 1 \\ 1 \\ 2 \end{pmatrix} = c_3\begin{pmatrix} 1 \\ 1 \\ 2 \end{pmatrix}$ $\quad (c_3 = \frac{1}{2}c_3',\ c_3' \in \mathbf{R})$，

一基础解系为 $\xi_3 = \begin{pmatrix} 1 \\ 1 \\ 2 \end{pmatrix}$，

从而 ξ_3 为 A 的对应于特征值 $\lambda_3 = 4$ 的线性无关的特征向量，所以 A 的对应于特征值 $\lambda_3 = 4$ 的全部特征向量为 $c_3\xi_3$（c_3 不为零）.

例 6 求矩阵 $A = \begin{pmatrix} -1 & 1 & 0 \\ -4 & 3 & 0 \\ 1 & 0 & 2 \end{pmatrix}$ 的特征值与特征向量.

解 $|A - \lambda E| = \begin{vmatrix} -1-\lambda & 1 & 0 \\ -4 & 3-\lambda & 0 \\ 1 & 0 & 2-\lambda \end{vmatrix} = (2-\lambda)\begin{vmatrix} -1-\lambda & 1 \\ -4 & 3-\lambda \end{vmatrix} = (2-\lambda)(1-\lambda)^2$，

所以 A 有 2 重特征值 $\lambda_1 = \lambda_2 = 1$，有单特征值 $\lambda_3 = 2$.

对于特征值 $\lambda_1 = \lambda_2 = 1$，解方程 $(A-E)\boldsymbol{x} = \mathbf{0}$. 由

$$A - E = \begin{pmatrix} -2 & 1 & 0 \\ -4 & 2 & 0 \\ 1 & 0 & 1 \end{pmatrix} \to \begin{pmatrix} 1 & 0 & 1 \\ 0 & 1 & 2 \\ 0 & 0 & 0 \end{pmatrix},$$

得同解方程组 $\begin{cases} x_1 = -x_3, \\ x_2 = -2x_3, \\ x_3 = x_3. \end{cases}$

故得通解 $\begin{pmatrix} x_1 \\ x_2 \\ x_3 \end{pmatrix} = c_1\begin{pmatrix} -1 \\ -2 \\ 1 \end{pmatrix}$ $\quad (c_1 \in \mathbf{R})$.

一基础解系为 $\xi_1 = \begin{pmatrix} -1 \\ -2 \\ 1 \end{pmatrix}$，

从而 ξ_1 为对应于特征值 $\lambda_1 = \lambda_2 = 1$ 的线性无关的特征向量. 所以 A 的对应于特征值 $\lambda_1 = \lambda_2 = 1$ 的全部特征向量为 $c_1\xi_1$（$c_1 \neq 0$）.

对于特征值 $\lambda_3 = 2$，解方程 $(A-2E)\boldsymbol{x} = \mathbf{0}$，由

$$A - 2E = \begin{pmatrix} -3 & 1 & 0 \\ -4 & 1 & 0 \\ 1 & 0 & 0 \end{pmatrix} \to \begin{pmatrix} 1 & 0 & 0 \\ 0 & 1 & 0 \\ 0 & 0 & 0 \end{pmatrix}.$$

得同解方程组$\begin{cases} x_1 = 0, \\ x_2 = 0, \\ x_3 = x_3. \end{cases}$

故得通解$\begin{pmatrix} x_1 \\ x_2 \\ x_3 \end{pmatrix} = c_2 \begin{pmatrix} 0 \\ 0 \\ 1 \end{pmatrix} \qquad (c_2 \in \mathbf{R})$，

一基础解系为$\xi_2 = \begin{pmatrix} 0 \\ 0 \\ 1 \end{pmatrix}$，

从而ξ_2为A的对应于特征值$\lambda_3 = 2$的线性无关的特征向量，所以A的对应于特征值$\boldsymbol{\lambda}_3 = 2$的全部特征向量为$c_2\xi_3 (c_2 \neq 0)$.

5.2.3 特征值的性质

性质 1 若n阶方阵$A = (a_{ij})$的全部特征值为$\boldsymbol{\lambda}_1, \boldsymbol{\lambda}_2, \cdots, \boldsymbol{\lambda}_n$（$k$重特征值算作$k$个特征值），则：（1）$\boldsymbol{\lambda}_1 + \boldsymbol{\lambda}_2 + \cdots + \boldsymbol{\lambda}_n = a_{11} + a_{22} + \cdots + a_{nn}$；

（2）$\boldsymbol{\lambda}_1 \boldsymbol{\lambda}_2 \cdots \boldsymbol{\lambda}_n = |A|$.

例如，对2阶矩阵$A = (a_{ij})_{2\times 2}$，A的特征方程为

$$|A - \boldsymbol{\lambda} E| = \begin{vmatrix} a_{11} - \boldsymbol{\lambda} & a_{12} \\ a_{21} & a_{22} - \boldsymbol{\lambda} \end{vmatrix} = \boldsymbol{\lambda}^2 - (a_{11} + a_{22})\boldsymbol{\lambda} + (a_{11}a_{22} - a_{12}a_{21}) = 0.$$

而
$$|A| = a_{11}a_{22} - a_{12}a_{21}.$$

如果A的特征值为$\boldsymbol{\lambda}_1, \boldsymbol{\lambda}_2$，即$\boldsymbol{\lambda}_1, \boldsymbol{\lambda}_2$是上述方程的根，则由代数方程的根与系数之间的关系，就有

$$\boldsymbol{\lambda}_1 + \boldsymbol{\lambda}_2 = a_{11} + a_{22},\ \boldsymbol{\lambda}_1 \boldsymbol{\lambda}_2 = a_{11}a_{22} - a_{12}a_{21} = |A|.$$

性质 2 设$\boldsymbol{\lambda}$是可逆方阵A的一个特征值，$\boldsymbol{x}$为对应的特征向量，则$\boldsymbol{\lambda} \neq 0$，且$\dfrac{1}{\boldsymbol{\lambda}}$是$A^{-1}$的一个特征值，$\boldsymbol{x}$为对应的特征向量.

注意：由性质2可知，方阵A可逆的充要条件是A的全部特征值都不为零.

性质 3 设λ是方阵A的一个特征值，$\boldsymbol{x}$为对应的特征向量，n是一个正整数，则λ^n是A^n的特征值，$\boldsymbol{x}$为对应的特征向量.

性质 4 设λ是方阵A的一个特征值，$\boldsymbol{x}$为对应的特征向量，若

$$\boldsymbol{\varphi}(A) = a_0 E + a_1 A + \cdots + a_n A^n$$

是矩阵A的多项式，则$\boldsymbol{\varphi}(\boldsymbol{\lambda})$是$\boldsymbol{\varphi}(A)$的特征值（其中$\boldsymbol{\varphi}(\lambda) = a_0 + a_1\lambda + \cdots + a_n\lambda^n$是$\lambda$的多项式），$\boldsymbol{x}$为$\boldsymbol{\varphi}(A)$对应于$\boldsymbol{\varphi}(\lambda)$的特征向量.

结论：若λ是可逆矩阵A的特征值，

$\boldsymbol{\varphi}(A) = a_0 E + a_1 A + \cdots + a_n A^n + b_1 A^{-1} + \cdots + b_m (A^{-1})^m$（$m, n$为正整数），

则 $\boldsymbol{\varphi}(\boldsymbol{\lambda})=a_0+a_1\boldsymbol{\lambda}+\cdots+a_n\boldsymbol{\lambda}^n+b_1\boldsymbol{\lambda}^{-1}+\cdots+b_m\boldsymbol{\lambda}^{-m}$ 为 $\boldsymbol{\varphi}(A)$ 的特征值.

例 7 设 3 阶矩阵 A 的特征值为 $1, -1, 2$，求 $\left|A^*+3A-2E\right|$.

解 因为 A 的特征值都不为零，知 A 可逆，故 $A^*=|A|A^{-1}$. 而

$$|A|=\lambda_1\lambda_2\lambda_3=1\times(-1)\times 2=-2,$$

所以

$$A^*+3A-2E=-2A^{-1}+3A-2E.$$

把上式记作 $\boldsymbol{\varphi}(A)$，则 $\boldsymbol{\varphi}(\lambda)=-\dfrac{2}{\lambda}+3\lambda-2$，故 $\boldsymbol{\varphi}(A)$ 的特征值为

$$\boldsymbol{\varphi}(1)=-1,\ \boldsymbol{\varphi}(-1)=-3,\ \boldsymbol{\varphi}(2)=3,$$

于是

$$\left|A^*+3A-2E\right|=-1\times(-3)\times 3=9.$$

5.2.4 特征向量的性质

性质 1 设 λ 是方阵 A 的一个特征值，$\boldsymbol{x}$ 为对应的特征向量，若又有数 μ，$A\boldsymbol{x}=\mu\boldsymbol{x}$，则 $\mu=\lambda$.

性质 2 设 $\lambda_1, \lambda_2, \cdots, \lambda_m$ 是方阵 A 的互不相同的特征值，$\boldsymbol{x}_i$ 是对应于 λ_i 的特征向量（$i=1, 2, \cdots, m$），则向量组 $\boldsymbol{x}_1, \boldsymbol{x}_2, \cdots, \boldsymbol{x}_m$ 线性无关. 即对应于互不相同的特征值的特征向量线性无关.

注意：性质 2 可以推广为：设 $\lambda_1, \lambda_2, \cdots, \lambda_m$ 是方阵 A 的互不相同的特征值，
$\boldsymbol{x}_{i1}, \boldsymbol{x}_{i2}, \cdots, \boldsymbol{x}_{ik_i}$
是属于 λ_i 的线性无关的特征向量（$i=1, 2, \cdots, m$），则向量组

$$\boldsymbol{x}_{11}, \boldsymbol{x}_{12}, \cdots \boldsymbol{x}_{1k_1}, \cdots, \boldsymbol{x}_{m1}, \boldsymbol{x}_{m2}, \cdots, \boldsymbol{x}_{mk_m}$$

线性无关. 即对于互不相同的特征值，取它们各自的线性无关的特征向量，则把这些特征向量合在一起的向量组仍是线性无关的.

例 8 设 λ_1,λ_2 是矩阵 A 的两个不同的特征值，对应的特征向量分别为 $\boldsymbol{x}_1, \boldsymbol{x}_2$，证明：$\boldsymbol{x}_1+\boldsymbol{x}_2$ 不是 A 的特征向量.

证明 由题设，有 $A\boldsymbol{x}_1=\lambda_1\boldsymbol{x}_1, A\boldsymbol{x}_2=\lambda_2\boldsymbol{x}_2$，故

$$A(\boldsymbol{x}_1+\boldsymbol{x}_2)=A\boldsymbol{x}_1+A\boldsymbol{x}_2=\lambda_1\boldsymbol{x}_1+\lambda_2\boldsymbol{x}_2.$$

用反证法，假设 $\boldsymbol{x}_1+\boldsymbol{x}_2$ 是 A 的特征向量，则应存在数 λ，使 $A(\boldsymbol{x}_1+\boldsymbol{x}_2)=\lambda(\boldsymbol{x}_1+\boldsymbol{x}_2)$，于是

$$\lambda_1\boldsymbol{x}_1+\lambda_2\boldsymbol{x}_2=\lambda(\boldsymbol{x}_1+\boldsymbol{x}_2)，即 (\lambda_1-\lambda)\boldsymbol{x}_1+(\lambda_2-\lambda)\boldsymbol{x}_2=\boldsymbol{0}.$$

因为 λ_1, λ_2 是矩阵 A 的两个不同的特征值，由性质 2 知 $\boldsymbol{x}_1, \boldsymbol{x}_2$ 线性无关，故由上式得 $\lambda_1-\lambda=\lambda_2-\lambda=0$，即 $\lambda_1=\lambda_2$，与题设矛盾. 因此 $\boldsymbol{x}_1+\boldsymbol{x}_2$ 不是 A 的特征向量.

5.3 相似矩阵

5.3.1 相似矩阵的概念

定义 6 设 A, B 都是 n 阶方阵，若有可逆矩阵 P，使 $P^{-1}AP=B$，则称 B 是 A 的相似矩阵，或称方阵 A 与 B 相似，记作 $A\simeq B$．

如 $A=\begin{pmatrix}3&4\\5&2\end{pmatrix}$, $B=\begin{pmatrix}-2&0\\0&7\end{pmatrix}$, $P=\begin{pmatrix}-4&1\\5&1\end{pmatrix}$，有 $P^{-1}AP=B$，从而 $A\simeq B$．

即
$$\begin{pmatrix}3&4\\5&2\end{pmatrix}\simeq\begin{pmatrix}-2&0\\0&7\end{pmatrix}.$$

5.3.2 相似矩阵的性质

"相似"是矩阵之间的一种关系．相似矩阵具有以下性质：

性质 1 反身性：$A\simeq A$．

性质 2 对称性：若 $A\simeq B$，则 $B\simeq A$．

性质 3 传递性：若 $A\simeq B$，$B\simeq C$，则 $A\simeq C$．

性质 4 相似矩阵的行列式相同．

证明 设 $A\simeq B$，即存在可逆矩阵 P，使 $P^{-1}AP=B$，则
$$|B|=|P^{-1}AP|=|P^{-1}||A||P|=|P^{-1}||P||A|=|A|.$$

性质 5 相似矩阵有相同的可逆性；若可逆，则它们的逆矩阵也相似．

证明 由性质 4 知，相似矩阵的行列式相同（同时为零或同时不为零），故它们具有相同的可逆性．

又设 $A\simeq B$，且 A,B 都可逆，由于 $P^{-1}AP=B$，故 $(P^{-1}AP)^{-1}=P^{-1}A^{-1}P=B^{-1}$，所以 $A^{-1}\simeq B^{-1}$．

性质 6 相似矩阵有相同的特征多项式，从而有相同的特征值．

证明 设 $A\simeq B$，即 $P^{-1}AP=B$，于是
$$\begin{aligned}|\lambda E-B|&=|\lambda E-P^{-1}AP|=|P^{-1}\lambda EP-P^{-1}AP|\\&=|P^{-1}(\lambda E-A)P|=|P^{-1}||\lambda E-A||P|\\&=|\lambda E-A|.\end{aligned}$$

上式表明，A 与 B 有相同的特征多项式，因此有相同的特征值．

注意：这个性质的逆命题是不成立的，即 A 与 B 有相同的特征多项式，或所有的特征值都相同，A 与 B 不一定相似．

如 $A=\begin{pmatrix}1&0\\0&1\end{pmatrix}$, $B=\begin{pmatrix}1&1\\0&1\end{pmatrix}$，它们的特征多项式都是 $(\lambda-1)^2$．但可以证明 A 与

B 不相似．事实上，A 是一个单位阵，对任意的非奇异矩阵 P，都有 $P^{-1}AP = P^{-1}EP = E$．因此，若 B 与 A 相似，B 也必须是单位阵，而现在 B 不是单位阵．

但需要注意，虽然相似矩阵有相同的特征值，但特征向量不一定相同；而若两个矩阵的特征多项式或特征值不相同，则两个矩阵必不相似．

性质 7 设 $P^{-1}AP = B$，λ 是 A 与 B 的某个特征值，若 $\boldsymbol{x}$ 是 A 的对应于 λ 的特征向量，则 $P^{-1}\boldsymbol{x}$ 是 B 的对应于 λ 的特征向量．

证明 由已知，$A\boldsymbol{x} = \lambda\boldsymbol{x}$，$P^{-1}AP = B$，因此 $A = PBP^{-1}$，于是 $PBP^{-1}\boldsymbol{x} = \lambda\boldsymbol{x}$．两边左乘 P^{-1}，得

$$P^{-1}(PBP^{-1}\boldsymbol{x}) = P^{-1}(\lambda\boldsymbol{x}),$$

即

$$B(P^{-1}\boldsymbol{x}) = \lambda(P^{-1}\boldsymbol{x}),$$

也就是说 $P^{-1}\boldsymbol{x}$ 是 B 的对应于 λ 的特征向量．

5.3.3 矩阵的相似对角化

下面我们讨论的主要问题是：对于给定的 n 阶矩阵 A，是否与对角矩阵相似？即存在可逆矩阵 P，使 $P^{-1}AP = \Lambda$ 为对角矩阵，称为把方阵 A 对角化．这个问题在许多实际问题中很关键．一般来说，一个矩阵并不一定能与一个对角矩阵相似．但有如下的定理：

定理 1 n 阶方阵 A 与对角矩阵相似（即 A 能对角化）的充分必要条件是 A 有 n 个线性无关的特征向量．

推论 （A 能对角化的充分条件）如果 n 阶方阵 A 的 n 个特征值互不相等，则 A 与对角矩阵相似．

注意：（1）推论的逆命题未必成立；

（2）当 A 有重特征值时，就不一定有 n 个线性无关的特征向量，从而不一定能对角化；

（3）可以证明，对应于 A 的每一个 k_i 重特征值 λ_i，若 λ_i 正好有 k_i 个线性无关的特征向量，即 $R(A-\lambda_i E) = n - k_i$，则 A 必有 n 个线性无关的特征向量，从而一定可以对角化．

例 9 判断下列矩阵是否可以对角化？若可以对角化，求可逆矩阵使之对角化．

（1）$A = \begin{pmatrix} 1 & 0 \\ 2 & 3 \end{pmatrix}$；（2）$B = \begin{pmatrix} 1 & 0 & 0 \\ -2 & 5 & -2 \\ -2 & 4 & -1 \end{pmatrix}$．

解 （1）A 的特征多项式为 $f(\lambda) = |A - \lambda E| = \begin{vmatrix} 1-\lambda & 0 \\ 2 & 3-\lambda \end{vmatrix} = (1-\lambda)(3-\lambda)$，$A$ 的特征值为 1，3，是两个不同的特征值，所以 A 可以对角化．

对 $\lambda = 1$，解方程 $(A-E)\boldsymbol{x} = \boldsymbol{0}$．

因为 $A-E=\begin{pmatrix}0&0\\2&2\end{pmatrix}\to\begin{pmatrix}1&1\\0&0\end{pmatrix}$，

所以，同解方程组为 $\begin{cases}x_1=-x_2,\\x_2=x_2.\end{cases}$ 通解为 $\begin{pmatrix}x_1\\x_2\end{pmatrix}=c_1\begin{pmatrix}-1\\1\end{pmatrix}$，一基础解系为 $\boldsymbol{p}_1=\begin{pmatrix}-1\\1\end{pmatrix}$.

对 $\lambda=3$，解方程 $(A-3E)\boldsymbol{x}=\boldsymbol{0}$.

因为 $A-3E=\begin{pmatrix}-2&0\\2&0\end{pmatrix}\to\begin{pmatrix}1&0\\0&0\end{pmatrix}$，

所以，同解方程组为 $\begin{cases}x_1=0,\\x_2=x_2.\end{cases}$ 通解为 $\begin{pmatrix}x_1\\x_2\end{pmatrix}=c_2\begin{pmatrix}0\\1\end{pmatrix}$，一基础解系为 $\boldsymbol{p}_2=\begin{pmatrix}0\\1\end{pmatrix}$.

令 $P=(\boldsymbol{p}_1,\ \boldsymbol{p}_2)=\begin{pmatrix}-1&0\\1&1\end{pmatrix}$，则 $P^{-1}AP=\Lambda=\begin{pmatrix}1&0\\0&3\end{pmatrix}$.

（2）B 的特征多项式为

$$g(\lambda)=|B-\lambda E|=\begin{vmatrix}1-\lambda&0&0\\-2&5-\lambda&-2\\-2&4&-1-\lambda\end{vmatrix}=(1-\lambda)^2(3-\lambda)，$$

因此 B 的特征值为 1，1，3.

对 $\lambda=1$，解方程 $(B-E)\boldsymbol{x}=\boldsymbol{0}$.

$$B-E=\begin{pmatrix}0&0&0\\-2&4&-2\\-2&4&-2\end{pmatrix}\to\begin{pmatrix}1&-2&1\\0&0&0\\0&0&0\end{pmatrix}，$$

同解方程组为 $\begin{cases}x_1=2x_2-x_3,\\x_2=x_2,\\x_3=x_3.\end{cases}$ 通解为 $\begin{pmatrix}x_1\\x_2\\x_3\end{pmatrix}=c_1\begin{pmatrix}2\\1\\0\end{pmatrix}+c_2\begin{pmatrix}-1\\0\\1\end{pmatrix}$，

一基础解系为 $\boldsymbol{p}_1=\begin{pmatrix}2\\1\\0\end{pmatrix}$，$\boldsymbol{p}_2=\begin{pmatrix}-1\\0\\1\end{pmatrix}$.

对 $\lambda=3$，解方程 $(B-3E)\boldsymbol{x}=\boldsymbol{0}$.

$$B-3E=\begin{pmatrix}-2&0&0\\-2&2&-2\\-2&4&-4\end{pmatrix}\to\begin{pmatrix}1&0&0\\0&1&-1\\0&0&0\end{pmatrix}.$$

同解方程组为 $\begin{cases}x_1=0,\\x_2=x_3,\\x_3=x_3.\end{cases}$ 通解为 $\begin{pmatrix}x_1\\x_2\\x_3\end{pmatrix}=c_3\begin{pmatrix}0\\1\\1\end{pmatrix}$，一基础解系为 $\boldsymbol{p}_3=\begin{pmatrix}0\\1\\1\end{pmatrix}$.

B 有三个线性无关的特征向量，所以 B 可以对角化.

令 $P=(\boldsymbol{p}_1, \boldsymbol{p}_2, \boldsymbol{p}_3)=\begin{pmatrix}2&-1&0\\1&0&1\\0&1&1\end{pmatrix}$，则 P 可逆，且 $P^{-1}BP=\Lambda=\begin{pmatrix}1&0&0\\0&1&0\\0&0&3\end{pmatrix}$.

5.4 实对称矩阵的相似矩阵

一个 n 阶矩阵具备什么条件才能对角化？这是一个较复杂的问题．我们对此不进行一般性的讨论，而仅讨论当矩阵为实对称矩阵的情形．对于实对称矩阵来说，它们肯定相似于对角矩阵．

5.4.1 实对称矩阵的性质

性质 1 实对称矩阵的特征值都是实数，特征向量为实向量．

性质 2 实对称矩阵 A 的属于不同特征值的特征向量相互正交．

性质 3 设 A 是 n 阶实对称矩阵，λ 是 A 的 k 重特征根，则齐次线性方程组 $(A-\lambda E)\boldsymbol{x}=\boldsymbol{0}$ 的系数矩阵的秩 $R(A-\lambda E)=n-r$，从而 A 的对应于特征值 λ 的线性无关的特征向量恰有 r 个．

根据上述性质我们可以证明如下定理：

定理 2 设 A 是 n 阶实对称矩阵，则存在正交矩阵 P，使 $P^{-1}AP=\Lambda$，其中 Λ 为对角矩阵，且 Λ 对角线上的元素是矩阵 A 的 n 个特征值．

证明 设 A 的互不相同的特征值为 $\lambda_1, \lambda_2, \cdots, \lambda_s$，它们的重数依次为 $k_1, k_2, \cdots, k_s(k_1+k_2+\cdots+k_s=n)$．

由性质 1 和性质 3 知，对应于特征值 $\lambda_i(i=1, 2, \cdots, s)$，恰有 k_i 个线性无关的实特征向量，把它们正交化和单位化，即得 k_i 个单位正交的特征向量．由 $k_1+k_2+\cdots+k_s=n$，这样的特征向量共有 n 个．

由性质 2 知，对应于不同特征值的特征向量正交，故这 n 个单位特征向量两两正交．于是，以它们为列向量构成正交矩阵 P，并有

$$P^{-1}AP=\Lambda.$$

其中 Λ 为对角矩阵，且 Λ 对角线上的元素含 k_1 个 $\boldsymbol{\lambda}_1$，k_2 个 $\boldsymbol{\lambda}_2$，$\cdots$，k_s 个 $\boldsymbol{\lambda}_s$，恰好是矩阵 A 的 n 个特征值．

5.4.2 实对称矩阵的相似对角形

实对称矩阵 A 与对角阵正交相似．寻找正交矩阵 P，使 $P^{-1}AP$ 成为对角阵的步骤如下：

（1）求出矩阵 A 的所有不同的特征值 $\lambda_1, \lambda_2, \cdots, \lambda_s$ 及它们的重数 $k_1, k_2, \cdots, k_s$；

（2）对每一个特征值 $\lambda_i(i=1, 2, \cdots, s)$，解齐次线性方程组 $(A-\lambda_i E)\boldsymbol{x}=\boldsymbol{0}$，

求一个基础解系 $\boldsymbol{\xi}_{i1}, \boldsymbol{\xi}_{i2}, \cdots, \boldsymbol{\xi}_{ik_i}$ $(i=1, 2, \cdots, s)$；

（3）利用施密特正交化方法，把向量组 $\boldsymbol{\xi}_{i1}, \boldsymbol{\xi}_{i2}, \cdots, \boldsymbol{\xi}_{ik_i}$ 正交化，单位化得单位正交向量组 $\boldsymbol{p}_{i1}, \boldsymbol{p}_{i2}, \cdots, \boldsymbol{p}_{ik_i}$ $(i=1, 2, \cdots, s)$；这样共得到 n 个两两正交的单位特征向量组：$\boldsymbol{p}_{11}, \boldsymbol{p}_{12}, \cdots, \boldsymbol{p}_{1k_1}, \boldsymbol{p}_{21}, \boldsymbol{p}_{22}, \cdots, \boldsymbol{p}_{2k_2}, \cdots, \boldsymbol{p}_{s1}, \boldsymbol{p}_{s2}, \cdots, \boldsymbol{p}_{sk_s}$.

（4）令 $P=(\boldsymbol{p}_{11}, \boldsymbol{p}_{12}, \cdots, \boldsymbol{p}_{1k_1}, \boldsymbol{p}_{21}, \boldsymbol{p}_{22}, \cdots, \boldsymbol{p}_{2k_2}, \cdots, \boldsymbol{p}_{s1}, \boldsymbol{p}_{s2}, \cdots, \boldsymbol{p}_{sk_s})$，则 P 为正交矩阵，且 $P^{-1}AP=\Lambda$，Λ 为对角矩阵，且 Λ 对角线上的元素含 k_1 个 λ_1，k_2 个 λ_2，$\cdots$，k_s 个 λ_s，恰好是矩阵 A 的 n 个特征值．其中 Λ 的主对角线元素 $\lambda_i(i=1, 2, \cdots, s)$ 的重数为 k_i，并且排列顺序与 P 中正交向量组的排列顺序相对应.

注意：根据定理我们有如下结论：若 A 是 n 阶实对称矩阵，则存在正交矩阵 Q，使 $Q^{-1}AQ=\Lambda$，其中 Λ 为对角矩阵，且 Λ 对角线上的元素是矩阵 A 的 n 个特征值.

只需令 $Q=(\boldsymbol{\xi}_{11}, \boldsymbol{\xi}_{12}, \cdots, \boldsymbol{\xi}_{1k_1}, \boldsymbol{\xi}_{21}, \boldsymbol{\xi}_{22}, \cdots, \boldsymbol{\xi}_{2k_2}, \cdots, \boldsymbol{\xi}_{s1}, \boldsymbol{\xi}_{s2}, \cdots, \boldsymbol{\xi}_{sk_s})$．其中 $\xi_{11}, \xi_{12}, \cdots, \xi_{1k_1}, \xi_{21}, \xi_{22}, \cdots, \xi_{2k_2}, \cdots, \xi_{s1}, \xi_{s2}, \cdots, \xi_{sk_s}$ 为上述步骤中 A 的特征向量，即齐次线性方程组 $(A-\lambda_i E)\boldsymbol{x}=\boldsymbol{0}$ $(i=1, 2, \cdots, s)$ 的基础解系构成的线性无关的向量组.

例 10 设 $A=\begin{pmatrix} 0 & -1 & 1 \\ -1 & 0 & 1 \\ 1 & 1 & 0 \end{pmatrix}$，求一个正交矩阵 P，使 $P^{-1}AP=\Lambda$ 为对角矩阵.

解 由 $|A-\lambda E|=\begin{vmatrix} -\lambda & -1 & 1 \\ -1 & -\lambda & 1 \\ 1 & 1 & -\lambda \end{vmatrix}=-(\lambda-1)^2(\lambda+2)$，

得 A 的特征值为 $\lambda_1=-2,\ \lambda_2=\lambda_3=1$.

对应于 $\lambda_1=-2$，解方程 $(A+2E)\boldsymbol{x}=\boldsymbol{0}$，由

$$A+2E=\begin{pmatrix} 2 & -1 & 1 \\ -1 & 2 & 1 \\ 1 & 1 & 2 \end{pmatrix} \to \begin{pmatrix} 1 & 0 & 1 \\ 0 & 1 & 1 \\ 0 & 0 & 0 \end{pmatrix},$$

得同解方程组 $\begin{cases} x_1=-x_3, \\ x_2=-x_3, \\ x_3=x_3. \end{cases}$ 通解为 $\begin{pmatrix} x_1 \\ x_2 \\ x_3 \end{pmatrix}=c_1\begin{pmatrix} -1 \\ -1 \\ 1 \end{pmatrix}$，

一基础解系为 $\xi_1=\begin{pmatrix} -1 \\ -1 \\ 1 \end{pmatrix}$，单位化得 $\boldsymbol{p}_1=\begin{pmatrix} -\frac{1}{\sqrt{3}} \\ -\frac{1}{\sqrt{3}} \\ \frac{1}{\sqrt{3}} \end{pmatrix}$.

对应于 $\lambda_2=\lambda_3=1$，解方程 $(A-E)\boldsymbol{x}=\boldsymbol{0}$，由

$$A-E=\begin{pmatrix}-1&-1&1\\-1&-1&1\\1&1&-1\end{pmatrix}\to\begin{pmatrix}1&1&-1\\0&0&0\\0&0&0\end{pmatrix},$$

得同解方程组 $\begin{cases}x_1=-x_2+x_3,\\x_2=x_2,\\x_3=x_3.\end{cases}$ 通解为 $\begin{pmatrix}x_1\\x_2\\x_3\end{pmatrix}=c_2\begin{pmatrix}-1\\1\\0\end{pmatrix}+c_3\begin{pmatrix}1\\0\\1\end{pmatrix}$，

一基础解系为 $\xi_2=\begin{pmatrix}-1\\1\\0\end{pmatrix}$，$\xi_3=\begin{pmatrix}1\\0\\1\end{pmatrix}$．

取

$$\boldsymbol{\zeta}_2=\boldsymbol{\xi}_2=\begin{pmatrix}-1\\1\\0\end{pmatrix},$$

$$\boldsymbol{\zeta}_3=\boldsymbol{\xi}_3-\frac{[\boldsymbol{\zeta}_2,\ \boldsymbol{\xi}_3]}{[\boldsymbol{\zeta}_2,\ \boldsymbol{\zeta}_2]}\boldsymbol{\zeta}_2=\begin{pmatrix}1\\0\\1\end{pmatrix}+\frac{1}{2}\begin{pmatrix}-1\\1\\0\end{pmatrix}=\frac{1}{2}\begin{pmatrix}1\\1\\2\end{pmatrix}.$$

再单位化，得 $\boldsymbol{p}_2=\begin{pmatrix}-\frac{1}{\sqrt{2}}\\\frac{1}{\sqrt{2}}\\0\end{pmatrix}$，$\boldsymbol{p}_3=\begin{pmatrix}\frac{1}{\sqrt{6}}\\\frac{1}{\sqrt{6}}\\\frac{2}{\sqrt{6}}\end{pmatrix}$，

令 $P=(\boldsymbol{p}_1,\ \boldsymbol{p}_2,\ \boldsymbol{p}_3)=\begin{pmatrix}-\frac{1}{\sqrt{3}}&-\frac{1}{\sqrt{2}}&\frac{1}{\sqrt{6}}\\-\frac{1}{\sqrt{3}}&\frac{1}{\sqrt{2}}&\frac{1}{\sqrt{6}}\\\frac{1}{\sqrt{3}}&0&\frac{2}{\sqrt{6}}\end{pmatrix}$，

有 $P^{-1}AP=\Lambda=\begin{pmatrix}-2&&\\&1&\\&&1\end{pmatrix}$．

注意：若令 $Q=(\xi_1,\ \xi_2,\ \xi_3)=\begin{pmatrix}-1&-1&1\\-1&1&0\\1&1&1\end{pmatrix}$，

则 $Q^{-1}AQ=\begin{pmatrix}-2 & & \\ & 1 & \\ & & 1\end{pmatrix}$.

例 11 设 $A=\begin{pmatrix}1 & -1\\ -1 & 1\end{pmatrix}$，求 A^{10}.

解 A 为对称矩阵，所以 A 可以对角化，即存在可逆矩阵 Q，使 $Q^{-1}AQ=\Lambda$ 为对角矩阵．于是 $A=Q\Lambda Q^{-1}$，从而 $A^n=Q\Lambda^n Q^{-1}$.

由 $|A-\lambda E|=\begin{vmatrix}1-\lambda & -1\\ -1 & 1-\lambda\end{vmatrix}=\lambda(\lambda-2)$，得 A 的特征值为 $\lambda_1=0,\ \lambda_2=2$．于是

$$\Lambda=\begin{pmatrix}0 & \\ & 2\end{pmatrix},\ \Lambda^{10}=\begin{pmatrix}0 & \\ & 2^{10}\end{pmatrix}.$$

对于 $\lambda_1=0$，由 $A-0E=\begin{pmatrix}1 & -1\\ -1 & 1\end{pmatrix}\to\begin{pmatrix}1 & -1\\ 0 & 0\end{pmatrix}$，得 $\boldsymbol{\xi}_1=\begin{pmatrix}1\\ 1\end{pmatrix}$.

对于 $\lambda_2=2$，由 $A-2E=\begin{pmatrix}-1 & -1\\ -1 & -1\end{pmatrix}\to\begin{pmatrix}1 & 1\\ 0 & 0\end{pmatrix}$，得 $\boldsymbol{\xi}_2=\begin{pmatrix}1\\ -1\end{pmatrix}$.

再求出 $Q^{-1}=\frac{1}{2}\begin{pmatrix}1 & 1\\ 1 & -1\end{pmatrix}$，于是

$$A^{10}=Q\Lambda^{10}Q^{-1}=\begin{pmatrix}1 & 1\\ 1 & -1\end{pmatrix}\begin{pmatrix}0 & \\ & 2^{10}\end{pmatrix}\frac{1}{2}\begin{pmatrix}1 & 1\\ 1 & -1\end{pmatrix}=\frac{1}{2}\begin{pmatrix}0 & -2^{10}\\ -2^{10} & 2^{10}\end{pmatrix}.$$

一般地，$A^n=Q\Lambda^n Q^{-1}=\frac{1}{2}\begin{pmatrix}0 & -2^n\\ -2^n & 2^n\end{pmatrix}$（$n$ 为正整数）.

5.5 二次型及其矩阵表示

我们首先介绍与二次型密切相关的矩阵——合同矩阵.

5.5.1 合同矩阵

定义 7 设有两个 n 阶矩阵 A, B，如果存在一个可逆矩阵 C 使得

$$B=C^TAC,$$

则称矩阵 B 与 A 合同.

合同关系是矩阵之间的又一重要关系，它是研究二次型的主要工具．合同关系具有以下性质：

性质 1 （反身性）A 与 A 自身合同.

性质 2 （对称性）若 B 与 A 合同，则 A 与 B 合同.

性质 3 （传递性）A 与 B 合同，B 与 C 合同，则 A 与 C 合同.

另外，我们还可以证明如下结论：

若 A 与 B 合同，则 kA 与 kB 合同（ k 为实数）； $R(A)=R(B)$.

特别地，若 A 与 B 合同，如果 A 为对称矩阵，则 B 也为对称矩阵.（请读者自证）

若 $B=C^T AC$ ，且 C 为正交矩阵，则称 B 与 A 正交合同.

因为若 C 为正交矩阵，则 $B=C^{-1}AC \Leftrightarrow B=C^T AC$. 所以有： A 与 B 正交相似 $\Leftrightarrow$ A 与 B 正交合同.

5.5.2 二次型及其矩阵表示

定义 8 含有 n 个变量的二次齐次函数

$$f(x_1, x_2, \cdots, x_n)=a_{11}x_1^2+a_{22}x_2^2+\cdots+a_{nn}x_n^2 +2a_{12}x_1x_2+2a_{13}x_1x_3+\cdots+2a_{n-1,n}x_{n-1}x_n,$$

称为二次型.

二次型分为实二次型和复二次型. 我们只讨论实二次型.

取 $a_{ji}=a_{ij}$ ，则 $2a_{ij}x_ix_j=a_{ij}x_ix_j+a_{ji}x_jx_i$ ，于是实二次型可以写成

$$\begin{aligned} f(x_1, x_2, \cdots, x_n)&=a_{11}x_1^2+a_{12}x_1x_2+\cdots+a_{1n}x_1x_n \\ &\quad+a_{21}x_2x_1+a_{22}x_2^2+\cdots+a_{2n}x_2x_n \\ &\quad+\cdots \\ &\quad+a_{n1}x_nx_1+a_{n2}x_nx_2+\cdots+a_{nn}x_n^2 \\ &=(x_1, x_2, \cdots, x_n)\begin{pmatrix} a_{11} & a_{12} & \cdots & a_{1n} \\ a_{21} & a_{21} & \cdots & a_{2n} \\ \vdots & \vdots & \vdots & \vdots \\ a_{n1} & a_{n2} & \cdots & a_{nn} \end{pmatrix}\begin{pmatrix} x_1 \\ x_2 \\ \vdots \\ x_n \end{pmatrix}. \end{aligned}$$

记

$$A=\begin{pmatrix} a_{11} & a_{12} & \cdots & a_{1n} \\ a_{21} & a_{22} & \cdots & a_{2n} \\ \vdots & \vdots & \vdots & \vdots \\ a_{n1} & a_{n2} & \cdots & a_{nn} \end{pmatrix}, \quad \boldsymbol{x}=\begin{pmatrix} x_1 \\ x_2 \\ \vdots \\ x_n \end{pmatrix},$$

则实二次型可记作 $f=\boldsymbol{x}^T A\boldsymbol{x}$. 其中 A 为实对称矩阵.

任给一个二次型，就唯一确定一个对称矩阵；反之，任给一个对称矩阵，也可唯一确定一个二次型. 这样，二次型与对称矩阵之间存在着一一对应关系. 因此，我们把对称矩阵 A 叫做二次型 f 的矩阵，也把 f 叫做对称矩阵 A 的二次型. 对称矩阵 A 的秩就叫做二次型 f 的秩.

例 12 写出下列二次型的矩阵.

（1） $f=x_1^2+x_2^2+x_3^2+x_1x_2+x_1x_3+x_2x_3$;

（2）$f = x_1^2 + 2x_1x_2 - x_1x_3 + 2x_3^2$；

（3）$f = -4x_1x_2 + 2x_1x_3 + 2x_2x_3$；

（4）$f = x_1x_2 - x_3x_4$．

解 由二次型的矩阵表示可知

（1）$A = \begin{pmatrix} 1 & \frac{1}{2} & \frac{1}{2} \\ \frac{1}{2} & 1 & \frac{1}{2} \\ \frac{1}{2} & \frac{1}{2} & 1 \end{pmatrix}$；　（2）$A = \begin{pmatrix} 1 & 1 & -\frac{1}{2} \\ 1 & 0 & 0 \\ -\frac{1}{2} & 0 & 2 \end{pmatrix}$；

（3）$A = \begin{pmatrix} 0 & -2 & 1 \\ -2 & 0 & 1 \\ 1 & 1 & 0 \end{pmatrix}$；　（4）$A = \frac{1}{2}\begin{pmatrix} 0 & 1 & 0 & 0 \\ 1 & 0 & 0 & 0 \\ 0 & 0 & 0 & -1 \\ 0 & 0 & -1 & 0 \end{pmatrix}$．

例 13 已知二次型的矩阵为

（1）$A = \begin{pmatrix} 3 & -1 & 2 \\ -1 & 0 & 5 \\ 2 & 5 & 1 \end{pmatrix}$；　（2）$A = \begin{pmatrix} -1 & 0 & 1 \\ 0 & 2 & 0 \\ 1 & 0 & 3 \end{pmatrix}$，

试写出相应的二次型．

解 （1）$f = 3x_1^2 + x_3^2 - 2x_1x_2 + 4x_1x_3 + 10x_2x_3$；

（2）$f = -x_1^2 + 2x_2^2 + 3x_3^2 + 2x_1x_3$．

下面研究矩阵的合同与二次型理论的关系．在将二次型变化的过程中，常常需要作变换，这种变换可以用如下关系描述：

$$\begin{cases} x_1 = c_{11}y_1 + c_{12}y_2 + \cdots + c_{1n}y_n, \\ x_2 = c_{21}y_1 + c_{22}y_2 + \cdots + c_{2n}y_n, \\ \qquad \vdots \\ x_n = c_{n1}y_1 + c_{n2}y_2 + \cdots + c_{nn}y_n, \end{cases}$$

称为由变量 $y_1, y_2, \cdots, y_n$ 到变量 $x_1, x_2, \cdots, x_n$ 的线性变换．

写成矩阵形式 $\boldsymbol{x} = C\boldsymbol{y}$．

这里
$$C = \begin{pmatrix} c_{11} & c_{12} & \cdots & c_{1n} \\ c_{21} & c_{22} & \cdots & c_{2n} \\ \vdots & \vdots & \vdots & \vdots \\ c_{n1} & c_{n2} & \cdots & c_{nn} \end{pmatrix}, \quad \boldsymbol{x} = \begin{pmatrix} x_1 \\ x_2 \\ \vdots \\ x_n \end{pmatrix}, \quad \boldsymbol{y} = \begin{pmatrix} y_1 \\ y_2 \\ \vdots \\ y_n \end{pmatrix}.$$

C 称为线性变换矩阵．若 C 为可逆矩阵，则称上述线性变换为可逆变换；若 C 为正交矩阵，则称上述线性变换为正交变换．

设实二次型 $f(x_1, x_2, \cdots, x_n) = \boldsymbol{x}^T A\boldsymbol{x}$，$A$ 为其对应的矩阵．

对 $\boldsymbol{x}$ 作可逆变换 $\boldsymbol{x}=C\boldsymbol{y}$ ，则 $\boldsymbol{x}^T A\boldsymbol{x}=(C\boldsymbol{y})^T A(C\boldsymbol{y})=\boldsymbol{y}^T(C^T AC)\boldsymbol{y}$ ．于是 $\boldsymbol{y}^T(C^T AC)\boldsymbol{y}$ 是一个以 y_1，y_2，$\cdots$，y_n 为未知数的实二次型，其对应的矩阵为 $B=C^T AC$ ．很明显，B 与 A 合同．

由此可知，经可逆变换 $\boldsymbol{x}=C\boldsymbol{y}$ 后，实二次型 f 的矩阵由 A 变为与 A 合同的矩阵 $B=C^T AC$ ，且实二次型的秩不变．

例 14　设实二次型 $f(x_1, x_2, x_3)=2x_1x_2-4x_1x_3+10x_2x_3$，现有变换

$$\begin{cases} x_1=y_1-y_2-5y_3, \\ x_2=y_1+y_2+2y_3, \\ x_3=\qquad\qquad y_3. \end{cases}$$

求经过上述可逆变换后的新实二次型．

解　采用矩阵方法．

f 所对应的矩阵为 $A=\begin{pmatrix} 0 & 1 & -2 \\ 1 & 0 & 5 \\ -2 & 5 & 0 \end{pmatrix}$，变换所决定的矩阵为 $C=\begin{pmatrix} 1 & -1 & -5 \\ 1 & 1 & 2 \\ 0 & 0 & 1 \end{pmatrix}$，

$$B=C^T AC=\begin{pmatrix} 1 & 1 & 0 \\ -1 & 1 & 0 \\ -5 & 2 & 1 \end{pmatrix}\begin{pmatrix} 0 & 1 & -2 \\ 1 & 0 & 5 \\ -2 & 5 & 0 \end{pmatrix}\begin{pmatrix} 1 & -1 & -5 \\ 1 & 1 & 2 \\ 0 & 0 & 1 \end{pmatrix}=\begin{pmatrix} 2 & 0 & 0 \\ 0 & -2 & 0 \\ 0 & 0 & 20 \end{pmatrix},$$

于是新的二次型为 $f=2y_1^2-2y_2^2+20y_3^2$ ．

5.6　二次型的标准形

5.6.1　二次型的标准形的定义

定义 9　如果二次型 $f(x_1, x_2, \cdots, x_n)=\boldsymbol{x}^T A\boldsymbol{x}$ 通过可逆线性变换 $\boldsymbol{x}=C\boldsymbol{y}$ 化成二次型 $\boldsymbol{y}^T B\boldsymbol{y}$，且仅含平方项．即

$$f=\boldsymbol{y}^T B\boldsymbol{y}=k_1y_1^2+k_2y_2^2+\cdots+k_ny_n^2,$$

则称上式为二次型 $\boldsymbol{x}^T A\boldsymbol{x}$ 的标准形．一般的，二次型的标准形不唯一．

标准形所对应的矩阵为对角矩阵．即

$$B=C^T AC=\begin{pmatrix} k_1 & & & \\ & k_2 & & \\ & & \ddots & \\ & & & k_n \end{pmatrix}.$$

由此可知，一个二次型能否可以化为标准形，等价于该二次型的矩阵是否与一个对角矩阵合同．

根据对称矩阵必与对角矩阵正交相似，有如下的定理：

定理 3 任给一个二次型 $f(x_1, x_2, \cdots, x_n)=\boldsymbol{x}^T A\boldsymbol{x}$，总存在正交变换 $\boldsymbol{x}=P\boldsymbol{y}$，使 f 化为标准形

$$f=\lambda_1 y_1^2+\lambda_2 y_2^2+\cdots+\lambda_n y_n^2=\boldsymbol{y}^T\Lambda\boldsymbol{y},$$

其中 $\lambda_1, \lambda_2, \cdots, \lambda_n$ 是矩阵 A 的特征值，正交矩阵 P 的 n 个列向量 $\boldsymbol{p}_1, \boldsymbol{p}_2, \cdots, \boldsymbol{p}_n$ 是对应于 $\lambda_1, \lambda_2, \cdots, \lambda_n$ 的特征向量.

5.6.2 用正交变换法化二次型为标准形

由上面的讨论可知，用正交变换化二次型为标准型的关键是找到一个正交矩阵 P，使二次型的矩阵 A 化成对角矩阵，具体步骤如下：

（1）写出二次型的矩阵 A；

（2）求出矩阵 A 的特征值与线性无关的特征向量；

（3）对重特征值（如果有的话）对应的线性无关的特征向量正交化，再将所有的线性无关的特征向量单位化，设为 $\boldsymbol{p}_1, \boldsymbol{p}_2, \cdots, \boldsymbol{p}_n$；

（4）构造正交矩阵 $P=(\boldsymbol{p}_1, \boldsymbol{p}_2, \cdots, \boldsymbol{p}_n)$，令 $\boldsymbol{x}=P\boldsymbol{y}$，则

$$f=\lambda_1 y_1^2+\lambda_2 y_2^2+\cdots+\lambda_n y_n^2.$$

例 15 求一个正交变换 $\boldsymbol{x}=P\boldsymbol{y}$，化二次型

$$f(x_1, x_2, x_3)=x_1^2+4x_2^2+x_3^2-4x_1x_2-8x_1x_3-4x_2x_3$$

为标准形.

解 二次型的矩阵

$$A=\begin{pmatrix} 1 & -2 & -4 \\ -2 & 4 & -2 \\ -4 & -2 & 1 \end{pmatrix},$$

$$|A-\lambda E|=\begin{vmatrix} 1-\lambda & -2 & -4 \\ -2 & 4-\lambda & -2 \\ -4 & -2 & 1-\lambda \end{vmatrix}=-(\lambda-5)^2(\lambda+4),$$

所以 A 的特征值为 $\lambda_1=-4,\ \lambda_2=\lambda_3=5$.

对于 $\lambda_1=-4$，解方程 $(A+4E)\boldsymbol{x}=\boldsymbol{0}$. 由于

$$A+4E=\begin{pmatrix} 5 & -2 & -4 \\ -2 & 8 & -2 \\ -4 & -2 & 5 \end{pmatrix}\to\begin{pmatrix} 1 & 0 & -1 \\ 0 & 2 & -1 \\ 0 & 0 & 0 \end{pmatrix},$$

同解方程组 $\begin{cases} x_1=x_3, \\ x_2=\dfrac{1}{2}x_3, \\ x_3=x_3. \end{cases}$ 一基础解系为 $\boldsymbol{\xi}_1=\begin{pmatrix} 2 \\ 1 \\ 2 \end{pmatrix}$，单位化得 $\boldsymbol{p}_1=\begin{pmatrix} \dfrac{2}{3} \\ \dfrac{1}{3} \\ \dfrac{2}{3} \end{pmatrix}$.

对于 $\lambda_2=\lambda_3=5$，解方程 $(A-5E)\boldsymbol{x}=\boldsymbol{0}$．由于

$$A-5E=\begin{pmatrix}-4&-2&-4\\-2&-1&-2\\-4&-2&-4\end{pmatrix}\to\begin{pmatrix}1&\frac{1}{2}&1\\0&0&0\\0&0&0\end{pmatrix},$$

同解方程组为 $\begin{cases}x_1=-\dfrac{1}{2}x_2-x_3,\\x_2=x_2,\\x_3=x_3.\end{cases}$ 一基础解系为 $\boldsymbol{\xi}_2=\begin{pmatrix}1\\-2\\0\end{pmatrix}$，$\boldsymbol{\xi}_3=\begin{pmatrix}1\\0\\-1\end{pmatrix}$，

将 $\boldsymbol{\xi}_2$，$\boldsymbol{\xi}_3$ 正交化，得

$$\boldsymbol{\zeta}_2=\boldsymbol{\xi}_2=\begin{pmatrix}1\\-2\\0\end{pmatrix},$$

$$\boldsymbol{\zeta}_3=\boldsymbol{\xi}_3-\frac{[\boldsymbol{\xi}_3,\ \boldsymbol{\zeta}_2]}{[\boldsymbol{\zeta}_2,\ \boldsymbol{\zeta}_2]}\boldsymbol{\zeta}_2=\begin{pmatrix}1\\0\\-1\end{pmatrix}-\frac{1}{5}\begin{pmatrix}1\\-2\\0\end{pmatrix}=\begin{pmatrix}\frac{4}{5}\\\frac{2}{5}\\-1\end{pmatrix}.$$

再单位化，得 $\boldsymbol{p}_2=\begin{pmatrix}\frac{1}{\sqrt{5}}\\-\frac{2}{\sqrt{5}}\\0\end{pmatrix}$，$\boldsymbol{p}_3=\begin{pmatrix}\frac{4}{3\sqrt{5}}\\\frac{2}{3\sqrt{5}}\\-\frac{5}{3\sqrt{5}}\end{pmatrix}$.

令 $P=(\boldsymbol{p}_1,\ \boldsymbol{p}_2,\ \boldsymbol{p}_3)=\begin{pmatrix}\frac{2}{3}&\frac{1}{\sqrt{5}}&\frac{4}{3\sqrt{5}}\\\frac{1}{3}&-\frac{2}{\sqrt{5}}&\frac{2}{3\sqrt{5}}\\\frac{2}{3}&0&-\frac{5}{3\sqrt{5}}\end{pmatrix}$，

则作正交变换 $\boldsymbol{x}=P\boldsymbol{y}$，二次型可化为标准形 $f=-4y_1^2+5y_2^2+5y_3^2$．

5.6.3 用配方法化二次型为标准形

用正交变换化二次型成标准形，具有保持几何形状不变的优点．如果不限于正交变换，那么还可以有多个可逆的线性变换把二次型化成标准形．其中最常用的方

法是拉格朗日配方法.

例 16 用配方法化二次型

$$f(x_1, x_2, x_3)=x_1^2+2x_1x_2+2x_1x_3+2x_2^2+8x_2x_3+5x_3^2$$

为标准形，并求所用的变换矩阵.

解 先将含有 x_1 的项配方.

$$\begin{aligned} f(x_1, x_2, x_3) &= x_1^2+2x_1(x_2+x_3)+(x_2+x_3)^2-(x_2+x_3)^2+2x_2^2+8x_2x_3+5x_3^2 \\ &= (x_1+x_2+x_3)^2+x_2^2+6x_2x_3+4x_3^2, \end{aligned}$$

再将后三项中含有 x_2 的项配方.

$$\begin{aligned} f(x_1, x_2, x_3) &= (x_1+x_2+x_3)^2+x_2^2+6x_2x_3+9x_3^2-5x_3^2 \\ &= (x_1+x_2+x_3)^2+(x_2+3x_3)^2-5x_3^2. \end{aligned}$$

令

$$\begin{cases} y_1 = x_1+x_2+x_3, \\ y_2 = \quad\ \ x_2+3x_3, \\ y_3 = \qquad\qquad x_3. \end{cases}$$

写出矩阵形式，令

$$\boldsymbol{y}=\begin{pmatrix} y_1 \\ y_2 \\ y_3 \end{pmatrix}, \ \boldsymbol{x}=\begin{pmatrix} x_1 \\ x_2 \\ x_3 \end{pmatrix}, \ B=\begin{pmatrix} 1 & 1 & 1 \\ 0 & 1 & 3 \\ 0 & 0 & 1 \end{pmatrix},$$

则 $\boldsymbol{y}=B\boldsymbol{x}$，其中 B 为可逆矩阵，故 $\boldsymbol{x}=B^{-1}\boldsymbol{y}$，即经过可逆变换 $\boldsymbol{x}=B^{-1}\boldsymbol{y}$，可将二次型化为标准形

$$f=y_1^2+y_2^2-5y_3^2.$$

变换矩阵 $C=B^{-1}=\begin{pmatrix} 1 & -1 & 2 \\ 0 & 1 & -3 \\ 0 & 0 & 1 \end{pmatrix}$.

一般地，利用上面的配方法可以证明：

定理 4 任何一个二次型都可以通过可逆线性变换化为标准形.（证明略）

5.6.4 惯性定理与二次型的规范形

二次型的标准形不是唯一的，但标准形中所含项数是确定的（即二次型的秩）. 不仅如此，标准形中正系数的个数是不变的（从而负系数的个数也不变）. 也就是有：

定理 5 设二次型 $f=\boldsymbol{x}^TA\boldsymbol{x}$，它的秩为 $\boldsymbol{r}$，有两个可逆线性变换

$$\boldsymbol{x}=C\boldsymbol{y}, \ \boldsymbol{x}=P\boldsymbol{z},$$

使
$$f=k_1y_1^2+k_2y_2^2+\cdots+k_ry_r^2 \quad (k_i\neq 0),$$

及
$$f=\lambda_1z_1^2+\lambda_2z_2^2+\cdots+\lambda_rz_r^2 \quad (k_i\neq 0),$$

则 $k_1, k_2, \cdots, k_r$ 中正数的个数与 $\lambda_1, \lambda_2, \cdots, \lambda_r$ 中正数的个数相等.

这个定理称为**惯性定理**.（证明略）

另外，还有如下结论：

（1）标准形所含项数 r 等于二次型对应的矩阵的非零特征值的个数（重特征值按重数计算）；

（2）标准形中正系数的个数等于正特征值的个数（重特征值按重数计算）；

（3）标准形中负系数的个数等于负特征值的个数（重特征值按重数计算），也等于项数 r 减去正特征值的个数.

二次型的标准形中正系数的个数称为二次型的正惯性指数，负系数的个数称为负惯性指数.

为了深入讨论这一问题，我们引入二次型的规范形的概念.

定义 10 如果二次型 $f=(x_1, x_2, \cdots, x_n)=\boldsymbol{x}^T A\boldsymbol{x}$ 通过可逆线性变换可以化为

$$f=y_1^2+\cdots+y_p^2-y_{p+1}^2-\cdots-y_r^2 (p\leqslant r\leqslant n),$$

则称之为该二次型的规范形.

定理 6 任给一个二次型 $f=(x_1, x_2, \cdots, x_n)=\boldsymbol{x}^T A\boldsymbol{x}$，总存在可逆变换 $\boldsymbol{x}=C\boldsymbol{z}$，使 f 化为规范形. $f(x_1, x_2, \cdots, x_n)=z_1^2+\cdots+z_p^2-z_{p+1}^2-\cdots-z_r^2\ (r\leqslant n)$.

可以证明，此规范形是唯一的. 规范形中取+1 的个数等于正特征值的个数，也等于正惯性指数；取 -1 的个数必为 $r-p$，等于负惯性指数，其中 r 为非零特征值的个数，等于二次型的秩. 因此根据特征值的情况，或者根据惯性指数和秩，可以很容易地写出二次型的规范形.

例如，若二次型 f 的矩阵 A 的特征值为 $1, 2, 2, -3, -4, 0$，则

$$y_1^2+y_2^2+y_3^2-y_4^2-y_5^2$$

是 f 的规范形.

若二次型 f 的正惯性指数为 p，秩为 r，则 f 的规范形可确定为

$$f=y_1^2+\cdots+y_p^2-y_{p+1}^2-\cdots-y_r^2.$$

推论 两个对称矩阵合同的充分必要条件是它们所对应的二次型具有相同的正惯性指数和秩.

5.7 正定二次型

常用的二次型是标准形的系数全为正的情形，给出如下定义.

定义 11 设实二次型 $f(x_1, x_2, \cdots, x_n)=f(\boldsymbol{x})=\boldsymbol{x}^T A\boldsymbol{x}$，如果对任意 $\boldsymbol{x}\neq\boldsymbol{0}$，都有 $f(\boldsymbol{x})>0$（显然 $f(\boldsymbol{0})=0$），则称 f 为正定二次型，并称对称矩阵 A 是正定的.

例如　二次型 $f(x_1, x_2, \cdots, x_n)=x_1^2+x_2^2+\cdots+x_n^2$ 是正定二次型；二次型 $f(x_1, x_2, \cdots, x_n)=x_1^2+x_2^2+\cdots+x_r^2 (r<n)$ 不是正定的.

由此可见，利用二次型的标准形或规范形很容易判断二次型的正定性．

定理 7 可逆变换不改变二次型的正定性．

任一个二次型都可以通过可逆变换化为标准形，由此可得

定理 8 二次型 $f(x_1, x_2, \cdots, x_n)$ 正定的充分必要条件是它的正惯性指数等于 n．

推论 1 二次型 $f(x_1, x_2, \cdots, x_n)$ 正定的充分必要条件是它的规范形为

$$f(x_1, x_2, \cdots, x_n) = x_1^2 + x_2^2 + \cdots + x_n^2 .$$

推论 2 对称矩阵 A 正定的充分必要条件是 A 与单位矩阵 E 合同，即存在可逆矩阵 C，使 $A = C^T EC = C^T C$．

推论 3 对称矩阵 A 正定的充分必要条件是 A 的所有特征值都大于零．

推论 4 如果对称矩阵 A 正定，则 A 的行列式大于零．反之未必．

为了利用行列式给出 A 正定的充分必要条件，先引入定义

定义 12 设 n 阶矩阵 $A=(a_{ij})$，A 的子式

$$A_k = \begin{vmatrix} a_{11} & a_{12} & \cdots & a_{1k} \\ a_{21} & a_{22} & \cdots & a_{2k} \\ \vdots & \vdots & & \vdots \\ a_{k1} & a_{k2} & \cdots & a_{kk} \end{vmatrix} \quad (k=1,2,\cdots,n)$$

称为矩阵 A 的 k 阶顺序主子式．

定理 9 对称矩阵 A 正定的充分必要条件是 A 的所有顺序主子式都大于零，即

$$A_1 = a_{11} > 0,\ A_2 = \begin{vmatrix} a_{11} & a_{12} \\ a_{21} & a_{22} \end{vmatrix} > 0,\ \cdots,\ A_n = |A| > 0 .$$

例 17 求证二次型

$$f(x_1, x_2, x_3) = 5x_1^2 + 5x_2^2 + 5x_3^2 + 4x_1x_2 - 4x_1x_3 - 2x_2x_3$$

是正定二次型．

证明 这个二次型对应的对称矩阵

$$A = \begin{pmatrix} 5 & 2 & -2 \\ 2 & 5 & -1 \\ -2 & -1 & 5 \end{pmatrix},$$

它的顺序主子式

$$A_1 = 5 > 0,$$

$$A_2 = \begin{vmatrix} 5 & 2 \\ 2 & 5 \end{vmatrix} = 21 > 0,$$

$$A_3 = \begin{vmatrix} 5 & 2 & -2 \\ 2 & 5 & -1 \\ -2 & -1 & 5 \end{vmatrix} = 88 > 0,$$

所以 A 是正定矩阵，即 f 为正定型.

例 18 设二次型对应的矩阵为

$$A=\begin{pmatrix}1 & a & -1\\ a & 1 & 2\\ -1 & 2 & 5\end{pmatrix},$$

试问 a 为何值时，该二次型为正定二次型？

解 当 A 的顺序主子式都大于零时，A 为正定矩阵，对应的二次型为正定二次型.

$$A_1=1>0,$$

$$A_2=\begin{vmatrix}1 & a\\ a & 1\end{vmatrix}=1-a^2>0,$$

$$A_3=\begin{vmatrix}1 & a & -1\\ a & 1 & 2\\ -1 & 2 & 5\end{vmatrix}=-5a^2-4a>0,$$

解之得 $-\frac{4}{5}<a<0$. 即当 $-\frac{4}{5}<a<0$ 时，对应的二次型为正定二次型.

例 19 判断二次型

$$f(x_1,x_2,x_3)=-5x_1^2+4x_1x_2+4x_1x_3-6x_2^2-4x_3^2$$

是否是正定二次型.

解 这个二次型对应的对称矩阵

$$A=\begin{pmatrix}-5 & 2 & 2\\ 2 & -6 & 0\\ 2 & 0 & -4\end{pmatrix},$$

它的顺序主子式

$$A_1=-5<0,$$

$$A_2=\begin{vmatrix}-5 & 2\\ 2 & -6\end{vmatrix}=26>0,$$

$$A_3=\begin{vmatrix}-5 & 2 & 2\\ 2 & -6 & 0\\ 2 & 0 & -4\end{vmatrix}=-80<0,$$

所以 A 不是正定矩阵，即 f 不是正定二次型.

例 20 判断对称矩阵

$$A=\begin{pmatrix}1 & 1 & 0\\ 1 & -2 & 0\\ 0 & 0 & 3\end{pmatrix}$$

的正定性.

解 A 的顺序主子式

$$A_1 = 1 > 0,$$

$$A_2 = \begin{vmatrix} 1 & 1 \\ 1 & -2 \end{vmatrix} = -3 < 0,$$

$$A_3 = \begin{vmatrix} 1 & 1 & 0 \\ 1 & -2 & 0 \\ 0 & 0 & 3 \end{vmatrix} = -9 < 0,$$

所以 A 不是正定矩阵（实际上只计算一、二阶顺序主子式即可）.

本章小结

一、向量的内积与长度

$$\boldsymbol{\alpha} = \begin{pmatrix} a_1 \\ a_2 \\ \vdots \\ a_n \end{pmatrix}, \ \boldsymbol{\beta} = \begin{pmatrix} b_1 \\ b_2 \\ \vdots \\ b_n \end{pmatrix}, \text{ 内积 } [\boldsymbol{\alpha}, \boldsymbol{\beta}] = a_1 b_1 + a_2 b_2 + \cdots + a_n b_n .$$

长度 $\|\boldsymbol{\alpha}\| = \sqrt{[\boldsymbol{\alpha}, \boldsymbol{\alpha}]} = \sqrt{a_1^2 + a_2^2 + \cdots + a_n^2}$.

二、正交化方法

设 $\boldsymbol{\alpha}_1, \boldsymbol{\alpha}_2, \cdots, \boldsymbol{\alpha}_m$ 为一线性无关向量组，

（1）正交化.

取 $\boldsymbol{\beta}_1 = \boldsymbol{\alpha}_1$；

$$\boldsymbol{\beta}_2 = \boldsymbol{\alpha}_2 - \frac{[\boldsymbol{\alpha}_2, \boldsymbol{\beta}_1]}{[\boldsymbol{\beta}_1, \boldsymbol{\beta}_1]} \boldsymbol{\beta}_1;$$

$$\boldsymbol{\beta}_3 = \boldsymbol{\alpha}_3 - \frac{[\boldsymbol{\alpha}_3, \boldsymbol{\beta}_1]}{[\boldsymbol{\beta}_1, \boldsymbol{\beta}_1]} \boldsymbol{\beta}_1 - \frac{[\boldsymbol{\alpha}_3, \boldsymbol{\beta}_2]}{[\boldsymbol{\beta}_2, \boldsymbol{\beta}_2]} \boldsymbol{\beta}_2;$$

依次类推，一般的，有

$$\boldsymbol{\beta}_j = \boldsymbol{\alpha}_j - \frac{[\boldsymbol{\alpha}_j, \boldsymbol{\beta}_1]}{[\boldsymbol{\beta}_1, \boldsymbol{\beta}_1]} \boldsymbol{\beta}_1 - \frac{[\boldsymbol{\alpha}_j, \boldsymbol{\beta}_2]}{[\boldsymbol{\beta}_2, \boldsymbol{\beta}_2]} \boldsymbol{\beta}_2 - \cdots - \frac{[\boldsymbol{\alpha}_j, \boldsymbol{\beta}_{j-1}]}{[\boldsymbol{\beta}_{j-1}, \boldsymbol{\beta}_{j-1}]} \boldsymbol{\beta}_{j-1} \quad (j = 1, 2, \cdots, m),$$

则 $\boldsymbol{\beta}_1, \boldsymbol{\beta}_2, \cdots, \boldsymbol{\beta}_m$ 与 $\boldsymbol{\alpha}_1, \boldsymbol{\alpha}_2, \cdots, \boldsymbol{\alpha}_m$ 等价.

（2）单位化.

令 $$e_j = \frac{\beta_j}{\|\beta_j\|}\ (j=1,\ 2,\ \cdots,\ m),$$

则e_1，e_2，…，e_m为单位正交向量组，且e_1，e_2，…，e_m与α_1，α_2，…，α_m等价.

三、正交矩阵

n阶矩阵A为正交矩阵$\Leftrightarrow A^TA=E \Leftrightarrow A^{-1}=A^T \Leftrightarrow A$的列向量都是单位向量，且两两正交$\Leftrightarrow A$的行向量都是单位向量，且两两正交.

四、方阵的特征值与特征向量

1．λ为方阵A的特征值$\Leftrightarrow Ax=\lambda x(x\neq 0)\Leftrightarrow |A-\lambda E|=0$.

2．x为A的对应于特征值λ的特征向量$\Leftrightarrow x$为齐次线性方程组$(A-\lambda E)x=0$的非零解.

3．求n阶方阵A的特征值与特征向量的步骤：

（1）计算A的特征多项式$f(\lambda)=|A-\lambda E|$；

（2）求出特征方程的所有根．特征方程是一元n次代数方程，它在复数范围内有n个根（重根按重数计算）：λ_1，λ_2，…，λ_n.

（3）对每个特征值λ_i，求出相应的齐次线性方程组$(A-\lambda_iE)x=0$的一个基础解系（设$A-\lambda_iE$的秩为r）：ξ_1，ξ_2，…，ξ_{n-r}.

ξ_1，ξ_2，…，ξ_{n-r}为对应于特征值λ_i的线性无关的特征向量.

$c_1\xi_1+c_2\xi_2+\cdots+c_{n-r}\xi_{n-r}$（$c_1$，$c_2$，…，$c_{n-r}$不全为零）为对应于$\lambda_i$的全部特征向量.

4．特征值的性质

性质 1 若n阶方阵$A=(a_{ij})$的全部特征值为λ_1，λ_2，…，λ_n（k重特征值算作k个特征值），则：（1）$\lambda_1+\lambda_2+\cdots+\lambda_n=a_{11}+a_{22}+\cdots+a_{nn}$；

（2）$\lambda_1\lambda_2\cdots\lambda_n=|A|$.

性质 2 设λ是可逆方阵A的一个特征值，x为对应的特征向量，则$\lambda\neq 0$，且$\frac{1}{\lambda}$是A^{-1}的一个特征值，x为对应的特征向量.

性质 3 设λ是方阵A的一个特征值，x为对应的特征向量，n是一个正整数，则λ^n是A^n的特征值，x为对应的特征向量.

性质 4 设λ是方阵A的一个特征值，x为对应的特征向量，若

$$\varphi(A)=a_0E+a_1A+\cdots+a_nA^n$$

是矩阵A的多项式，则$\varphi(\lambda)$是$\varphi(A)$的特征值（其中$\varphi(\lambda)=a_0+a_1\lambda+\cdots+a_n\lambda^n$是$\lambda$的多项式），$x$为$\varphi(A)$对应于$\varphi(\lambda)$的特征向量.

结论：若λ是可逆矩阵A的特征值，

$$\boldsymbol{\varphi}(A)=a_0E+a_1A+\cdots+a_nA^n+b_1A^{-1}+\cdots+b_m(A^{-1})^m$$，（m, n 为正整数），

则 $\boldsymbol{\varphi}(\boldsymbol{\lambda})=a_0+a_1\boldsymbol{\lambda}+\cdots+a_n\boldsymbol{\lambda}^n+b_1\boldsymbol{\lambda}^{-1}+\cdots+b_m\boldsymbol{\lambda}^{-m}$ 为 $\boldsymbol{\varphi}(A)$ 的特征值．

5．特征向量的性质

性质 1 设 λ 是方阵 A 的一个特征值，$\boldsymbol{x}$ 为对应的特征向量，若又有数 μ，$A\boldsymbol{x}=\mu\boldsymbol{x}$，则 $\mu=\lambda$．

性质 2 设 λ_1, λ_2, $\cdots$, λ_m 是方阵 A 的互不相同的特征值，$\boldsymbol{x}_i$ 是对应于 λ_i 的特征向量（$i=1, 2, \cdots, m$），则向量组 $\boldsymbol{x}_1$, $\boldsymbol{x}_2$, $\cdots$, $\boldsymbol{x}_m$ 线性无关．即对应于互不相同的特征值的特征向量线性无关．

五、相似矩阵

1．n 阶方阵 A, B 相似 $\Leftrightarrow$ 存在可逆矩阵 P，使 $P^{-1}AP=B$．

A, B 相似 $\underset{\nLeftarrow}{\Rightarrow}$ A, B 有相同的特征值.

2．n 阶方阵的对角化

n 阶方阵 A 与对角矩阵相似（即 A 能对角化）$\Leftrightarrow$ A 有 n 个线性无关的特征向量 $\Leftrightarrow$ 对应于 A 的每一个 k_i 重特征值 λ_i，λ_i 正好有 k_i 个线性无关的特征向量 $\Leftrightarrow$ 对应于 A 的每一个 k_i 重特征值 λ_i，$R(A-\lambda_iE)=n-k_i$．

n 阶方阵 A 的 n 个特征值互不相等 $\underset{\nLeftarrow}{\Rightarrow}$ A 与对角矩阵相似.

六、对称矩阵的相似对角化

若 A 是 n 阶对称矩阵，则存在正交矩阵 P，使 $P^{-1}AP=\Lambda$，其中 Λ 为对角矩阵，且 Λ 对角线上的元素是矩阵 A 的 n 个特征值.

寻找正交矩阵 P，使 $P^{-1}AP$ 成为对角阵的步骤：

（1）根据特征方程 $|A-\lambda E|=0$，求出矩阵 A 的所有不同的特征值 λ_1, λ_2, $\cdots$, λ_s 及它们的重数 k_1, k_2, $\cdots$, k_s；

（2）对每一个特征值 $\lambda_i(i=1, 2, \cdots, s)$，解齐次线性方程组 $(A-\lambda_iE)\boldsymbol{x}=\boldsymbol{0}$，求得它的一个基础解系 $\boldsymbol{\xi}_{i1}$, $\boldsymbol{\xi}_{i2}$, $\cdots$, $\boldsymbol{\xi}_{ik_i}$ $(i=1, 2, \cdots, s)$；

（3）利用施密特正交化方法，把向量组 $\boldsymbol{\xi}_{i1}$, $\boldsymbol{\xi}_{i2}$, $\cdots$, $\boldsymbol{\xi}_{ik_i}$ 正交化，得到正交向量组 $\boldsymbol{\zeta}_{i1}$, $\boldsymbol{\zeta}_{i2}$, $\cdots$, $\boldsymbol{\zeta}_{ik_i}$，再单位化得单位正交向量组 $\boldsymbol{p}_{i1}$, $\boldsymbol{p}_{i2}$, $\cdots$, $\boldsymbol{p}_{ik_i}$ $(i=1, 2, \cdots, s)$，这样共得到 n 个两两正交的单位特征向量组：$\boldsymbol{p}_{11}$, $\boldsymbol{p}_{12}$, $\cdots$, $\boldsymbol{p}_{1k_1}$, $\boldsymbol{p}_{21}$, $\boldsymbol{p}_{22}$, $\cdots$, $\boldsymbol{p}_{2k_2}$, $\cdots$, $\boldsymbol{p}_{s1}$, $\boldsymbol{p}_{s2}$, $\cdots$, $\boldsymbol{p}_{sk_s}$．

（4）令 $P=(\boldsymbol{p}_{11}, \boldsymbol{p}_{12}, \cdots, \boldsymbol{p}_{1k_1}, \boldsymbol{p}_{21}, \boldsymbol{p}_{22}, \cdots, \boldsymbol{p}_{2k_2}, \cdots, \boldsymbol{p}_{s1}, \boldsymbol{p}_{s2}, \cdots, \boldsymbol{p}_{sk_s})$，则 P 为正交矩阵，且 $P^{-1}AP=\Lambda$，Λ 为对角矩阵，且 Λ 对角线上的元素含 k_1 个 λ_1，k_2 个 λ_2，$\cdots$, k_s 个 λ_s，恰好是矩阵 A 的 n 个特征值．其中 Λ 的主对角线元素 $\lambda_i(i=1, 2, \cdots, s)$ 的重数为 k_i，并且排列顺序与 P 中正交向量组的排列顺序相对应.

七、二次型

1．n阶矩阵A，B合同$\Leftrightarrow$存在一个可逆矩阵C使得$B=C^TAC$．

两个对称矩阵合同$\Leftrightarrow$它们所对应的实二次型具有相同的正惯性指数和秩．

2．二次型

$$f(x_1, x_2, \cdots, x_n)=\boldsymbol{x}^TA\boldsymbol{x}.$$

（1）二次型的标准型（不唯一）．

$$f=\boldsymbol{y}^TB\boldsymbol{y}=k_1y_1^2+k_2y_2^2+\cdots+k_ny_n^2.$$

（2）任给一个二次型$f(x_1, x_2, \cdots, x_n)=\boldsymbol{x}^TA\boldsymbol{x}$，总存在正交变换$\boldsymbol{x}=P\boldsymbol{y}$，使$f$化为标准形

$$f=\lambda_1y_1^2+\lambda_2y_2^2+\cdots+\lambda_ny_n^2=\boldsymbol{y}^T\Lambda\boldsymbol{y}.$$

其中$\lambda_1, \lambda_2, \cdots, \lambda_n$是矩阵$A$的特征值，正交矩阵$P$的$n$个列向量$\boldsymbol{p}_1, \boldsymbol{p}_2, \cdots, \boldsymbol{p}_n$是对应于$\lambda_1, \lambda_2, \cdots, \lambda_n$的特征向量．

（3）二次型的规范型（唯一）．

$$f=y_1^2+\cdots+y_p^2-y_{p+1}^2-\cdots-y_r^2(p\leqslant r\leqslant n).$$

（4）惯性定理．

标准形所含项数r等于二次型对应的矩阵的非零特征值的个数（重特征值按重数计算）；

标准形中正系数个数等于正特征值的个数（重特征值按重数计算）等于正惯性指数；

标准形中负系数个数等于负特征值的个数（重特征值按重数计算），也等于项数r减去正特征值的个数且等于负惯性指数．

3．求二次型的标准型的方法

（1）正交变换法；

（2）拉格朗日配方法．

八、正定二次型与正定矩阵

1．二次型$f(x_1, x_2, \cdots, x_n)$正定$\Leftrightarrow$它的正惯性指数等于$n\Leftrightarrow$它的负惯性指数等于零$\Leftrightarrow$它的规范形为$f(x_1, x_2, \cdots, x_n)=x_1^2+x_2^2+\cdots+x_n^2\Leftrightarrow$对应的矩阵$A$正定．

2．对称矩阵A正定$\Leftrightarrow A$与单位矩阵合同，即存在可逆矩阵C，使$A=C^TEC=C^TC\Leftrightarrow$对应的二次型为正定二次型$\Leftrightarrow A$的所有特征值都大于零$\Leftrightarrow A$的所有顺序主子式都大于零．

对称矩阵A正定$\underset{\not\Leftarrow}{\Rightarrow}A$的行列式大于零．

习题五

1．试用施密特法把下列向量组正交化：

（1）$(\boldsymbol{\alpha}_1, \boldsymbol{\alpha}_2, \boldsymbol{\alpha}_3)=\begin{pmatrix}1&1&1\\1&2&4\\1&3&9\end{pmatrix}$；（2）$(\boldsymbol{\alpha}_1, \boldsymbol{\alpha}_2, \boldsymbol{\alpha}_3)=\begin{pmatrix}1&1&-1\\0&-1&1\\-1&0&1\\1&1&0\end{pmatrix}$.

2．求一个与$\boldsymbol{\alpha}_1=\begin{pmatrix}2\\1\\1\end{pmatrix}$，$\boldsymbol{\alpha}_2=\begin{pmatrix}2\\2\\0\end{pmatrix}$都正交的单位向量.

3．判断下列矩阵是不是正交矩阵.

（1）$\begin{pmatrix}1&-\frac{1}{2}&\frac{1}{3}\\-\frac{1}{2}&1&-\frac{1}{2}\\\frac{1}{3}&-\frac{1}{2}&-1\end{pmatrix}$；（2）$\begin{pmatrix}\frac{1}{9}&-\frac{8}{9}&-\frac{4}{9}\\-\frac{8}{9}&\frac{1}{9}&-\frac{4}{9}\\-\frac{4}{9}&-\frac{4}{9}&\frac{7}{9}\end{pmatrix}$.

4．设A为正交矩阵，证明A的伴随矩阵A^*也是正交矩阵.

5．求下列矩阵的特征值和特征向量.

（1）$\begin{pmatrix}1&-1\\2&4\end{pmatrix}$；（2）$\begin{pmatrix}1&2&3\\2&1&3\\3&3&6\end{pmatrix}$；

（3）$\begin{pmatrix}2&0&-2\\0&3&0\\0&0&3\end{pmatrix}$；（4）$\begin{pmatrix}2&-1&2\\5&-3&3\\-1&0&-2\end{pmatrix}$.

6．设λ是n阶矩阵A的一个特征值.

（1）求矩阵A^2，$A^2+5A-3E$的一个特征值；

（2）若A可逆，且$|A|=2$，求$2E-A^{-1}$，$(A^*)^2+E$的一个特征值.

7．已知n阶矩阵A的n个特征值为$\lambda=2, 4, \cdots, 2n$，求$|A-3E|$.

8．已知3阶方阵A的特征值为1，2，3，求$|A^3-5A^2+7A|$.

9. 设A为3阶方阵，已知$E-A$，$E+A$，$3E-A$都不可逆，问A是否相似于对角矩阵？为什么？

10. 设方阵A满足$A\boldsymbol{\alpha}_1=\boldsymbol{\alpha}_1$，$A\boldsymbol{\alpha}_2=0$，$A\boldsymbol{\alpha}_3=-\boldsymbol{\alpha}_3$，其中$\boldsymbol{\alpha}_1=\begin{pmatrix}1\\2\\2\end{pmatrix}$，$\boldsymbol{\alpha}_2=\begin{pmatrix}0\\-1\\1\end{pmatrix}$，$\boldsymbol{\alpha}_3=\begin{pmatrix}0\\0\\1\end{pmatrix}$，求$A$及$A^5$.

11．设 A 、B 都是 n 阶矩阵，且 $|A|\neq 0$ ，证明：（1）AB 与 BA 相似；（2）若 A 与 B 相似，则 B 可逆，且 A^{-1} 与 B^{-1} 相似.

12．设矩阵 $A=\begin{pmatrix}2&0&1\\3&1&x\\4&0&5\end{pmatrix}$ 可相似对角化，求 x .

13．试求一个正交的相似变换矩阵，将下列矩阵化为对角阵.

（1）$\begin{pmatrix}2&-2&0\\-2&1&-2\\0&-2&0\end{pmatrix}$；　　（2）$\begin{pmatrix}2&2&-2\\2&5&-4\\-2&-4&5\end{pmatrix}$.

14．设 $A=\begin{pmatrix}3&-2\\-2&3\end{pmatrix}$，求 $\varphi(A)=A^{10}-5A^{9}$.

15．用矩阵记号表示下列二次型.

（1）$f=x^2+4xy+4y^2+2xz+z^2+4yz$ ；

（2）$f=x^2+y^2-7z^2-2xy-4xz-4yz$ ；

（3）$f={x_1}^2+2{x_2}^2+3{x_3}^2-{x_4}^2+6x_2x_3-x_2x_4+10x_3x_4$.

16．写出下列二次型的矩阵.

（1）$f(\boldsymbol{x})=\boldsymbol{x}^T\begin{pmatrix}2&3\\1&1\end{pmatrix}\boldsymbol{x}$ ；　　（2）$f(\boldsymbol{x})=\boldsymbol{x}^T\begin{pmatrix}1&2&3\\4&5&6\\7&8&9\end{pmatrix}\boldsymbol{x}$.

17．求一个正交变换化下列二次型为标准形，并写出规范形.

（1）$f=2{x_1}^2+3{x_2}^2+3{x_3}^2+4x_2x_3$ ；

（2）$f={x_1}^2+4{x_2}^2+{x_3}^2-4x_1x_2-8x_1x_3-4x_2x_3$.

18．用配方法化下列二次型为标准形，并写出所用变换的矩阵.

（1）$f={x_1}^2+3{x_2}^2+5x_3^2+2x_1x_2-4x_1x_3$ ；

（2）$f={x_1}^2+2{x_3}^2+2x_1x_3+2x_2x_3$ ；

（3）$f=2x_1^2+x_2^2+4x_3^2+2x_1x_2-2x_2x_3$.

19．判别下列二次型的正定性.

（1）$f=5{x_1}^2+6{x_2}^2+4{x_3}^2-4x_1x_2-4x_1x_3$ ；

（2）$f=-2{x_1}^2-6{x_2}^2-4{x_3}^2+2x_1x_2+2x_1x_3$ ；

（3）$f=x_1^2+3x_2^2+9{x_3}^2+19x_4^2-2x_1x_2+4x_1x_3+2x_1x_4-2x_2x_4-12x_3x_4$.

20．设 $f={x_1}^2+{x_2}^2+5{x_3}^2+2ax_1x_2-2x_1x_3+4x_2x_3$ 为正定二次型，求 a .

21．判断下列实对称矩阵是否为正定矩阵.

（1）$\begin{pmatrix}1&1&1\\1&2&1\\1&1&1\end{pmatrix}$；　　（2）$\begin{pmatrix}2&-1&-1\\-1&2&-1\\-1&-1&2\end{pmatrix}$；　　（3）$\begin{pmatrix}1&-\frac{1}{2}&-1\\-\frac{1}{2}&1&2\\-1&2&5\end{pmatrix}$.

22．如果 A、B 为同阶正定矩阵，证明 $A+B$ 为正定矩阵．

同步测试题五

一、填空题

1．若 $\lambda=0$ 是方阵 A 的一个特征值，则 $|A|=$____________．

2．若 $\lambda=2$ 是可逆方阵 A 的一个特征值，则方阵 $\left(\frac{1}{2}A^2\right)^{-1}$ 必有一个特征值为__________．

3．若方阵 A 与方阵 $B=\begin{pmatrix}1&3&0\\3&-1&0\\0&0&2\end{pmatrix}$ 相似，则 A 的特征值为______________．

4．上三角矩阵 $A=\begin{pmatrix}2&-2&6&6\\0&-1&3&0\\0&0&-4&8\\0&0&0&9\end{pmatrix}$ 的特征值为____________．

5．设 A 为实对称矩阵，$\boldsymbol{\alpha}_1=\begin{pmatrix}1\\1\\3\end{pmatrix}$ 与 $\boldsymbol{\alpha}_2=\begin{pmatrix}4\\5\\a\end{pmatrix}$ 分别是属于 A 的不同特征值的特征向量，则 $a=$____________．

6．设 $A=\begin{pmatrix}1&1&1&1\\1&1&1&1\\1&1&1&1\\1&1&1&1\end{pmatrix}$，则 A 的全部特征值为________________．

7．$f=x_1^2-2x_2^2+3x_3^2-4x_1x_2-x_1x_3+4x_2x_3$ 的矩阵为____________________．

8．$f=x_1x_2+x_1x_3+x_2x_3$ 的秩等于________________．

9．二次型 $f=2x_1^2+2x_2^2-2x_1x_2$ 经正交变换化成的标准形为__________________．

10．若实对称矩阵 $A_{2\times2}$ 与矩阵 $\begin{pmatrix}-1&0\\0&2\end{pmatrix}$ 合同，则二次型 $\boldsymbol{x}^T A\boldsymbol{x}$ 的标准形是__________．

二、单选题

1．下列矩阵不是正交矩阵的是（　）．

A．$\begin{pmatrix}0&-1\\1&0\end{pmatrix}$；　　B．$\begin{pmatrix}\cos\theta&\sin\theta&0\\-\sin\theta&\cos\theta&0\\0&0&-1\end{pmatrix}$；

C. $\frac{1}{6}\begin{pmatrix} 1 & 5 & \sqrt{10} \\ 5 & 1 & -\sqrt{10} \\ \sqrt{10} & -\sqrt{10} & 4 \end{pmatrix}$；　　D. $\frac{1}{2}\begin{pmatrix} \sqrt{3}+1 & \sqrt{3}-1 \\ \sqrt{3}-1 & -\sqrt{3}-1 \end{pmatrix}$.

2．n 阶方阵 A 与对角矩阵相似的充要条件是（　）.

A．A 有 n 个互不相同的特征值；

B．A 有 n 个互不相同的特征向量；

C．A 有 n 个线性无关的的特征向量；

D．A 有 n 个两两正交的特征向量.

3．同阶方阵 A 与 B 相似的充要条件是（　）.

A．存在可逆矩阵 P 与 Q，使 $PAQ=B$；

B．存在可逆矩阵 P，使 $A=P^{-1}BP$；

C．存在可逆矩阵 P，使 $P^TAP=B$；

D．$R(A)=R(B)$.

4．设 $A=\begin{pmatrix} a & b \\ c & d \end{pmatrix}$ 的特征值为 λ_1，λ_2，则 $\lambda_1+\lambda_2=$（　）.

A．$ad-bc$；　B．$ad+bc$；　C．$a+d$；　D．$b+c$.

5．设可逆矩阵 A 有特征值 2，则 $E+\left(\frac{1}{2}A^3\right)^{-1}$ 有特征值（　）.

A．$\frac{1}{4}$；　B．$\frac{5}{4}$；　C．5；　D．$\frac{4}{5}$.

6．设 A, B 为 n 阶方阵，且 A 与 B 相似，E 为单位矩阵，则（　）.

A．$\lambda E-A=\lambda E-B$；　B．A 与 B 有相同的特征向量；

C．A, B 均可对角化；　D．$kE-A$ 与 $kE-B$ 相似.

7．n 阶方阵 A 的每行元素之和均为 3，则 A 有特征值（　）.

A．n；　B．0；　C．3；　D．1.

8．若矩阵 $A=\begin{pmatrix} 1 & 0 & 0 \\ 0 & 2 & a \\ 0 & a & 8 \end{pmatrix}$ 正定，则实数 a 的取值范围为（　）.

A．$a<8$；　B．$a>4$；

C．$a<4$；　D．$-4<a<4$.

9．下列说法不正确的是（　）.

A．正定矩阵的行列式大于零；　B．正定矩阵的元素大于零；

C．正定矩阵的顺序主子式大于零；　D．正定矩阵的特征值大于零.

10．设二次型 $f(x_1, x_2, x_3)$ 的秩为 3，正惯性指数为 1，则 f 的规范形为（　）.

A．$y_1^2+y_2^2+y_3^2$；　B．$-y_1^2-y_2^2-y_3^2$；

C．$y_1^2-y_2^2-y_3^2$；　D．$y_1^2+y_2^2-y_3^2$.

三、计算题

1. 求方阵 $A=\begin{pmatrix}2 & -1 & 2\\ 5 & -3 & 3\\ -1 & 0 & -2\end{pmatrix}$ 的特征值与特征向量组，并判断 A 是否相似于对角矩阵？

2. 试用施密特正交化方法将向量组 $\boldsymbol{\alpha}_1=(1,\ 1,\ 2,\ 3)^T$，$\boldsymbol{\alpha}_2=(-1,\ 1,\ 4,\ -1)^T$ 化成单位正交向量组.

3. 设 $A=\begin{pmatrix}1 & 1 & 1\\ 1 & 1 & 1\\ 1 & 1 & 1\end{pmatrix}$，求一个正交矩阵 P，使 $P^{-1}AP$ 成为对角矩阵，并写出相应的对角矩阵.

4. 设 $A=(a_{ij})_{3\times 3}$ 为正交矩阵，且 $a_{33}=-1$，$\boldsymbol{b}=(0,\ 0,\ 1)^T$，求矩阵方程 $A\boldsymbol{x}=\boldsymbol{b}$ 的解 $\boldsymbol{x}$.

5. 求一个正交变换，把二次型 $f(x_1,\ x_2,\ x_3)=x_1^2+x_2^2+2x_3^2+4x_1x_2+2x_1x_3+2x_2x_3$ 化成标准形.

6. 用配方法将上题中的二次型化成标准形，并写出所用的变换.

7. 若二次型 $f(x_1,\ x_2,\ x_3)=2x_1^2+6x_2^2+tx_3^2-2x_1x_2-2x_1x_3$ 正定，求实数 t 的范围.

8. 设矩阵 $A=\begin{pmatrix}1 & -10 & 10\\ 0 & -2 & 8\\ 0 & 0 & 3\end{pmatrix}$，试判断二次型 $f=\boldsymbol{x}^T(A^TA)\boldsymbol{x}$ 是否正定（其中 $\boldsymbol{x}=(x_1,\ x_2,\ x_3)^T$）.

四、证明题

1. 设方阵 A 满足 $A^2=E$，且 A 与 B 相似. 证明：$B^2=E$.

2. 设 A 是正定矩阵，证明 A^2 也是正定矩阵.

习题与同步测试题提示与答案

第 1 章

习题一

1．（1）8；（2）11；（3）$\dfrac{n(n-1)}{2}$；（4）$\dfrac{n(n-1)}{2}$.

2．负号

3．$-a_{12}a_{23}a_{34}a_{41}$，$-a_{11}a_{23}a_{32}a_{44}$，$-a_{14}a_{23}a_{31}a_{42}$.

4．（1）48；（2）−483；（3）160；（4）16；（5）$4abcdef$.

（6）$(a-b)(a-c)(a-d)(b-c)(b-d)(c-d)(a+b+c+d)$.

5．（1）$\begin{pmatrix} x_1 \\ x_2 \\ x_3 \end{pmatrix}=\begin{pmatrix} 5 \\ -4 \\ 3 \end{pmatrix}$，（2）$\begin{pmatrix} x_1 \\ x_2 \\ x_3 \end{pmatrix}=\begin{pmatrix} \dfrac{14}{11} \\ -\dfrac{10}{11} \\ -\dfrac{1}{11} \end{pmatrix}$.

6．$x=3$ 或 $x=-1$.

7．4

8．$\lambda=0$，2 或 3

9．$(a+1)^2=4b$

10．提示：将第一列的 100 倍和第二列的 10 倍分别加到第三列上去，则第三列为 19 的倍数.

同步测试题一

一、填空题

1．12，27　　2．$i=6, j=7$　　3．$\dfrac{n(n-1)}{2}-k$　　4．0　　5．−60

6．$i=s$　　7．$(-1)^n$　　8．1 或 3

二、单选题

1．B　　2．C　　3．A　　4．D　　5．D

6．C　　7．A　　8．C　　9．B

三、计算题

1．（1）−34；（2）−27；（3）−140；（4）312；

（5）32；（6）$a(b-a)^3$；（7）-16；（8）$abcd$.

2．（1）$x_1=x_2=x_3=1$；（2）$x_1=1,\ x_2=-1,\ x_3=-1,\ x_4=1$；

（3）$x_1=1,\ x_2=-1,\ x_3=0,\ x_4=2$；（4）$x_1=1,\ x_2=-1,\ x_3=-1,\ x_4=1$.

3．-84

4．$\lambda=2$

5．当 $\lambda=1$ 或 $\lambda=3$ 时方程组有非零解，且当 $\lambda=1$ 时 $x_1=-2x_3$，$x_2=0$，当 $\lambda=3$ 时 $x_1=\frac{1}{2}x_3$，$x_2=-\frac{1}{2}x_3$.

第 2 章

习题二

1．$2A=\begin{pmatrix}2&-2\\4&6\\0&2\end{pmatrix}$, $-3B=\begin{pmatrix}-9&-12\\-15&-6\\6&-3\end{pmatrix}$, $2A-3B=\begin{pmatrix}-7&-14\\-11&0\\6&-1\end{pmatrix}$.

2．$AB=\begin{pmatrix}4&-1\\-3&-3\\5&-2\end{pmatrix}$, $AA^T=\begin{pmatrix}2&1&3\\1&13&4\\3&4&5\end{pmatrix}$, $A^TA-2B=\begin{pmatrix}0&-3\\-5&16\end{pmatrix}$.

3．$-A^T+2B=\begin{pmatrix}2&-4\\3&-1\\1&2\end{pmatrix}$, $AB=\begin{pmatrix}3&1\\4&-2\end{pmatrix}$, $BA=\begin{pmatrix}-2&0&1\\0&2&2\\2&2&1\end{pmatrix}$.

4．（1）$\begin{pmatrix}5&2&-1\\7&6&5\end{pmatrix}$；　（2）(1)；　（3）$\begin{pmatrix}2&3\\-4&-6\\6&9\end{pmatrix}$；　（4）(3)；

（5）$\begin{pmatrix}a_{11}x_1+a_{12}x_2+a_{13}x_3\\a_{21}x_1+a_{22}x_2+a_{23}x_3\\a_{31}x_1+a_{32}x_2+a_{33}x_3\end{pmatrix}$.

5．（1）$\begin{pmatrix}a^n&na^{n-1}b\\0&a^n\end{pmatrix}$；

（2）当 $n=2m$ 时，$\begin{pmatrix}a^mc^m&0&0\\0&b^{2m}&0\\0&0&a^mc^m\end{pmatrix}$，

当 $n=2m+1$ 时，$\begin{pmatrix}0&0&a^{m+1}c^m\\0&b^{2m+1}&0\\a^mc^{m+1}&0&0\end{pmatrix}$（其中 m 为非负整数）；

（3）$\lambda^{n-2}\begin{pmatrix} \lambda^2 & n\lambda & \dfrac{n(n-1)}{2}\lambda^{n-2} \\ 0 & \lambda^2 & n\lambda \\ 0 & 0 & \lambda^2 \end{pmatrix}$.

6.

（1）$AA^T=\begin{pmatrix} a^2+b^2+c^2+d^2 & 0 & 0 & 0 \\ 0 & a^2+b^2+c^2+d^2 & 0 & 0 \\ 0 & 0 & a^2+b^2+c^2+d^2 & 0 \\ 0 & 0 & 0 & a^2+b^2+c^2+d^2 \end{pmatrix}$；

（2）$|A|=(a^2+b^2+c^2+d^2)^2$.

7．$|A|=11,\ A^*=\begin{pmatrix} 3 & -5 \\ 1 & 2 \end{pmatrix},\ AA^*=\begin{pmatrix} 11 & 0 \\ 0 & 11 \end{pmatrix}$.

8．$|-2A|=296,\ A^*=\begin{pmatrix} 4 & -13 & -2 \\ 11 & -8 & 13 \\ -6 & 1 & 3 \end{pmatrix},\ AA^*=\begin{pmatrix} -37 & 0 & 0 \\ 0 & -37 & 0 \\ 0 & 0 & -37 \end{pmatrix}$.

9．（1）$\begin{pmatrix} \dfrac{4}{7} & -\dfrac{1}{7} \\ \dfrac{3}{14} & \dfrac{1}{14} \end{pmatrix}$；　（2）$\begin{pmatrix} \cos\theta & \sin\theta \\ -\sin\theta & \cos\theta \end{pmatrix}$；　（3）不可逆；

（4）$|A|=4,\ A^*=\begin{pmatrix} -1 & -5 & 3 \\ 1 & -3 & 1 \\ 2 & 6 & -2 \end{pmatrix},\ A^{-1}=\begin{pmatrix} -\dfrac{1}{4} & -\dfrac{5}{4} & \dfrac{3}{4} \\ \dfrac{1}{4} & -\dfrac{3}{4} & \dfrac{1}{4} \\ \dfrac{1}{2} & \dfrac{3}{2} & -\dfrac{1}{2} \end{pmatrix}$；

（5）$\begin{pmatrix} 1 & -1 & 0 & 0 \\ 0 & 1 & -1 & 0 \\ 0 & 0 & 1 & -1 \\ 0 & 0 & 0 & 1 \end{pmatrix}$；　（6）$\begin{pmatrix} -1 & 2 & 0 \\ 3 & -5 & 0 \\ 0 & 0 & -\dfrac{1}{4} \end{pmatrix}$；　（7）$\begin{pmatrix} 5 & -2 & 0 & 0 \\ -2 & 1 & 0 & 0 \\ 0 & 0 & -1 & 1 \\ 0 & 0 & 2 & -1 \end{pmatrix}$.

10．（1）$\begin{pmatrix} 6 & 1 \\ -2 & 0 \end{pmatrix}$；

（2）$\begin{pmatrix} 1 & 2 & 0 \\ 4 & -2 & -1 \\ -3 & 1 & 2 \end{pmatrix}^{-1}=-\dfrac{1}{13}\begin{pmatrix} -3 & -4 & -2 \\ -5 & 2 & 1 \\ -2 & -7 & -10 \end{pmatrix}$，

$$X=-\frac{1}{13}\begin{pmatrix} -3 & -4 & -2 \\ -5 & 2 & 1 \\ -2 & -7 & -10 \end{pmatrix}\begin{pmatrix} 0 & 4 \\ 6 & 5 \\ 1 & -3 \end{pmatrix}=\begin{pmatrix} 2 & 2 \\ -1 & 1 \\ 4 & 1 \end{pmatrix}；$$

（3）$X=\begin{pmatrix}1&0&0\\0&0&1\\0&1&0\end{pmatrix}\begin{pmatrix}0&4\\6&5\\1&-3\end{pmatrix}\begin{pmatrix}-5&-3\\2&1\end{pmatrix}=\begin{pmatrix}8&4\\-11&-6\\-20&-13\end{pmatrix}$；

（4）$X=(A-2E)^{-1}A=\begin{pmatrix}2&3&3\\-1&2&3\\1&1&0\end{pmatrix}$；

11．$\left|(3A)^{-1}-2A^*\right|=-\dfrac{16}{27}$．

12．提示：由 $A^2-A-2E=O$，得 $A(A-E)=2E$，而 $A+2E=A^2$．

13．（1）用反证法. 假设 A 可逆，则 A^{-1} 存在，用 A^{-1} 左乘 $A^2=A$，得 $A=E$，与题设矛盾，所以 A 不可逆，即 A 为奇异矩阵；

（2）用 A^{-1} 左乘 $AB=O$．

同步测试题二

一、填空题

1．-24, 9, $\dfrac{8}{3}$, $\begin{pmatrix}3&&\\&3&\\&&3\end{pmatrix}$　　2．4, 4, 4　　3．-2

4．B^TA^T　　5．$B^{-1}A^{-1}$, $C^{-1}B^{-1}A^{-1}$

6．$\begin{pmatrix}-1&2\\1&-1\end{pmatrix}$, $\begin{pmatrix}\frac{1}{3}&&\\&-\frac{1}{3}&\\&&\frac{1}{9}\end{pmatrix}$

7．$\begin{pmatrix}-\frac{1}{3}&0&0\\0&\frac{9}{11}&-\frac{2}{11}\\0&-\frac{8}{11}&\frac{3}{11}\end{pmatrix}$

二、单选题

1．C　2．B　3．D　4．C　5．C　6．D　7．A

三、计算题

1．$AB=\begin{pmatrix}3&2\\10&9\\6&11\end{pmatrix}$, $A^TA+B=\begin{pmatrix}14&8\\7&13\end{pmatrix}$.

2．$3AB-B^T=\begin{pmatrix}15&17\\15&-8\end{pmatrix}$.

3．$A^* = \begin{pmatrix} 2 & 6 & -4 \\ -3 & -6 & 5 \\ 2 & 2 & -2 \end{pmatrix}$，$A^{-1} = \begin{pmatrix} 1 & 3 & -2 \\ -\dfrac{3}{2} & -3 & \dfrac{5}{2} \\ 1 & 1 & -1 \end{pmatrix}$.

4．$B = (A-2E)^{-1}A$, $(A-2E)^{-1} = \begin{pmatrix} 2 & -1 & -1 \\ 2 & -2 & -1 \\ -1 & 1 & 1 \end{pmatrix}$，$B = \begin{pmatrix} 5 & -2 & -2 \\ 4 & -3 & -2 \\ -2 & 2 & 3 \end{pmatrix}$.

5．$X = \begin{pmatrix} 2 & 0 & -1 \\ 1 & -4 & 3 \\ 1 & -2 & 0 \end{pmatrix}$.

四、证明题

1．证明　由 $A^2 = O$，得 $A^2 - E + E = O$, $E - A^2 = E$，$(E+A)(E-A) = E$.
所以，$E-A$ 可逆，且 $(E-A)^{-1} = E + A$.

2．证明　由 $A^2 - 3A - 10E = O$，得 $(A+E)(A-4E) = 6E$，$\dfrac{1}{6}(A+E)(A-4E) = E$.
所以，$A-4E$ 可逆，且 $(A-4E)^{-1} = \dfrac{1}{6}(A+E)$.

第 3 章

习题三

1.（1）秩为 3，行最简形为 $\begin{pmatrix} 1 & 0 & 0 & -\dfrac{5}{6} \\ 0 & 1 & 0 & \dfrac{7}{6} \\ 0 & 0 & 1 & -\dfrac{5}{6} \\ 0 & 0 & 0 & 0 \end{pmatrix}$;

（2）秩为 3，行最简形为 $\begin{pmatrix} 1 & 0 & 3 & 2 & 0 \\ 0 & 1 & 2 & -1 & 0 \\ 0 & 0 & 0 & 0 & 1 \\ 0 & 0 & 0 & 0 & 0 \end{pmatrix}$.

2.（1）$A^{-1} = \begin{pmatrix} 1 & 3 & -2 \\ -\dfrac{3}{2} & -3 & \dfrac{5}{2} \\ 1 & 1 & -1 \end{pmatrix}$；（2）$\begin{pmatrix} 1 & -2 & 7 \\ 0 & 1 & -2 \\ 0 & 0 & 1 \end{pmatrix}$；（3）$\begin{pmatrix} 1 & 0 & 0 \\ -\dfrac{1}{2} & \dfrac{1}{2} & -\dfrac{3}{2} \\ 0 & 0 & 1 \end{pmatrix}$.

3.（1）$R(A) = 2$；（2）$R(A) = 3$.

4.（1）$X=\begin{pmatrix}1 & 1\\ \frac{1}{4} & 0\end{pmatrix}$；（2）$X=\begin{pmatrix}10 & 2\\ -15 & -3\\ 12 & 4\end{pmatrix}$；（3）$X=\begin{pmatrix}-2 & 2 & 1\\ -\frac{8}{3} & 5 & -\frac{2}{3}\end{pmatrix}$.

5．当 $\lambda=-2$ 时无解；当 $\lambda\neq 1$ 且 $\lambda\neq -2$ 时有唯一解；当 $\lambda=1$ 时有无穷多组解.

6．（1）$\begin{pmatrix}x_1\\x_2\\x_3\\x_4\end{pmatrix}=k\begin{pmatrix}0\\2\\1\\0\end{pmatrix}$（其中 k 为任意常数）；

（2）$\begin{pmatrix}x_1\\x_2\\x_3\\x_4\end{pmatrix}=k_1\begin{pmatrix}2\\1\\0\\0\end{pmatrix}+k_2\begin{pmatrix}2\\0\\-5\\7\end{pmatrix}$（其中 k_1,k_2 为任意常数）.

7．（1）有唯一解 $x_1=-8,\ x_2=3,\ x_3=6,\ x_4=0$；

（2）$\begin{pmatrix}x_1\\x_2\\x_3\\x_4\end{pmatrix}=k_1\begin{pmatrix}3\\7\\16\\0\end{pmatrix}+k_2\begin{pmatrix}9\\5\\0\\16\end{pmatrix}+\begin{pmatrix}\frac{7}{16}\\-\frac{5}{16}\\0\\0\end{pmatrix}$（其中 k_1，k_2 为任意常数）.

8．$A=\begin{pmatrix}0 & 2 & 0\\ -1 & -1 & 0\\ 0 & 0 & 2\end{pmatrix}$

同步测试题三

一、填空题

1．把某行的 k 倍加到另外一行上

2．初等变换

3．r

4．0

5．$k=-4$

6．$A^{-1}=\begin{pmatrix}2 & 0 & -1\\ -1 & 0 & 1\\ 0 & 1 & 0\end{pmatrix}$

7．$a=-2$

8．$R(A)<n$

9．$R(A)=R(\overline{A})$

10．$\lambda=1$ 或 $\lambda=-2$

二、单选题

1．B　2．A　3．D　4．C　5．C　6．D　7．A　8．D　9．D　10．C

三、计算题

1．（1）$R(A)=3$；（2）$R(A)=2$．

2、（1）$A^{-1}=\begin{pmatrix} -\frac{1}{2} & -\frac{1}{2} & 1 \\ 1 & 1 & -1 \\ -\frac{1}{2} & -\frac{3}{2} & 1 \end{pmatrix}$；

（2）$A^{-1}=\begin{pmatrix} 1 & 1 & -2 & -4 \\ 0 & 1 & 0 & -1 \\ -1 & -1 & 3 & 6 \\ 2 & 1 & -6 & -10 \end{pmatrix}$．

3．（1）$X=\begin{pmatrix} 11 & 5 & -50 \\ 10 & 0 & -40 \\ -4 & -2 & 19 \end{pmatrix}$；（2）$\begin{pmatrix} 24 & 13 \\ -34 & -18 \end{pmatrix}$；（3）$\begin{pmatrix} 2 & 1 \\ 0 & 0 \end{pmatrix}$．

4．当 $a\neq 1$ 时方程组有唯一解，解为 $x_1=0,\ x_2=-x_3=2$；

当 $a=1$ 时方程组有无数解，解为 $\begin{pmatrix} x_1 \\ x_2 \\ x_3 \end{pmatrix}=k\begin{pmatrix} -1 \\ 0 \\ 1 \end{pmatrix}+\begin{pmatrix} 2 \\ 2 \\ 0 \end{pmatrix}$（$k$ 为任意实数）．

5．（1）$\begin{pmatrix} x_1 \\ x_2 \\ x_3 \\ x_4 \end{pmatrix}=k_1\begin{pmatrix} 0 \\ 1 \\ 0 \\ 4 \end{pmatrix}+k_2\begin{pmatrix} -4 \\ 0 \\ 1 \\ -3 \end{pmatrix}$（$k_1,\ k_2$ 为任意实数）；

（2）$\begin{pmatrix} x_1 \\ x_2 \\ x_3 \\ x_4 \\ x_5 \end{pmatrix}=k_1\begin{pmatrix} 0 \\ 1 \\ 1 \\ 0 \\ 0 \end{pmatrix}+k_2\begin{pmatrix} 0 \\ 1 \\ 0 \\ 1 \\ 0 \end{pmatrix}+k_3\begin{pmatrix} 1 \\ -5 \\ 0 \\ 0 \\ 3 \end{pmatrix}$（$k_1,\ k_2,\ k_3$ 为任意常数）；

（3）$\begin{pmatrix} x_1 \\ x_2 \\ x_3 \\ x_4 \end{pmatrix}=k_1\begin{pmatrix} 1 \\ 1 \\ 1 \\ 0 \end{pmatrix}+k_2\begin{pmatrix} -1 \\ 1 \\ 0 \\ 1 \end{pmatrix}+\begin{pmatrix} -3 \\ -4 \\ 0 \\ 0 \end{pmatrix}$（$k_1,\ k_2$ 为任意常数）；

（4）$\begin{pmatrix} x_1 \\ x_2 \\ x_3 \\ x_4 \\ x_5 \end{pmatrix}=k_1\begin{pmatrix} 1 \\ -2 \\ 1 \\ 0 \\ 0 \end{pmatrix}+k_2\begin{pmatrix} 1 \\ -2 \\ 0 \\ 1 \\ 0 \end{pmatrix}+k_3\begin{pmatrix} 5 \\ -6 \\ 0 \\ 0 \\ 1 \end{pmatrix}+\begin{pmatrix} -2 \\ 3 \\ 0 \\ 0 \\ 0 \end{pmatrix}$（$k_1,\ k_2,\ k_3$ 为任意常数）．

第 4 章

习题四

1．$\boldsymbol{\alpha}_1-\boldsymbol{\alpha}_2=\begin{pmatrix}1\\0\\-1\end{pmatrix}$，$3\boldsymbol{\alpha}_1+2\boldsymbol{\alpha}_2-\boldsymbol{\alpha}_3=\begin{pmatrix}0\\1\\2\end{pmatrix}$.

2．$\boldsymbol{\alpha}=\dfrac{1}{6}(3\boldsymbol{\alpha}_1+2\boldsymbol{\alpha}_2-5\boldsymbol{\alpha}_3)=\begin{pmatrix}1\\2\\3\\4\end{pmatrix}$.

3．因为 $A=(\boldsymbol{\alpha}_1,\ \boldsymbol{\alpha}_2,\ \boldsymbol{\alpha}_3,\ \boldsymbol{\beta})\to\begin{pmatrix}1&1&1&1\\0&1&-2&1\\0&0&1&1\\0&0&0&0\end{pmatrix}$,

$R(\boldsymbol{\alpha}_1,\ \boldsymbol{\alpha}_2,\ \boldsymbol{\alpha}_3)=R(\boldsymbol{\alpha}_1,\ \boldsymbol{\alpha}_2,\ \boldsymbol{\alpha}_3,\ \boldsymbol{\beta})=3$，

所以 $\boldsymbol{\beta}$ 能由 $\boldsymbol{\alpha}_1,\ \boldsymbol{\alpha}_2,\ \boldsymbol{\alpha}_3$ 线性表示，且表示式唯一.

又 $A=(\boldsymbol{\alpha}_1,\ \boldsymbol{\alpha}_2,\ \boldsymbol{\alpha}_3,\ \boldsymbol{\beta})\to\begin{pmatrix}1&0&0&-1\\0&1&0&1\\0&0&1&1\\0&0&0&0\end{pmatrix}$，从而 $\boldsymbol{\beta}=-\boldsymbol{\alpha}_1+\boldsymbol{\alpha}_2+\boldsymbol{\alpha}_3$.

4．证明　只需证明 $R(A)=R(A,\ B)$，$R(A,\ B)\neq R(B)$.

因为

$$(A,B)=(\boldsymbol{\alpha}_1,\ \boldsymbol{\alpha}_2,\ \boldsymbol{\alpha}_3,\ \boldsymbol{\beta}_1,\ \boldsymbol{\beta}_2,\ \boldsymbol{\beta}_3)\to\begin{pmatrix}1&0&3&1&-2&4\\0&1&-6&-1&5&-7\\0&0&4&1&-3&5\\0&0&0&0&0&0\end{pmatrix},$$

$$B=(\boldsymbol{\beta}_1,\ \boldsymbol{\beta}_2,\ \boldsymbol{\beta}_3)\to\begin{pmatrix}1&1&1\\0&1&-1\\0&0&0\\0&0&0\end{pmatrix},$$

$R(A)=3$，$R(A,\ B)=3$，$R(B)=2$，

所以，向量组 B 能由向量组 A 线性表示，但向量组 A 不能由向量组 B 线性表示.

5．只需证明 $R(A)=R(A,\ B)=R(B)$.

因为

$$(A,\ B)=(\boldsymbol{\alpha}_1,\ \boldsymbol{\alpha}_2,\ \boldsymbol{\beta}_1,\ \boldsymbol{\beta}_2,\ \boldsymbol{\beta}_3)\to\begin{pmatrix}1&1&3&2&0\\2&0&4&2&2\\3&2&8&5&1\end{pmatrix}\to\begin{pmatrix}1&1&3&2&0\\0&1&1&1&-1\\0&0&0&0&0\end{pmatrix},$$

$$B=(\boldsymbol{\beta}_1,\ \boldsymbol{\beta}_2,\ \boldsymbol{\beta}_3)\to\begin{pmatrix}3&2&0\\4&2&2\\8&5&1\end{pmatrix}\to\begin{pmatrix}1&0&2\\0&1&-3\\0&0&0\end{pmatrix},$$

$R(A)=R(A,\ B)=R(B)=2$，

所以，向量组 A 与向量组 B 等价.

7．因为 $\boldsymbol{\beta}_1-\boldsymbol{\beta}_2+\boldsymbol{\beta}_3-\boldsymbol{\beta}_4=\mathbf{0}$.

8．证明　设 $k_1\boldsymbol{\beta}_1+k_2\boldsymbol{\beta}_2+\cdots+k_m\boldsymbol{\beta}_m=\mathbf{0}$，

即　$k_1\boldsymbol{\alpha}_1+k_2(\boldsymbol{\alpha}_1+\boldsymbol{\alpha}_2)+\cdots+k_m(\boldsymbol{\alpha}_1+\boldsymbol{\alpha}_2+\cdots+\boldsymbol{\alpha}_m)=\mathbf{0}$，

$(k_1+k_2+\cdots+k_m)\boldsymbol{\alpha}_1+\cdots+(k_{m-1}+k_m)\boldsymbol{\alpha}_{m-1}+k_m\boldsymbol{\alpha}_m=\mathbf{0}$.

因为 $\boldsymbol{\alpha}_1,\ \boldsymbol{\alpha}_2,\ \cdots,\ \boldsymbol{\alpha}_m$ 线性无关，

因此，必有 $\begin{cases}k_1+k_2+\cdots+k_m=0,\\ \cdots\cdots\cdots\cdots\cdots\cdots\\ k_{m-1}+k_m=0,\\ k_m=0,\end{cases}$ 解得 $\begin{cases}k_1=0,\\ k_2=0,\\ \cdots\cdots\\ k_m=0.\end{cases}$

所以，向量组 $\boldsymbol{\beta}_1,\ \boldsymbol{\beta}_2,\ \cdots,\ \boldsymbol{\beta}_m$ 线性无关.

9.（1）$0\boldsymbol{\alpha}_1+0\boldsymbol{\alpha}_2+\boldsymbol{\alpha}_3=\mathbf{0}$，线性相关；　（2）$\boldsymbol{\alpha}_3=\boldsymbol{\alpha}_2-\boldsymbol{\alpha}_1$，线性相关；

（3）$\boldsymbol{\alpha}_1=-2\boldsymbol{\alpha}_2$，线性相关；　（4）部分无关，整体无关，所以线性无关.

10.（1）$A=(\boldsymbol{\alpha}_1,\ \boldsymbol{\alpha}_2,\ \boldsymbol{\alpha}_3)\to\begin{pmatrix}1&-1&2\\0&1&-1\\0&0&1\end{pmatrix}$，$R(\boldsymbol{\alpha}_1,\ \boldsymbol{\alpha}_2,\ \boldsymbol{\alpha}_3)=3$，或 $|A|=|\boldsymbol{\alpha}_1,\ \boldsymbol{\alpha}_2,\ \boldsymbol{\alpha}_3|\neq 0$，

所以 $\boldsymbol{\alpha}_1,\ \boldsymbol{\alpha}_2,\ \boldsymbol{\alpha}_3$ 线性无关.

（2）$A=(\boldsymbol{\alpha}_1,\ \boldsymbol{\alpha}_2,\ \boldsymbol{\alpha}_3)\to\begin{pmatrix}1&0&5\\0&1&3\\0&0&0\\0&0&0\end{pmatrix}$，$R(\boldsymbol{\alpha}_1,\ \boldsymbol{\alpha}_2,\ \boldsymbol{\alpha}_3)=2<3$，所以，线性相关.

（3）$A=(\boldsymbol{\alpha}_1,\boldsymbol{\alpha}_2,\ \boldsymbol{\alpha}_3,\ \boldsymbol{\alpha}_4)\to\begin{pmatrix}1&2&3&4\\0&1&2&3\\0&0&0&0\\0&0&0&0\end{pmatrix}$，$R(\boldsymbol{\alpha}_1,\ \boldsymbol{\alpha}_2,\ \boldsymbol{\alpha}_3,\ \boldsymbol{\alpha}_4)=2<4$，所以，$\boldsymbol{\alpha}_1,\ \boldsymbol{\alpha}_2,$ $\boldsymbol{\alpha}_3,\ \boldsymbol{\alpha}_4$ 线性相关.

11．利用 $\boldsymbol{\alpha}_1,\ \boldsymbol{\alpha}_2,\ \boldsymbol{\alpha}_3$ 线性相关 $\Leftrightarrow |A|=|\boldsymbol{\alpha}_1,\ \boldsymbol{\alpha}_2,\ \boldsymbol{\alpha}_3|=0$，

$\boldsymbol{\alpha}_1,\ \boldsymbol{\alpha}_2,\ \boldsymbol{\alpha}_3$ 线性无关 $\Leftrightarrow |A|=|\boldsymbol{\alpha}_1,\ \boldsymbol{\alpha}_2,\ \boldsymbol{\alpha}_3|\neq 0$.

而

$$|A|=|\boldsymbol{\alpha}_1,\ \boldsymbol{\alpha}_2,\ \boldsymbol{\alpha}_3|=\begin{vmatrix} a & -\frac{1}{2} & -\frac{1}{2} \\ -\frac{1}{2} & a & -\frac{1}{2} \\ -\frac{1}{2} & -\frac{1}{2} & a \end{vmatrix}=\begin{vmatrix} a-1 & a-1 & a-1 \\ -\frac{1}{2} & a & -\frac{1}{2} \\ -\frac{1}{2} & -\frac{1}{2} & a \end{vmatrix}=(a-1)\begin{vmatrix} 1 & 1 & 1 \\ -\frac{1}{2} & a & -\frac{1}{2} \\ -\frac{1}{2} & -\frac{1}{2} & a \end{vmatrix}$$

$$=(a-1)\begin{vmatrix} 1 & 1 & 1 \\ 0 & a+\frac{1}{2} & 0 \\ 0 & 0 & a+\frac{1}{2} \end{vmatrix}=(a-1)(a+\frac{1}{2})^2,$$

所以，当 $a=1$ 或 $a=-\frac{1}{2}$ 时，$\boldsymbol{\alpha}_1$，$\boldsymbol{\alpha}_2$，$\boldsymbol{\alpha}_3$ 线性相关；当 $a\neq 1$ 且 $a\neq -\frac{1}{2}$ 时，$\boldsymbol{\alpha}_1$，$\boldsymbol{\alpha}_2$，$\boldsymbol{\alpha}_3$ 线性无关.

12.（1）错；（2）错；（3）对；（4）对；（5）对.

13.（1）因为 $|\boldsymbol{\alpha}_1,\ \boldsymbol{\alpha}_2,\ \boldsymbol{\alpha}_3|=\begin{vmatrix} 1 & 0 & 0 \\ 1 & 2 & 0 \\ 0 & 0 & 3 \end{vmatrix}=6\neq 0$，所以 $R(\boldsymbol{\alpha}_1,\ \boldsymbol{\alpha}_2,\ \boldsymbol{\alpha}_3)=3$，$\boldsymbol{\alpha}_1$，$\boldsymbol{\alpha}_2$，$\boldsymbol{\alpha}_3$ 为极大无关组；

（2）因为 $(\boldsymbol{\alpha}_1,\ \boldsymbol{\alpha}_2,\ \boldsymbol{\alpha}_3,\ \boldsymbol{\alpha}_4)\to\begin{pmatrix} 1 & 4 & -2 & 5 \\ 0 & 1 & 0 & 1 \\ 0 & 0 & 0 & 0 \\ 0 & 0 & 0 & 0 \end{pmatrix}$，所以 $R(\boldsymbol{\alpha}_1,\ \boldsymbol{\alpha}_2,\ \boldsymbol{\alpha}_3,\ \boldsymbol{\alpha}_4)=2$，$\boldsymbol{\alpha}_1$，$\boldsymbol{\alpha}_2$ 为一极大无关组；

（3）因为 $(\boldsymbol{\alpha}_1,\ \boldsymbol{\alpha}_2,\ \boldsymbol{\alpha}_3,\ \boldsymbol{\alpha}_4,\ \boldsymbol{\alpha}_5)\to\begin{pmatrix} 1 & 1 & 3 & 1 & 3 \\ 0 & 1 & 1 & 1 & 2 \\ 0 & 0 & 0 & 1 & 1 \\ 0 & 0 & 0 & 0 & 0 \end{pmatrix}$，所以 $R(\boldsymbol{\alpha}_1,\ \boldsymbol{\alpha}_2,\ \boldsymbol{\alpha}_3,\ \boldsymbol{\alpha}_4,\ \boldsymbol{\alpha}_5)=3$，$\boldsymbol{\alpha}_1$，$\boldsymbol{\alpha}_2$，$\boldsymbol{\alpha}_4$ 为一极大无关组.

14.（1）因为 $(\boldsymbol{\alpha}_1,\ \boldsymbol{\alpha}_2,\ \boldsymbol{\alpha}_3,\ \boldsymbol{\alpha}_4)\to\begin{pmatrix} 1 & 0 & 0 & 2 \\ 0 & 1 & 0 & -1 \\ 0 & 0 & 1 & 3 \\ 0 & 0 & 0 & 0 \end{pmatrix}$，所以 $R(\boldsymbol{\alpha}_1,\ \boldsymbol{\alpha}_2,\ \boldsymbol{\alpha}_3,\ \boldsymbol{\alpha}_4)=3$，$\boldsymbol{\alpha}_1$，$\boldsymbol{\alpha}_2$，$\boldsymbol{\alpha}_3$ 为一极大无关组，$\boldsymbol{\alpha}_4=2\boldsymbol{\alpha}_1-\boldsymbol{\alpha}_2+3\boldsymbol{\alpha}_3$；

（2）因为 $(\boldsymbol{\alpha}_1,\ \boldsymbol{\alpha}_2,\ \boldsymbol{\alpha}_3,\ \boldsymbol{\alpha}_4,\ \boldsymbol{\alpha}_5)\to\begin{pmatrix} 1 & 0 & 0 & 1 & 0 \\ 0 & 1 & 0 & 3 & -1 \\ 0 & 0 & 1 & -1 & 1 \\ 0 & 0 & 0 & 0 & 0 \end{pmatrix}$，所以 $R(\boldsymbol{\alpha}_1,\ \boldsymbol{\alpha}_2,\ \boldsymbol{\alpha}_3,\ \boldsymbol{\alpha}_4,\ \boldsymbol{\alpha}_5)=3$，$\boldsymbol{\alpha}_1$，$\boldsymbol{\alpha}_2$，$\boldsymbol{\alpha}_3$ 为一极大无关组，$\boldsymbol{\alpha}_4=\boldsymbol{\alpha}_1+3\boldsymbol{\alpha}_2-\boldsymbol{\alpha}_3,\boldsymbol{\alpha}_5=-\boldsymbol{\alpha}_2+\boldsymbol{\alpha}_3$.

15.（1）$A \to \begin{pmatrix} 1 & -1 & 0 & \frac{4}{3} \\ 0 & 0 & 1 & \frac{1}{3} \\ 0 & 0 & 0 & 0 \end{pmatrix}$，通解为 $\boldsymbol{x} = c_1 \begin{pmatrix} 1 \\ 1 \\ 0 \\ 0 \end{pmatrix} + c_2 \begin{pmatrix} -\frac{4}{3} \\ 0 \\ -\frac{1}{3} \\ 1 \end{pmatrix}$（$c_1$，$c_2$ 为任意实数）；一基础解系为 $\boldsymbol{\xi}_1 = \begin{pmatrix} 1 \\ 1 \\ 0 \\ 0 \end{pmatrix}$，$\boldsymbol{\xi}_2 = \begin{pmatrix} -\frac{4}{3} \\ 0 \\ -\frac{1}{3} \\ 1 \end{pmatrix}$；

（2）$A \to \begin{pmatrix} 1 & 0 & 4 & 0 \\ 0 & 1 & -\frac{3}{4} & -\frac{1}{4} \\ 0 & 0 & 0 & 0 \end{pmatrix}$，通解为 $\boldsymbol{x} = c_1 \begin{pmatrix} -4 \\ \frac{3}{4} \\ 1 \\ 0 \end{pmatrix} + c_2 \begin{pmatrix} 0 \\ \frac{1}{4} \\ 0 \\ 1 \end{pmatrix}$（$c_1$，$c_2$ 为任意实数）；一基础解系为 $\boldsymbol{\xi}_1 = \begin{pmatrix} -4 \\ \frac{3}{4} \\ 1 \\ 0 \end{pmatrix}$，$\boldsymbol{\xi}_2 = \begin{pmatrix} 0 \\ \frac{1}{4} \\ 0 \\ 1 \end{pmatrix}$；

（3）$A \to \begin{pmatrix} 1 & 2 & 0 & -1 \\ 0 & 0 & 1 & 0 \\ 0 & 0 & 0 & 0 \end{pmatrix}$，通解为 $\boldsymbol{x} = c_1 \begin{pmatrix} -2 \\ 1 \\ 0 \\ 0 \end{pmatrix} + c_2 \begin{pmatrix} 1 \\ 0 \\ 0 \\ 1 \end{pmatrix}$（$c_1$，$c_2$ 为任意实数）；一基础解系为 $\boldsymbol{\xi}_1 = \begin{pmatrix} -2 \\ 1 \\ 0 \\ 0 \end{pmatrix}$，$\boldsymbol{\xi}_2 = \begin{pmatrix} 1 \\ 0 \\ 0 \\ 1 \end{pmatrix}$；

（4）$A \to \begin{pmatrix} 1 & \frac{n-1}{n} & \cdots & \frac{2}{n} & \frac{1}{n} \end{pmatrix}$，

通解为 $\boldsymbol{x} = c_1 \begin{pmatrix} -\frac{n-1}{n} \\ 1 \\ 0 \\ \vdots \\ 0 \\ 0 \end{pmatrix} + c_2 \begin{pmatrix} -\frac{n-2}{n} \\ 0 \\ 1 \\ \vdots \\ 0 \\ 0 \end{pmatrix} + \cdots + c_{n-2} \begin{pmatrix} -\frac{2}{n} \\ 0 \\ 0 \\ \vdots \\ 1 \\ 0 \end{pmatrix} + c_{n-1} \begin{pmatrix} -\frac{1}{n} \\ 0 \\ 0 \\ \vdots \\ 0 \\ 1 \end{pmatrix}$

（c_1，c_2，…，c_{n-2}，c_{n-1} 为任意实数）；

一基础解系为 $\boldsymbol{\xi}_1=\begin{pmatrix}-\frac{n-1}{n}\\1\\0\\\vdots\\0\\0\end{pmatrix}$，$\boldsymbol{\xi}_2=\begin{pmatrix}-\frac{n-2}{n}\\0\\1\\\vdots\\0\\0\end{pmatrix}$，…，$\boldsymbol{\xi}_{n-2}=\begin{pmatrix}-\frac{2}{n}\\0\\0\\\vdots\\1\\0\end{pmatrix}$，$\boldsymbol{\xi}_{n-1}=\begin{pmatrix}-\frac{1}{n}\\0\\0\\\vdots\\0\\1\end{pmatrix}$.

16.（1）$B\to\begin{pmatrix}1&0&-1&1&2\\0&1&-3&0&1\\0&0&0&0&0\end{pmatrix}$，通解为 $\boldsymbol{x}=c_1\begin{pmatrix}1\\3\\1\\0\end{pmatrix}+c_2\begin{pmatrix}-1\\0\\0\\1\end{pmatrix}+\begin{pmatrix}2\\1\\0\\0\end{pmatrix}$（$c_1$，$c_2$ 为任意实数）；一特解为 $\boldsymbol{\eta}=\begin{pmatrix}2\\1\\0\\0\end{pmatrix}$，对应的齐次线性方程组的一基础解系为 $\boldsymbol{\xi}_1=\begin{pmatrix}1\\3\\1\\0\end{pmatrix}$，$\boldsymbol{\xi}_2=\begin{pmatrix}-1\\0\\0\\1\end{pmatrix}$；

（2）$B\to\begin{pmatrix}1&2&0&2&-5\\0&0&1&1&-6\\0&0&0&0&0\end{pmatrix}$，通解为 $\boldsymbol{x}=c_1\begin{pmatrix}-2\\1\\0\\0\end{pmatrix}+c_2\begin{pmatrix}-2\\0\\-1\\1\end{pmatrix}+\begin{pmatrix}-5\\0\\-6\\0\end{pmatrix}$（$c_1$，$c_2$ 为任意实数）；一特解为 $\boldsymbol{\eta}=\begin{pmatrix}-5\\0\\-6\\0\end{pmatrix}$，对应的齐次线性方程组的一基础解系为 $\boldsymbol{\xi}_1=\begin{pmatrix}-2\\1\\0\\0\end{pmatrix}$，$\boldsymbol{\xi}_2=\begin{pmatrix}-2\\0\\-1\\1\end{pmatrix}$；

（3）$B\to\begin{pmatrix}1&0&\frac{3}{7}&\frac{13}{7}&\frac{13}{7}\\0&1&-\frac{2}{7}&-\frac{4}{7}&-\frac{4}{7}\\0&0&0&0&0\\0&0&0&0&0\end{pmatrix}$，通解为 $\boldsymbol{x}=c_1\begin{pmatrix}-\frac{3}{7}\\\frac{2}{7}\\1\\0\end{pmatrix}+c_2\begin{pmatrix}-\frac{13}{7}\\\frac{4}{7}\\0\\1\end{pmatrix}+\begin{pmatrix}\frac{13}{7}\\-\frac{4}{7}\\0\\0\end{pmatrix}$（$c_1$，$c_2$ 为任意实数）；一特解为 $\boldsymbol{\eta}=\begin{pmatrix}\frac{13}{7}\\-\frac{4}{7}\\0\\0\end{pmatrix}$，对应的齐次线性方程组的一基础解系为 $\boldsymbol{\xi}_1=\begin{pmatrix}-\frac{3}{7}\\\frac{2}{7}\\1\\0\end{pmatrix}$，

$\boldsymbol{\xi}_2=\begin{pmatrix}-\frac{13}{7}\\\frac{4}{7}\\0\\1\end{pmatrix}$.

17. $B \to \begin{pmatrix} 1 & -1 & 0 & -1 & -5 & -2 \\ 0 & 2 & 1 & 2 & 6 & 3 \\ 0 & 0 & 0 & 0 & 0 & p \\ 0 & 0 & 0 & 0 & 0 & q-2 \end{pmatrix}$.

（1）当 $p \neq 0$ 或 $q \neq 2$ 时，$R(A) \neq R(B)$，方程组无解；

（2）当 $p = 0$ 且 $q = 2$ 时，$R(A) = R(B) = 2 < 5$，方程组有解，通解为

$$\boldsymbol{x} = c_1 \begin{pmatrix} -\frac{1}{2} \\ -\frac{1}{2} \\ 1 \\ 0 \\ 0 \end{pmatrix} + c_2 \begin{pmatrix} 0 \\ -1 \\ 0 \\ 1 \\ 0 \end{pmatrix} + c_3 \begin{pmatrix} 2 \\ -3 \\ 0 \\ 0 \\ 1 \end{pmatrix} + \begin{pmatrix} -\frac{1}{2} \\ \frac{3}{2} \\ 0 \\ 0 \\ 0 \end{pmatrix} \quad (c_1,\ c_2,\ c_3 \text{ 为任意实数}).$$

18. $\boldsymbol{x} = c \begin{pmatrix} 1 \\ 5 \\ -2 \end{pmatrix} + \begin{pmatrix} 0 \\ -1 \\ 1 \end{pmatrix}$ （c 为任意实数）.

同步测试题四

一、1. C　2. C　3. A　4. C　5. C　6. D

二、1. $\begin{pmatrix} 6 \\ -1 \\ -2 \end{pmatrix}$　2. 线性组合，相　3. 大于

4. 3　5. $a = b$　6. $c \begin{pmatrix} 2 \\ -1 \\ -4 \\ -7 \end{pmatrix} + \begin{pmatrix} 1 \\ 2 \\ 3 \\ 4 \end{pmatrix}$ （c 为任意实数）

三、1. 错　2. 错　3. 错　4. 对　5. 错

四、1. 因为 $(\boldsymbol{\alpha}_1,\ \boldsymbol{\alpha}_2,\ \boldsymbol{\alpha}_3,\ \boldsymbol{\alpha}_4) \to \begin{pmatrix} 1 & -1 & 1 & 1 \\ 0 & 1 & 1 & 0 \\ 0 & 0 & 0 & 1 \end{pmatrix}$，所以 $R(\boldsymbol{\alpha}_1,\ \boldsymbol{\alpha}_2,\ \boldsymbol{\alpha}_3,\ \boldsymbol{\alpha}_4) = 3$，$\boldsymbol{\alpha}_1$，$\boldsymbol{\alpha}_2$，$\boldsymbol{\alpha}_4$ 为一极大无关组，向量组线性相关.

2. 因为 $(\boldsymbol{\alpha}_1,\ \boldsymbol{\alpha}_2,\ \boldsymbol{\alpha}_3) \to \begin{pmatrix} 1 & 9 & -2 \\ 0 & 1 & 0 \\ 0 & 0 & 0 \\ 0 & 0 & 0 \end{pmatrix}$，所以 $R(\boldsymbol{\alpha}_1,\ \boldsymbol{\alpha}_2,\ \boldsymbol{\alpha}_3) = 2$，$\boldsymbol{\alpha}_1$，$\boldsymbol{\alpha}_2$ 为一极大无关组，向量组线性相关.

五、1. $A\to\begin{pmatrix}1&0&-\frac{2}{7}&-\frac{3}{7}\\0&1&-\frac{5}{7}&-\frac{4}{7}\\0&0&0&0\end{pmatrix}$，通解为 $\boldsymbol{x}=c_1\begin{pmatrix}\frac{2}{7}\\\frac{5}{7}\\1\\0\end{pmatrix}+c_2\begin{pmatrix}\frac{3}{7}\\\frac{4}{7}\\0\\1\end{pmatrix}$ （c_1，c_2 为任意实数）；一基础解系为 $\boldsymbol{\xi}_1=\begin{pmatrix}\frac{2}{7}\\\frac{5}{7}\\1\\0\end{pmatrix}$，$\boldsymbol{\xi}_2=\begin{pmatrix}\frac{3}{7}\\\frac{4}{7}\\0\\1\end{pmatrix}$.

2. $A\to\begin{pmatrix}1&-2&1&0\\0&0&0&1\\0&0&0&0\end{pmatrix}$，通解为 $\boldsymbol{x}=c_1\begin{pmatrix}2\\1\\0\\0\end{pmatrix}+c_2\begin{pmatrix}-1\\0\\1\\0\end{pmatrix}$ （c_1，c_2 为任意实数）；一基础解系为 $\boldsymbol{\xi}_1=\begin{pmatrix}2\\1\\0\\0\end{pmatrix}$，$\boldsymbol{\xi}_2=\begin{pmatrix}-1\\0\\1\\0\end{pmatrix}$.

六、1. $B\to\begin{pmatrix}1&-1&0&-1&\frac{1}{2}\\0&0&1&-2&\frac{1}{2}\\0&0&0&0&0\end{pmatrix}$，通解为 $\boldsymbol{x}=c_1\begin{pmatrix}1\\1\\0\\0\end{pmatrix}+c_2\begin{pmatrix}1\\0\\2\\1\end{pmatrix}+\begin{pmatrix}\frac{1}{2}\\0\\\frac{1}{2}\\0\end{pmatrix}$ （c_1，c_2 为任意实数）；一特解为 $\boldsymbol{\eta}=\begin{pmatrix}\frac{1}{2}\\0\\\frac{1}{2}\\0\end{pmatrix}$，对应的齐次线性方程组的一基础解系为 $\boldsymbol{\xi}_1=\begin{pmatrix}1\\1\\0\\0\end{pmatrix}$，$\boldsymbol{\xi}_2=\begin{pmatrix}1\\0\\2\\1\end{pmatrix}$.

2. $B\to\begin{pmatrix}1&2&0&1&2\\0&0&1&-1&1\\0&0&0&0&0\end{pmatrix}$，通解为 $\boldsymbol{x}=c_1\begin{pmatrix}-2\\1\\0\\0\end{pmatrix}+c_2\begin{pmatrix}-1\\0\\1\\1\end{pmatrix}+\begin{pmatrix}2\\0\\1\\0\end{pmatrix}$ （c_1，c_2 为任意实数）；一特解为 $\boldsymbol{\eta}=\begin{pmatrix}2\\0\\1\\0\end{pmatrix}$，对应的齐次线性方程组的一基础解系为 $\boldsymbol{\xi}_1=\begin{pmatrix}-2\\1\\0\\0\end{pmatrix}$，$\boldsymbol{\xi}_2=\begin{pmatrix}-1\\0\\1\\1\end{pmatrix}$.

八、证明题

1．证明　设 $k_1(2\boldsymbol{\alpha}+3\boldsymbol{\beta})+k_2(\boldsymbol{\beta}+4\boldsymbol{\gamma})+k_3(\boldsymbol{\gamma}+5\boldsymbol{\alpha})=\mathbf{0}$，

即　$(2k_1+5k_3)\boldsymbol{\alpha}+(3k_1+k_2)\boldsymbol{\beta}+(4k_2+k_3)\boldsymbol{\gamma}=\mathbf{0}$，

因为 $\boldsymbol{\alpha}$，$\boldsymbol{\beta}$，$\boldsymbol{\gamma}$ 线性无关，

因此，必有 $\begin{cases}2k_1+5k_3=0,\\3k_1+k_2=0,\\4k_2+k_3=0.\end{cases}$ 解得 $\begin{cases}k_1=0,\\k_2=0,\\k_3=0.\end{cases}$

所以，向量组 $2\boldsymbol{\alpha}+3\boldsymbol{\beta}$，$\boldsymbol{\beta}+4\boldsymbol{\gamma}$，$\boldsymbol{\gamma}+5\boldsymbol{\alpha}$ 线性无关.

2．证明　设 $k_1\boldsymbol{\beta}_1+k_2\boldsymbol{\beta}_2+k_3\boldsymbol{\beta}_3=\mathbf{0}$，

即　$k_1\boldsymbol{\alpha}_1+k_2(\boldsymbol{\alpha}_1+\boldsymbol{\alpha}_2)+k_3(\boldsymbol{\alpha}_1+\boldsymbol{\alpha}_2+\boldsymbol{\alpha}_3)=\mathbf{0}$，

$$(k_1+k_2+k_3)\boldsymbol{\alpha}_1+(k_2+k_3)\boldsymbol{\alpha}_2+k_3\boldsymbol{\alpha}_3=\mathbf{0}.$$

因为 $\boldsymbol{\alpha}_1$，$\boldsymbol{\alpha}_2$，$\boldsymbol{\alpha}_3$ 线性无关，

因此，必有 $\begin{cases}k_1+k_2+k_3=0,\\k_2+k_3=0,\\k_3=0.\end{cases}$ 解得 $\begin{cases}k_1=0,\\k_2=0,\\k_3=0.\end{cases}$

所以，向量组 $\boldsymbol{\beta}_1$，$\boldsymbol{\beta}_2$，$\boldsymbol{\beta}_3$ 线性无关.

第 5 章

习题五

1．（1）$\boldsymbol{\xi}_1=\begin{pmatrix}1\\1\\1\end{pmatrix}$，$\boldsymbol{\xi}_2=\begin{pmatrix}-1\\0\\1\end{pmatrix}$，$\boldsymbol{\xi}_3=\begin{pmatrix}1\\-2\\1\end{pmatrix}$；

（2）$\boldsymbol{\xi}_1=\begin{pmatrix}1\\0\\-1\\1\end{pmatrix}$，$\boldsymbol{\xi}_2=\frac{1}{3}\begin{pmatrix}1\\-3\\2\\1\end{pmatrix}$，$\boldsymbol{\xi}_3=\frac{1}{5}\begin{pmatrix}-1\\3\\3\\4\end{pmatrix}$.

2．$\left(\frac{1}{\sqrt{3}},-\frac{1}{\sqrt{3}},-\frac{1}{\sqrt{3}}\right)^T$ 或 $\left(-\frac{1}{\sqrt{3}},\frac{1}{\sqrt{3}},\frac{1}{\sqrt{3}}\right)^T$.

3．（1）不是；（2）是

4．利用 $A^*=|A|A^{-1}$，$A^{-1}=A^T$.

5．（1）$\lambda_1=2$，$c_1\begin{pmatrix}-1\\1\end{pmatrix}(c_1\neq0)$；$\lambda_2=3$，$c_2\begin{pmatrix}-1\\2\end{pmatrix}(c_2\neq0)$；

（2）$\lambda_1=-1$，$c_1\begin{pmatrix}1\\-1\\0\end{pmatrix}(c_1\neq0)$；$\lambda_2=9$，$c_2\begin{pmatrix}1\\1\\2\end{pmatrix}(c_2\neq0)$；$\lambda_3=0$，$c_3\begin{pmatrix}1\\1\\-1\end{pmatrix}(c_3\neq0)$；

（3）$\lambda_1=2,\ c_1\begin{pmatrix}1\\0\\0\end{pmatrix}(c_1\neq 0)$；$\lambda_2=\lambda_3=3,\ c_2\begin{pmatrix}0\\1\\0\end{pmatrix}+c_3\begin{pmatrix}-2\\0\\1\end{pmatrix}(c_2\neq 0,\ c_3\neq 0)$；

（4）$\lambda_1=\lambda_2=\lambda_3=-1,\ c_1\begin{pmatrix}1\\1\\-1\end{pmatrix}(c_1\neq 0)$.

6．（1）$\lambda^2,\ \lambda^2+5\lambda-3$；（2）$2-\dfrac{1}{\lambda},\ \dfrac{4}{\lambda^2}+1$.

7．$-(2n-3)!!$.

8．18.

9．由 $E-A,\ E+A,\ 3E-A$ 不可逆，得 $|A-E|=|A+E|=|A-3E|=0$，知 A 的特征值为 $1,\ -1,\ 3$，从而 A 可以对角化.

10．$A=P\begin{pmatrix}1&&\\&0&\\&&-1\end{pmatrix}P^{-1}=\begin{pmatrix}1&0&0\\2&0&0\\6&-1&-1\end{pmatrix},\ A^5=A$.

12．$x=3$.

13．（1）$P=\begin{pmatrix}1&2&2\\2&1&-2\\2&-2&1\end{pmatrix},\ P^{-1}AP=\begin{pmatrix}-2&&\\&1&\\&&4\end{pmatrix}$；

（2）$P=\begin{pmatrix}1&-2&\frac{2}{5}\\2&1&\frac{4}{5}\\-2&0&1\end{pmatrix},\ P^{-1}AP=\begin{pmatrix}10&&\\&1&\\&&1\end{pmatrix}$.

14．$-2\begin{pmatrix}1&1\\1&1\end{pmatrix}$.

15．（1）$f=(x,\ y,\ z)\begin{pmatrix}1&2&1\\2&4&2\\1&2&1\end{pmatrix}\begin{pmatrix}x\\y\\z\end{pmatrix}$；（2）$f=(x,\ y,\ z)\begin{pmatrix}1&-1&-2\\-1&1&-2\\-2&-2&-7\end{pmatrix}\begin{pmatrix}x\\y\\z\end{pmatrix}$；

（3）$f=(x_1,\ x_2,\ x_3,\ x_4)\begin{pmatrix}1&0&0&0\\0&2&3&-\frac{1}{2}\\0&3&3&5\\0&-\frac{1}{2}&5&-1\end{pmatrix}\begin{pmatrix}x_1\\x_2\\x_3\\x_4\end{pmatrix}$.

16．（1）$\begin{pmatrix}2&2\\2&1\end{pmatrix}$；（2）$\begin{pmatrix}1&3&5\\3&5&7\\5&7&9\end{pmatrix}$.

17．（1）$\begin{pmatrix} x_1 \\ x_2 \\ x_3 \end{pmatrix} = \begin{pmatrix} 1 & 0 & 0 \\ 0 & \frac{1}{\sqrt{2}} & -\frac{1}{\sqrt{2}} \\ 0 & \frac{1}{\sqrt{2}} & \frac{1}{\sqrt{2}} \end{pmatrix} \begin{pmatrix} y_1 \\ y_2 \\ y_3 \end{pmatrix}$，$f = 2y_1^2 + 5y_2^2 + y_3^2$，$f = z_1^2 + z_2^2 + z_3^2$；

（2）$\begin{pmatrix} x_1 \\ x_2 \\ x_3 \\ x_4 \end{pmatrix} = \begin{pmatrix} \frac{2}{3} & -\frac{1}{\sqrt{5}} & -\frac{4}{3\sqrt{5}} \\ \frac{1}{3} & \frac{2}{\sqrt{5}} & -\frac{2}{3\sqrt{5}} \\ \frac{2}{3} & 0 & \frac{\sqrt{5}}{3} \end{pmatrix} \begin{pmatrix} y_1 \\ y_2 \\ y_3 \\ y_4 \end{pmatrix}$，$f = -4y_1^2 + 5y_2^2 + 5y_3^2$，$f = z_1^2 + z_2^2 + z_3^2$.

18．（1）$f(C\boldsymbol{y}) = y_1^2 - y_2^2 + y_3^2$，$C = \begin{pmatrix} 1 & -\frac{5}{\sqrt{2}} & 2 \\ 0 & \frac{1}{\sqrt{2}} & 0 \\ 0 & \frac{1}{\sqrt{2}} & 1 \end{pmatrix}$ $\left(|C| = \frac{1}{\sqrt{2}}\right)$；

（2）$f(C\boldsymbol{y}) = y_1^2 + y_2^2 - y_3^2$，$C = \begin{pmatrix} 1 & -1 & 1 \\ 0 & 0 & 1 \\ 0 & 1 & -1 \end{pmatrix}$ $(|C| = -1)$；

（3）$f(C\boldsymbol{y}) = y_1^2 + y_2^2 + y_3^2$，$C = \frac{1}{\sqrt{2}} \begin{pmatrix} 1 & -1 & -1 \\ 0 & 2 & 2 \\ 0 & 0 & 1 \end{pmatrix}$ $\left(|C| = \frac{1}{\sqrt{2}}\right)$.

19．（1）正定；（2）负定；（3）即不是正定也不是负定.

20．$-\frac{4}{5} < a < 0$.

21．（1）否；（2）否；（3）是.

同步测试题五

一、1．0　2．$\frac{1}{2}$　3．2，$\sqrt{10}$，$-\sqrt{10}$　4．2，−1，−4，9　5．−3；　6．4，0

7．$\begin{pmatrix} 1 & -2 & -\frac{1}{2} \\ -2 & -2 & 2 \\ -\frac{1}{2} & 2 & 3 \end{pmatrix}$　8．3　9．$y_1^2 + 3y_2^2$　10．$-y_1^2 + 2y_2^2$

二、1．D　2．C　3．B　4．C　5．B

6．D　7．C　8．D　9．B　10．C

三、1．$\lambda_1 = \lambda_2 = \lambda_3 = -1$，$c(1,\ 1,\ -1)^{\mathrm{T}}(c \neq 0)$，$A$ 不相似于对角矩阵.

2. $\boldsymbol{\xi}_1=\left(\frac{1}{\sqrt{15}},\frac{1}{\sqrt{15}}\frac{2}{\sqrt{15}},\frac{3}{\sqrt{15}}\right)^T$，$\boldsymbol{\xi}_2=\left(-\frac{2}{\sqrt{39}},\frac{1}{\sqrt{39}},\frac{5}{\sqrt{39}},-\frac{3}{\sqrt{39}}\right)^T$.

3. $\begin{pmatrix}-\frac{1}{\sqrt{2}} & -\frac{1}{\sqrt{6}} & \frac{1}{\sqrt{3}}\\ \frac{1}{\sqrt{2}} & -\frac{1}{\sqrt{6}} & \frac{1}{\sqrt{3}}\\ 0 & \frac{2}{\sqrt{6}} & \frac{1}{\sqrt{3}}\end{pmatrix},\begin{pmatrix}0 & & \\ & 0 & \\ & & 3\end{pmatrix}$.

4．正交矩阵的行（列）向量是单位向量，故得 $A=\begin{pmatrix}a_{11} & a_{12} & 0\\ a_{21} & a_{22} & 0\\ 0 & 0 & -1\end{pmatrix}$，且 $A^{-1}=A^T$.

由 $A\boldsymbol{x}=b$ 两端左乘 A^{-1}，得 $\boldsymbol{x}=A^{-1}b=A^Tb=(0,\ 0-1)^T$.

5. $\begin{pmatrix}x_1\\x_2\\x_3\end{pmatrix}=\begin{pmatrix}\frac{1}{\sqrt{2}} & \frac{1}{\sqrt{6}} & \frac{1}{\sqrt{3}}\\ -\frac{1}{\sqrt{2}} & \frac{1}{\sqrt{6}} & \frac{1}{\sqrt{3}}\\ 0 & -\frac{2}{\sqrt{6}} & \frac{1}{\sqrt{3}}\end{pmatrix}\begin{pmatrix}y_1\\y_2\\y_3\end{pmatrix}$，$-y_1^2+y_2^2+4y_3^2$.

6. $\begin{pmatrix}x_1\\x_2\\x_3\end{pmatrix}=\begin{pmatrix}1 & -2 & -\frac{1}{3}\\ 0 & 1 & -\frac{1}{3}\\ 0 & 0 & 1\end{pmatrix}\begin{pmatrix}y_1\\y_2\\y_3\end{pmatrix}$，$y_1^2-3y_2^2+\frac{4}{3}y_3^2$.

7. $t>\frac{6}{11}$.

8. f 正定.

四、1．由已知条件，存在可逆矩阵 P，使得 $P^{-1}AP=B$，故

$$B^2=(P^{-1}AP)(P^{-1}AP)=P^{-1}A^2P=E.$$

2．因 A 正定，故 $A^{\mathrm{T}}=A$，所以 $A^2=A^{\mathrm{T}}A$，且 A 可逆，即 A^2 与单位矩阵 E 合同，从而 A^2 正定.

参考文献

[1] 同济大学．线性代数（第四版）．北京：高等教育出版社，2002

[2] 张乃一，曲文萍，刘九兰．线性代数．天津．天津大学出版社，2000

[3] 马杰．线性代数复习指导（第二次修订本）．北京：机械工业出版社，2002

[4] 牛少彰，刘吉佑．线性代数．北京：北京邮电大学出版社，2003

[5] 张万琴，陈荣江，陈付贵．线性代数．北京：机械工业出版社，2003

[6] 陈文灯，黄先开．线性代数复习指导．北京：清华大学出版社，2003

[7] 魏站线．工程数学．线性代数．沈阳：辽宁大学出版社，2000

[8] 齐民有．线性代数．北京：高等教育出版社，2003

[9] 牛莉．线性代数．北京：中国水利水电出版社，2005

[10] 张翠莲．线性代数．北京：中国水利水电出版社，2007